各界推薦

「數年來最棒的葡萄酒入門書。換句話說,這本書太棒了!」
——《華盛頓郵報》(*The Washington Post*)

「葡萄酒很好玩。它複雜、活生生又充滿意義。
葡萄酒值得成為你生活的一部分,這本書也是!」
——傑夫·克魯特(**Geoff Kruth**),侍酒大師、葡萄酒網站Guildsomm.com總裁)

「作者藉由聰明的圖表創造出一位酒類領航員,
輕鬆引導葡萄酒新手更容易瞭解葡萄酒。」
——安德魯·沃特豪斯(**Andrew Warwehouse**)博士,戴維斯加州大學(**US Davis**)教授

「我真希望當我開始學習葡萄酒時,能有一本像《Wine Folly看圖精通葡萄酒》
一樣可以聰明、快速又容易理解的書。」
——凱倫·麥克尼爾(**Karen MacNeil**),《葡萄酒聖經》(*The Wine Bible*)作者

「屬於我們這個資訊時代的一本神奇又生動的葡萄酒指南——
像香檳軍刀一樣帶領你穿越複雜的葡萄酒世界。」
——馬克·歐德曼(**Mark Oldman**),《歐德曼的戰勝葡萄酒指南》
(*Oldman's Guide to Outsmarting Wine*)作者

Wine Folly

MAGNUM EDITION

看圖精通葡萄酒

葡萄酒＝科學＋藝術

Wine Folly

看圖精通葡萄酒

讓人一目瞭然的專家級品飲指南

Magnum Edition: The Master Guide

MADELINE PUCKETTE
瑪德琳‧帕克特　&　JUSTIN HAMMACK
賈斯汀‧哈馬克

潘芸芝 譯

積木文化

VV0089C

Wine Folly 看圖精通葡萄酒
讓人一目瞭然的專家級品飲指南

作　　者	瑪德琳‧帕克特（Madeline Puckette）&賈斯汀‧哈馬克（Justin Hammack）
特約編輯	陳錦輝
譯　　者	潘芸芝

總 編 輯	王秀婷
責任編輯	廖怡茜
版　　權	徐昉驊
行銷業務	黃明雪

發 行 人	凃玉雲
出　　版	積木文化
	104台北市民生東路二段141號5樓
	電話：(02) 2500-7696｜傳真：(02) 2500-1953
	官方部落格：www.cubepress.com.tw
	讀者服務信箱：service_cube@hmg.com.tw
發　　行	英屬蓋曼群島商家庭傳媒股份有限公司城邦分公司
	台北市民生東路二段141號11樓
	讀者服務專線：(02)25007718-9｜24小時傳真專線：(02)25001990-1
	服務時間：週一至週五09:30-12:00、13:30-17:00
	郵撥：19863813｜戶名：書虫股份有限公司
	網站：城邦讀書花園｜網址：www.cite.com.tw
香港發行所	城邦（香港）出版集團有限公司
	香港灣仔駱克道193號東超商業中心1樓
	電話：+852-25086231｜傳真：+852-25789337
	電子信箱：hkcite@biznetvigator.com
馬新發行所	城邦（馬新）出版集團 Cite（M） Sdn Bhd
	41, Jalan Radin Anum, Bandar Baru Sri Petaling, 57000 Kuala Lumpur, Malaysia.
	電話：(603) 90578822｜傳真：(603) 90576622
	電子信箱：cite@cite.com.my

美術設計	張倚禎
製版印刷	上晴彩色印刷製版有限公司

國家圖書館出版品預行編目資料

Wine Folly 看圖精通葡萄酒：讓人一目瞭
然的專家級品飲指南／瑪德琳‧帕克特
（Madeline Puckette），賈斯汀‧哈馬克
（Justin Hammack）著；潘芸芝譯 .-- 初版 .
-- 臺北市：積木文化出版：家庭傳媒城邦分
公司發行 , 2020.01
　　面；　公分
譯自：Wine folly: magnum edition: the
master guide.
ISBN 978-986-459-213-5（精裝）
1. 葡萄酒 2. 品酒
463.814　　　　　　　　108020341

2020年 1月9日　初版一刷
2022年 8月18日　初版三刷
售　價／NT$1000
ISBN 978-986-459-213-5【紙本／電子書】

Printed in Taiwan.

版權所有・翻印必究

目錄

本書簡介

是什麼讓葡萄酒如此特別？為什麼葡萄酒被視為全球最傑出的飲品之一？

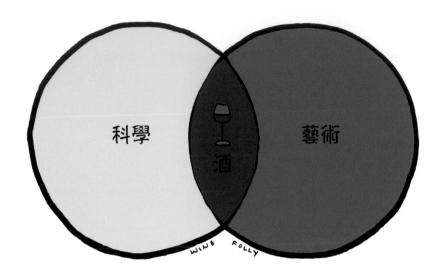

為何愛上葡萄酒？

許多人之所以對葡萄酒有興趣，主要理由莫過於酒中少量令人神魂顛倒的物質，即那僅占 10~15% 的乙醇。然而，光是乙醇這簡單的化學物質，還不足以解釋葡萄酒的內涵。葡萄酒還有許多值得發掘與了解的面向，包括葡萄酒是如何釀成的，以及促成葡萄酒各種風味和口感的成因。此外，葡萄酒還是有益健康的飲品，而其在文化傳承的意義，以及在人類歷史與演進史中扮演的重要角色，都值得一探。簡而言之，葡萄酒之所以有趣，是因為其複雜度。

知道愈多，會發現自己了解的愈少。

葡萄酒是一個可以無限深入探究的主題，難怪市面上有上百本關於葡萄酒的書籍；其中有一些書籍知識豐富、有一些篇幅宏大，且滿是技術性的內容，也有一些則像是喝醉酒的惡作劇篇章。

本書和以上提及的內容全然不同。《Wine Folly 看圖精通葡萄酒》講求實用，旨在引導讀者踏上葡萄酒的旅程，不管讀者的目的地為何。本書展現出葡萄酒最基本之處，並為讀者建立紮實的觀念。

本書的製作團隊

本書由 Wine Folly 團隊打造，其中瑪德琳・帕克特（Madeline Puckette）身兼認證侍酒師（Sommelier）、作家與視覺設計師；賈斯汀・哈馬克（Justin Hammack）則是數位策略師、網站開發人員，更是一位不折不扣的創業家。

編撰這本書另一費力之處，在於確認書中所有內容的正確度，這部分是由 Kanchan Schindlauer、Mark Craig、Hilarie Larson、Vincent Rendoni、Haley Mercedes 與 Stephen Reiss 一同校訂完成。參考資料可見於本書末頁。

關於 *Wine Folly*

本書的初版《Wine Folly 看圖學葡萄酒》(*Wine Folly: The Essential Guide to Wine*)登上《紐約時報》(*New York Times*)暢銷書排行榜,以及「亞馬遜 2015 年食譜書大獎」(Amazon 2015 Top Cookbook),在該網站上獲得 4.8 顆星的評分,更被翻譯成二十種語言,在全世界發行(甚至有蒙古語)。

Wine Folly 榮獲全球眾多教育機構、侍酒師與餐廳經理等選擇,用於葡萄酒教學。

Winefolly.com 則是榮登全球排名第一的教育性網站。最棒的是,網站內的所有內容皆不須付費。

Wine Folly 囊括的不止是單一一人的想法,網站的知識架構是由多位葡萄酒專家、作家、釀酒人、科學家以及醫師共同完成。

看圖精通葡萄酒

如果你經歷過以下感受,肯定會愛上《Wine Folly 看圖精通葡萄酒》:

- 希望增進自己的葡萄酒知識,但不知從何下手
- 面對賣場琳瑯滿目的葡萄酒而不知如何選擇
- 買過令人失望的葡萄酒,或是對嘗試新的葡萄酒猶豫不決
- 因為他人的葡萄酒知識而感到惶恐
- 懷疑自己喝的葡萄酒到底是否品質優良,或只是包裝美好的行銷

《Wine Folly 看圖精通葡萄酒》能夠幫助你:

- 學習判斷葡萄酒品質
- 處理、侍酒、保存及窖藏葡萄酒
- 找到自己喜歡的葡萄酒
- 獲得如同專業侍酒師等級的葡萄酒知識
- 即便預算不多,也能避開品質低劣的葡萄酒
- 更理性地飲酒
- 找出好的餐酒搭配
- 對葡萄酒有更多自信

《Wine Folly 看圖精通葡萄酒》是《Wine Folly 看圖學葡萄酒》的進階擴充版。內容篇幅多出兩倍以上,包括全新的章節、葡萄酒產區地圖、資訊圖表以及更新資料。

使用本書的最佳方式

每次品嘗新葡萄酒時的功課:

- 練習積極品飲葡萄酒(頁 24)
- 於〈葡萄品種 & 葡萄酒〉章節中找出該款酒或品種(頁 66~191)
- 學習該款酒的產區來源以及相關知識(頁 192~299)
- 學習找出最適合搭配該款酒的食物(頁 52)
- 對處理葡萄酒產生更多信心(頁 36)
- 洗杯後,重複練習!

SECTION

1

葡萄酒 101

本章節介紹的是葡萄酒最基本的面向，包括：

- 如何釀造葡萄酒
- 如何品嘗葡萄酒
- 如何侍酒
- 如何保存葡萄酒

葡萄酒特性

學習葡萄酒的特性有助於了解影響葡萄酒品質與風味背後的成因。本書將葡萄酒分成五大特性：
酒體（Body）、甜度（Sweetness）、單寧（Tannin）、酸度（Acidity）與酒精濃度（Alcohol）。

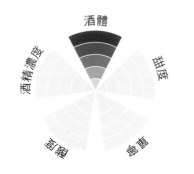

酒體依程度分為 1 至 5

本書依酒款所展現的單寧、酒精濃度
與甜度表現，判定酒體輕重的程度，
由輕至重分別表示為 1 至 5。

品嘗酒體

將一款酒的「輕盈」或「飽滿」與否，
想像成脫脂與全脂牛奶的差別。

酒體

酒體不是科學專有名詞，而是形容葡萄酒濃郁程度的詞彙，從輕
盈到飽滿皆有。

辨別一款酒是「酒體輕盈」或「酒體飽滿」，有如辨別脫脂牛奶與
全脂牛奶的不同：牛奶中的脂肪愈多，口中感受到的份量就愈形
飽滿。

這概念可廣泛使用於所有飲品，特別是葡萄酒，人的味覺受體通
常透過單寧、甜度、酸度與酒精濃度來感知葡萄酒的酒體。

每一個特性都會為葡萄酒的酒體帶來不同的影響：

- 單寧增添酒體。由於紅酒內含單寧，白酒則否，品嘗紅酒時通
  常會覺得紅酒的酒體比白酒來得飽滿。
- 甜度增添酒體飽滿感，因此甜酒嘗來通常比干型酒更飽滿。也
  因為如此，一些釀造（Vinification）干型酒的人傾向在酒中留
  有少量殘糖，以增添酒體的飽滿程度。
- 酸度降低酒體飽滿感。
- 酒精濃度增添酒體飽滿感。這就是為什麼酒精濃度偏高的葡萄
  酒（包括加烈酒），酒體通常比酒精濃度偏低的酒更飽滿。
- 二氧化碳會降低酒體的飽滿程度。這就是為什麼氣泡酒嘗來通
  常比靜態酒的酒體更輕盈。

除了以上，釀酒人還有其他把戲能操控酒體。例如，釀酒人可以
選擇將酒款陳年（Aging）於木桶中，或使用氧化（Oxidation）陳
年的方式，以增添葡萄酒的酒體。這些釀酒方式會於〈葡萄酒的
製程〉章節中更深入討論（頁 44~51）。

依酒體程度
區分葡萄酒

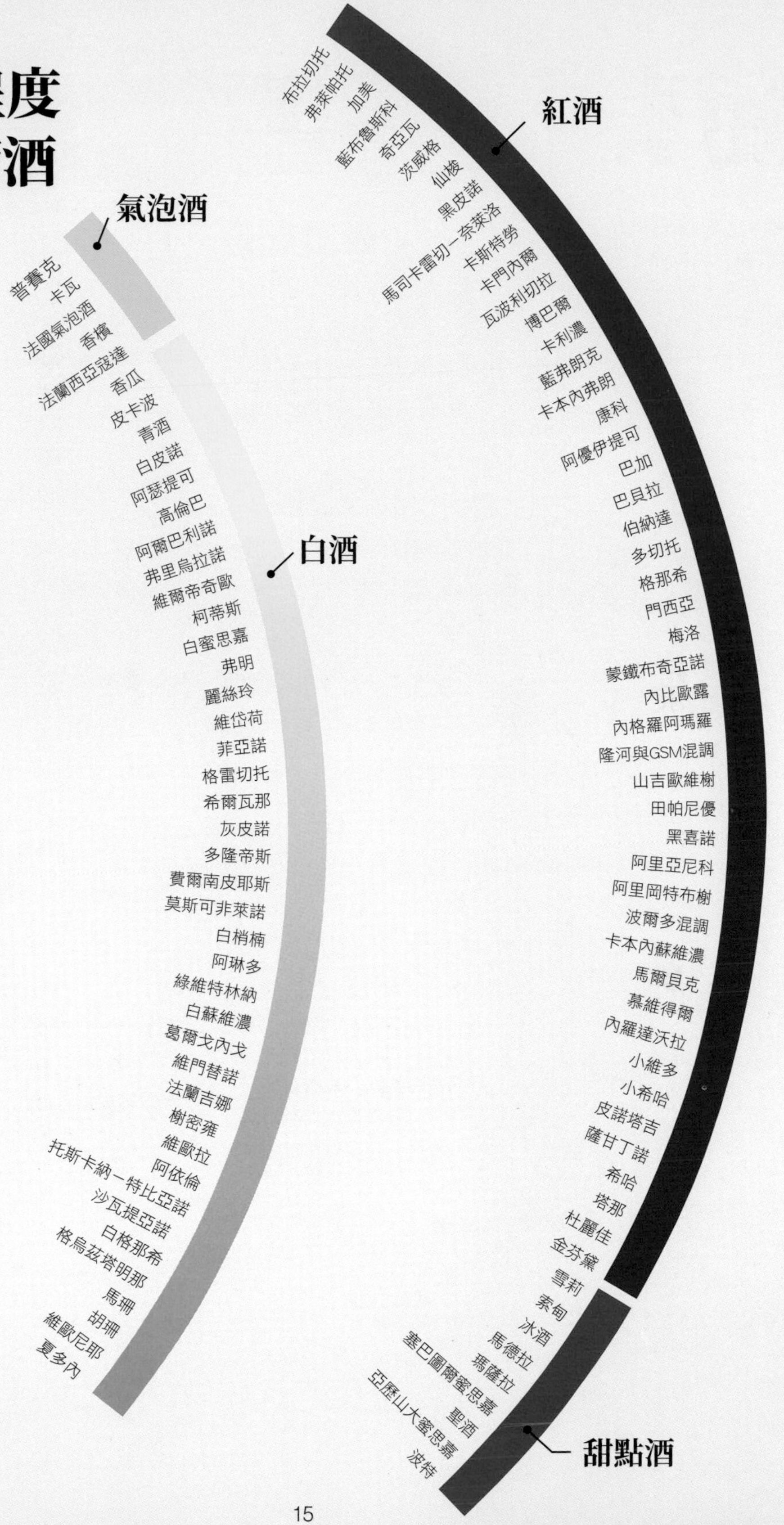

氣泡酒

紅酒

白酒

甜點酒

紅酒：
布拉切托、弗萊帕托、加美、藍布魯斯科、奇亞瓦、茨威格、仙梭、黑皮諾、馬司卡雷切－奈斯特勞、卡斯特勞、卡門內爾、瓦波利切利拉、博巴爾、卡利濃、藍弗朗克、卡本內弗朗、康科、阿優伊提可、巴加、巴貝拉、伯納達、多切托、格那希、門西亞、梅洛、蒙鐵布奇亞諾、內比歐露、內格羅阿瑪羅、隆河與GSM混調、山吉歐維榭、田帕尼優、黑喜諾、阿里亞尼科、阿里岡特布榭、波爾多混調、卡本內蘇維濃、馬爾貝克、慕維得爾、內羅達沃拉、小維多、小希哈、皮諾塔吉、薩甘丁諾、希哈、塔那、杜麗佳、金芬黛、雪莉、索甸、冰酒、馬德拉、瑪薩拉、塞巴圖爾蜜思嘉、聖酒、亞歷山大蜜思嘉、波特

氣泡酒：
普賽克、卡瓦、法國氣泡酒、香檳、法蘭西亞寇達

白酒：
香瓜、皮卡波、青酒、白皮諾、阿瑟提可、高倫巴、阿爾巴利諾、弗里烏拉諾、維爾帝奇歐、柯蒂斯、白蜜思嘉、弗明、麗絲玲、維岱荷、菲亞諾、格雷切托、希爾瓦那、灰皮諾、多隆帝斯、費爾南皮耶斯、莫斯可非萊諾、白梢楠、阿琳多、綠維特林納、白蘇維濃、葛爾戈內戈、維門替諾、法蘭吉娜、榭密雍、維歐拉、阿依倫、托斯卡納－特比亞諾、沙瓦提亞諾、白格那希、格烏茲塔明那、馬珊、胡珊、維歐尼耶、夏多內

一些酒款可能比圖例中
所示的更輕盈或飽滿。

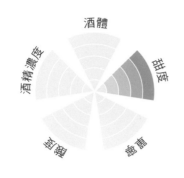

酒體
酒精濃度
甜度
甜味
酸度
單寧

甜度依程度分為 1 至 5

本書依可察覺的甜度將酒款甜度依程度表示為 1 至 5。由於葡萄酒的甜度可經由人為控制，讀者可以見到不同的分類。

嘗來較甜

2.7 pH
酸度較高

17G/L
殘糖

3 pH
酸度較低

17G/L
殘塘

我們所能察覺的甜度不一定準確

我們很難準確感知葡萄酒的確切甜度，這是因為葡萄酒的其他特性會干擾我們的感知能力！舉例來説，高單寧和／或高酸度的葡萄酒容易使酒款嘗來比較不甜。

甜度

葡萄酒中的甜度稱為殘糖（Residual Sugar, RS），即未發酵完成而殘留在已發酵葡萄酒中的糖份。

葡萄酒的甜度範圍廣泛，從殘糖 0（即每公升殘量為 0）至每公升殘糖（g/L）高達 600 克的都有。為了方便比較，牛奶一般含有 50 g/L 的含糖量、可口可樂約 113 g/L，市售糖漿則約 70%，即 700 g/L 的含糖量。一般而言，殘糖較高的葡萄酒會較為黏稠。舉例來説，一款酒齡百歲的佩德羅希梅內斯（Pedro Ximénez, PX）葡萄酒，其流動速度可能與楓糖漿一樣緩慢！

靜態酒

以下是多數葡萄酒專家用以描述甜度所使用的共同語言：

- 極不甜（Bone-Dry）：每份 0 卡路里（低於 1 g/L）
- 不甜（Dry）：每份 0~6 卡路里（1~17 g/L）
- 微甜（Off-Dry）：每份 6~21 卡路里（17~35 g/L）
- 中等甜度（Medium Sweet）：每份 21~72 卡路里（35~120 g/L）
- 甜（Sweet）：每份超過 72+ 卡路里（高於 120 g/L）

人的味蕾並不特別擅長品嘗糖份。即便是嘗起來不甜的酒款，其殘糖也可能多達 17 g/L，這表示每份標準劑量的葡萄酒就多了 10 卡路里／碳水化合物。因此，如果你習慣計算自己的卡路里攝取量，不妨上網尋找酒款的「酒質資料」（technical sheet），許多酒莊都會標示自家酒款的殘糖。

氣泡酒

不同於靜態酒，氣泡酒（包括香檳、普賽克與卡瓦氣泡酒）通常會在釀酒過程的最後一個步驟添加濃縮葡萄漿（grape must），以少量提升酒中的糖份。因此，氣泡酒幾乎永遠會在酒標上明示甜度：

- 無添糖（Brut Nature）：0~3 g/L（不額外加糖）
- 超干型（Extra Brut）：0~6 g/L
- 干型（Brut）：0~12 g/L
- 微干型（Extra Dry）：12~17 g/L
- 中等甜度（Dry）：17~32 g/L
- 半干型（Demi-Sec）：32~50 g/L
- 甜型（Doux）：高於 50 g/L

甜的程度

無添糖	超干型	干型	微干型	中等甜度	半干型	甜型
0~2 卡路里* （0~3 g/L）	0~5 卡路里* （0~6 g/L）	0~7 卡路里* （0~3 g/L）	7~10 卡路里* （12~17 g/L）	10~20 卡路里* （17~32 g/L）	20~30 卡路里* （0~6 g/L）	超過 30 卡路里* （0~6 g/L）

極不甜	不甜	微甜	中等甜度	甜
0 卡路里 （低於 1 g/L）	0~10 卡路里 （1~17 g/L）	10~21 卡路里 （17~35 g/L）	21~72 卡路里 （35~120 g/L）	超過 72+ 卡路里 （高於 120 g/L）

* 每一份標準劑量的葡萄酒（約 5 盎司 / 150 毫升）的卡路里含量

單寧依程度分為 1 至 5

年輕的葡萄酒通常單寧最高。本書將葡萄酒的單寧依品嘗到的苦澀程度排列。單寧可透過釀酒技藝控制,並會隨著葡萄酒年歲漸增而遞減。

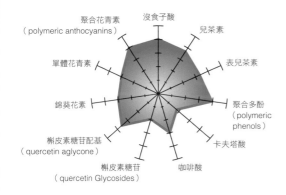

酚類物質圖表

圖為黑皮諾酒的酚類物質分析雷達圖:

兒茶素與表兒茶素為縮合單寧。這些是「對你有益」的單寧。

錦葵花素(Malvidin)與單體花青素(monomeric anthocyanins)負責生成紅酒的酒色。

卡夫塔酸(Caftaric acid)與咖啡酸(Caffeic acid)是為生成白酒的酒色。

沒食子酸(Gallic acid)來自於葡萄籽,但更常來自於橡木桶的陳年。

槲皮素(Quercetin)與青花素作用,增加酒色的濃郁程度。

單寧

單寧就葡萄酒的品質而言扮演了相當重要的角色,更是葡萄酒之所以有益身體健康的關鍵因素。然而,單寧卻堪稱最令人嫌棄的葡萄酒特色之一。為什麼呢?答案很簡單,因為單寧嘗起來苦苦的。

單寧是什麼?

單寧是天然形成的酚類物質,可見於植物、籽、樹皮、木頭、葉片與果皮之上。許多植物與食物都見得到單寧的蹤跡,特別是綠茶、黑巧克力、胡桃果皮與八屋澀柿(Hachiya Persimmons)。以葡萄酒而言,單寧多半見於葡萄皮、籽與木桶。單寧有助於穩定葡萄酒,且能夠降低葡萄酒氧化的速度。

品嘗單寧

想體驗純正的單寧嗎?將蘸濕的茶包放到舌頭上就是了,那既苦又澀的感覺,就是單寧!

在葡萄酒中,單寧的表現則要內斂得多,嘗來比較像是沙沙的觸感,或是令口腔收乾、彷彿會黏住嘴唇與牙齒的感覺。本書的單寧程度等級將由 1 至 5 表示,端視酒款嘗起來的苦澀程度,以及入喉後在口中停留時間的長短而定。

單寧與健康

許多科學研究探討單寧對健康的影響。絕大多數的研究報告都指出單寧有以下益處:

- 原花青素(Procyanidins)——即縮合單寧(Condensed tannins),具有抑制膽固醇的功效,因此有助於抵抗心血管疾病。
- 培養皿實驗證實,多見於木桶中的鞣花單寧(Ellagitannins)有助於抑制癌細胞擴散。
- 在老鼠的實驗中,研究人員更發現鞣花單寧有助於降低脂肪肝疾病和肥胖。
- 在人體實驗上,兒茶素(Catechin)與表兒茶素(Epicatechin)已證實能降低膽固醇,並提升人體「好」膽固醇(即 HDL)的比例,降低「壞」膽固醇(即 LDL);兒茶素與表兒茶素均屬於原花青素的一種。
- 截至目前,尚未有研究發現單寧會造成頭痛或偏頭痛。但想當然,我們還有更多研究待做。

葡萄酒中的單寧

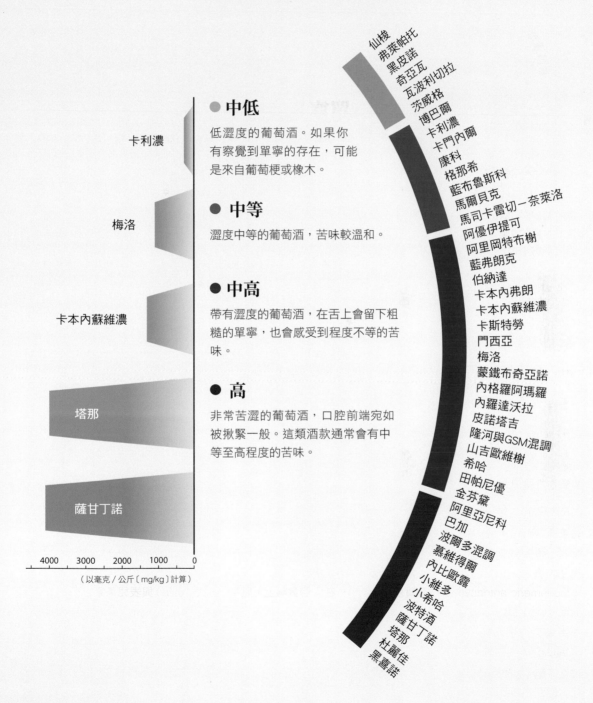

● 中低

低澀度的葡萄酒。如果你有察覺到單寧的存在，可能是來自葡萄梗或橡木。

● 中等

澀度中等的葡萄酒，苦味較溫和。

● 中高

帶有澀度的葡萄酒，在舌上會留下粗糙的單寧，也會感受到程度不等的苦味。

● 高

非常苦澀的葡萄酒，口腔前端宛如被揪緊一般。這類酒款通常會有中等至高程度的苦味。

卡利濃

梅洛

卡本內蘇維濃

塔那

薩甘丁諾

4000　3000　2000　1000　0

（以毫克／公斤〔mg/kg〕計算）

仙梭
弗萊帕托
黑皮諾
奇亞瓦
瓦波利切拉
茨威爾
博巴爾
卡利濃
卡門內爾
康科
格那希
藍布魯斯科
馬爾貝克
馬司卡雷切－奈萊洛
阿優伊提可
阿里岡特布榭
藍弗朗克
伯納達
卡本內弗朗
卡本內蘇維濃
卡斯特勞
門西亞
梅洛
蒙鐵布奇亞諾
內格羅阿瑪羅
內羅達沃拉
皮諾塔吉
隆河與GSM混調
山吉歐維榭
希哈
田帕尼優
金芬黛
阿里亞尼科
巴加
波爾多混調
慕維得爾
內比歐露
小維多
小希哈
波特酒
薩甘丁諾
塔那
杜麗佳
黑喜諾

某些葡萄酒的單寧量可能會較圖中標示的更多或更少。

酒體
甜度
香氣
餘韻
酒質
酒精濃度

酸度依程度分為 1 至 5

本書將葡萄酒依可察覺的酸度分等級，或依照酒款嘗起來的典型酸度分級。

冷氣候麗絲玲

酒款類型

溫暖氣候希哈

葡萄酒相較於其他食物

高酸度的葡萄酒通常趨近於檸檬，其酸鹼值約為 2.6 左右。低酸度的葡萄酒則宛如希臘優格一般口感扁平，酸鹼值可能落在 4.5 左右。

酸度

酸度讓葡萄酒嘗起來有酸與澀感。只要是偏酸的葡萄，酸鹼值都約略落在 3 至 4 之間（水呈中性，酸鹼值為 7）。酸度對葡萄酒品質而言相當重要，因為這減緩葡萄酒的化學反應，延後葡萄酒酸敗的速度。

品嘗酸度

想像品飲檸檬水的感覺。有注意到自己口頰生津、臉部表情緊縮，並因為嘗到酸味而近乎刺痛的感覺嗎？那正是酸在發揮作用。形容酸度的詞彙包括刺爽的（Zesty）、明亮的（Bright）、澀的（Tart）、活潑的（Zippy）與新鮮的（Fresh）等詞，這些都常用來形容酸度較高的葡萄酒。

- 酸度較高的葡萄酒嘗起來酒體較輕盈，口感也較不甜。
- 酸度較低的葡萄酒嘗起來酒體較飽滿，口感也偏甜。
- 酸度過低的葡萄酒常被形容成扁塌、無趣、柔軟，甚至軟趴。
- 酸度過高的葡萄酒則常被形容成帶有辛辣感，尖銳或過酸。
- 酸鹼值 4pH 以上（低酸度）的葡萄酒，品質多半沒有 4pH 以下的葡萄酒來得穩定，也比後者更容易產生缺陷。

因此，下一次當你品嘗葡萄酒時，記得觀察酒款是否讓你口頰生津，並讓你有刺刺的感覺。只要多加練習，你無疑能建立出屬於自己的酸度程度感測表。當然，每個人都有自己的偏好，有些人偏好多酸的葡萄酒，有些人則否。

酒中的酸度

葡萄酒中最常見的酸度要屬酒石酸（Tartaric acid；口感較柔和，常見於香蕉中）、蘋果酸（Malic acid；果味較重，常見於蘋果），以及檸檬酸（Citric acid，酸澀感重，常見於柑橘類水果）。當然，還有許多其他種酸，每一種都會帶來不同的口感，整體而言：

- 酸會隨著葡萄酒的年歲而改變，陳年後的葡萄酒絕大多數都是醋酸（Acetic acid，醋中最主要的酸類）。
- 一些氣候較熱的葡萄酒產區允許釀酒人加酸（Acidification），通常是添加粉末狀的酒石酸與蘋果酸，以抬升葡萄酒的整體酸度。絕大多數重視品質的釀酒人都盡可能視加酸為最後手段。
- 葡萄酒的總酸度通常介於 4~12% 不等（氣泡酒的總酸度通常較高）。

葡萄酒中的酸度

酸鹼值 vs. 酸度

酸鹼值較低的葡萄酒嘗起來較酸。

技術上而言，酸鹼值並不是專門用來測量葡萄酒中的酸度，而是用來測量氫離子濃度，這是因為人的味覺受體視氫離子為帶酸。

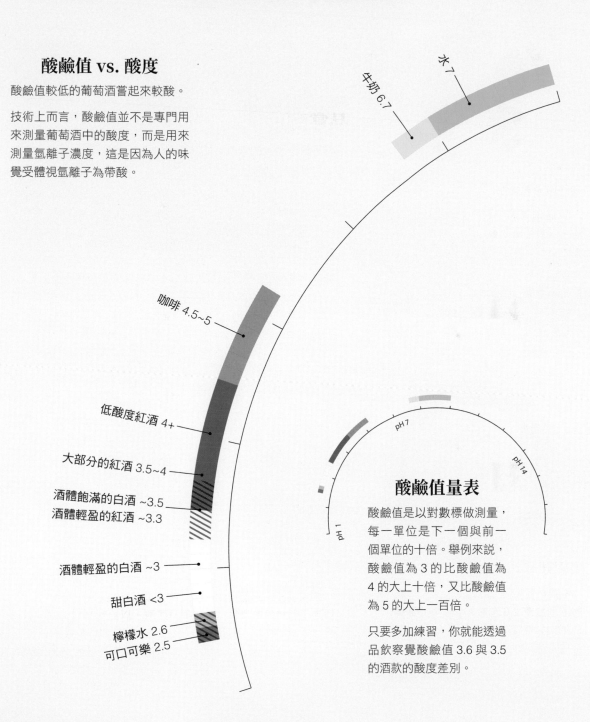

牛奶 6.7

水 7

咖啡 4.5~5

低酸度紅酒 4+

大部分的紅酒 3.5~4

酒體飽滿的白酒 ~3.5
酒體輕盈的紅酒 ~3.3

酒體輕盈的白酒 ~3

甜白酒 <3

檸檬水 2.6
可口可樂 2.5

pH 7

pH 14

pH 1

酸鹼值量表

酸鹼值是以對數標做測量，每一單位是下一個與前一個單位的十倍。舉例來說，酸鹼值為 3 的比酸鹼值為 4 的大上十倍，又比酸鹼值為 5 的大上一百倍。

只要多加練習，你就能透過品飲察覺酸鹼值 3.6 與 3.5 的酒款的酸度差別。

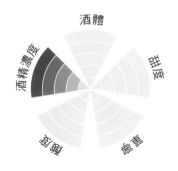

酒精濃度依程度分為 1 至 5

本書將酒款依一般常見的酒精含量區
分如下：

1 = 低，5~10% ABV

2 = 中低，10~11.5% ABV

3 = 中等，11.5~13.5% ABV

4 = 中高，13.5~15% ABV

5 = 高，15% ABV 以上

酒精的滋味

人體以味覺受體感知酒精，這就是為
什麼酒精嘗起來有時苦、有時甜，時
而辛辣感，時而又有油感，或一次全
部都有。根據遺傳學的解釋，有些人
天生覺得酒精帶苦，有些人則天生覺
得酒精帶甜。

酒精

一般而言，一杯葡萄酒的酒精濃度約為 12~15%，這簡單的化合
物不但對葡萄酒的風味和陳年潛力具有重大影響，對人體健康也
是。

酒精與健康

想要飲得健康，適量是關鍵，但多少為適量？答案很簡單：不要
喝超過你的身體所能代謝的量即可。

當肝與胃在代謝乙醇時，後者會產生毒性。代謝過程中，分子內
的氫原子會被移除，由乙醇轉變為乙醛（acetaldehyde）。大量吸
收乙醛會毒害身體（這就是為什麼短時間內大量狂飲足以致死），
但人體的酵素可以少量代謝乙醛。

當然，每個人的生理狀況都不盡相同。你的身體所能承受的酒精
可能比其他人少，這完全取決於個人生理特質。舉例來說：

- 女性的酒精代謝酵素天生比男性少，因此一般會建議女性飲酒
  量少於男性。
- 有些民族（如東亞的幾個民族和美國原住民後裔）所製造的酵
  素能代謝的乙醛較少。如果你喝酒時容易起酒疹、身體發紅、
  頭痛，甚至暈眩，建議盡可能規範自己的飲酒量。
- 飲用酒精時，血糖可能最初會稍微升高，但酒精最終會讓血糖
  下降。因此，如果你有血糖相關疾病（糖尿病等），可能要格外
  小心。
- 有些人無法控制自己的酒精攝取量（總是貪杯）。如果你是，
  直接戒酒可能是最好的選擇。但別擔心，你不是唯一的一個，
  在美國，每 16 名成人中，就有一人是酒精使用疾患（Alcohol
  use disorder）。

酒中的酒精濃度

葡萄酒的酒精濃度通常與葡萄糖份含量正相關，即葡萄愈甜，潛
在酒精濃度愈高。

在一些冷氣候國家，葡萄不總是能夠成熟，因此釀酒人依法可以
加糖，以提升釀成酒款的酒精濃度，這個步驟稱為加糖（Chap-
talization），在法國與德國一些產區均可使用。許多人對加糖有
異議，因為這麼做等同於操控釀成酒款的風格。因此，許多重視
品質的釀酒人不會考慮加糖。

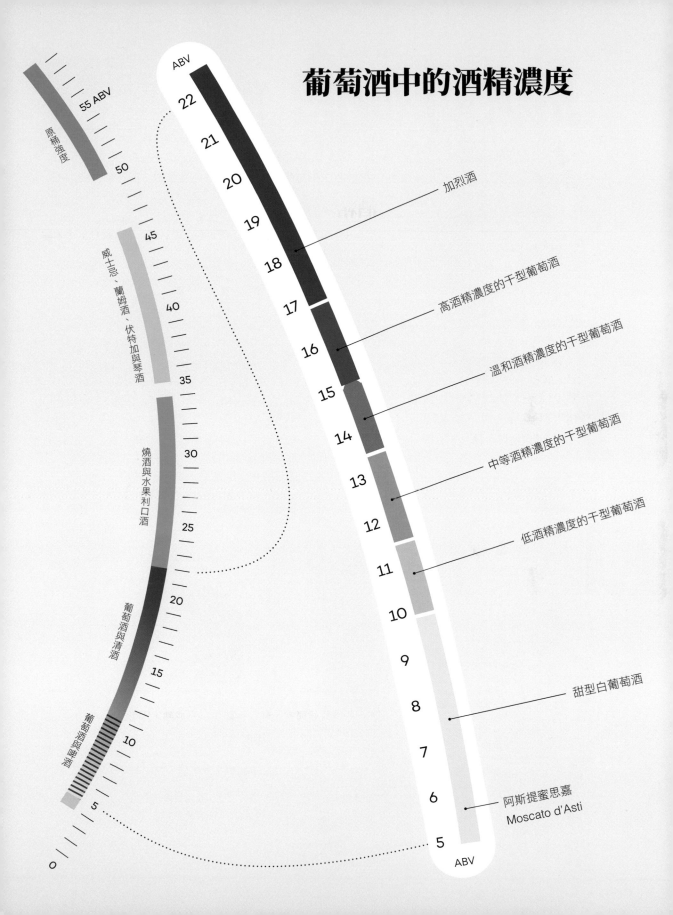

葡萄酒中的酒精濃度

ABV

22
21
20
19 — 加烈酒
18
17 — 高酒精濃度的干型葡萄酒
16 — 溫和酒精濃度的干型葡萄酒
15
14 — 中等酒精濃度的干型葡萄酒
13
12 — 低酒精濃度的干型葡萄酒
11
10
9
8 — 甜型白葡萄酒
7
6 — 阿斯提蜜思嘉
　　 Moscato d'Asti
5

ABV

55 ABV
50 — 原桶強度
45 — 威士忌、蘭姆酒、伏特加與琴酒
40
35
30 — 燒酒與水果利口酒
25
20 — 葡萄酒與清酒
15
10 — 葡萄酒與啤酒
5
0

品飲葡萄酒

你不需要有個大鼻子或特殊的味蕾，才能成為絕佳的葡萄酒品飲者，你只需要找出一個能夠讓自己持續不斷練習的品飲技巧。每一次品嘗新的葡萄酒，都是練習的機會！

本章節介紹的**四步驟品飲技巧**，和葡萄酒專業人士所使用的技巧如出一轍，不過這技術雖然好上手，卻需要練習才能至臻完善。基本步驟如下：

觀察

將葡萄酒杯放在白色背景之前，中性燈光之下，觀察以下三點：

- 色調
- 色澤飽和程度
- 稠度

嗅聞

嗅聞葡萄酒，並試著在品飲之前就先描繪出酒款的香氣（Aroma）輪廓，試著找出：

- 二至三種水果氣味（盡可能詳述）
- 二至三種草本或其他氣味
- 橡木桶或土壤氣息（如果有的話）

口嘗

適量品嘗酒款，並讓酒液流淌整個口腔再行吞下。試著辨認：

- 酒款架構（單寧、酸度等）
- 口中滋味
- 酒款整體均衡度表現

思考

最後，將你觀察到的所有特性拼湊在一起，以評斷整體經驗。

- 寫下品飲筆記
- 為酒款評分（非必要）
- 對照其他酒款（非必要）

觀察

色調與飽和度

白葡萄酒：顏色較深的白葡萄酒通常暗示著陳年或氧化。舉例來說，以木桶陳年的白酒，顏色通常比於不鏽鋼桶中陳年的白酒來得深，因為氧氣不會進入不鏽鋼桶中。

粉紅葡萄酒：由於粉紅酒（rosé wine）的酒色多半是由釀酒人所控制，酒色偏深通常表示酒款曾經過為期較長的浸皮時間。

紅葡萄酒：觀察酒液邊緣的酒款色調，再注意酒液中心點，觀察酒色有多深。

- 邊緣帶紅的紅酒，酸度可能較高（酸鹼值較低）
- 酒色偏紫或藍的紅酒，酸度較低
- 色澤深沉而不透光的紅酒可能是年輕的酒，並有較高的單寧
- 紅酒會因陳年色澤轉淺而偏茶色

稠度

稠度較高的酒款，可能有較高的酒精濃度和／或糖份。

酒腿／酒淚：酒腿（Wine legs）或酒淚（Wine tears）是我們稱之為吉布斯－馬蘭哥尼效應（Gibbs-Marangoni effect）的現象，這是因酒精蒸發造成的的液面張力。在受控的環境之下發現，「酒淚」多，表示酒款的酒精濃度較高，不過在一般環境之中，溫度與濕度也會影響酒淚形成的多寡。

沉澱物：未過濾的酒通常會在杯中留有細微顆粒。這些是無害的物質，也能輕易地透過不鏽鋼濾器去除（如濾茶器）。

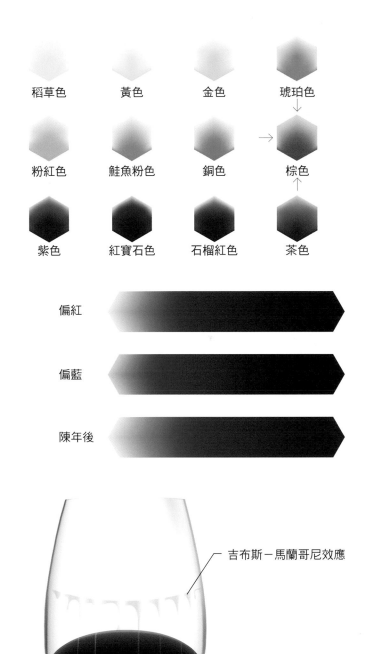

稻草色　黃色　金色　琥珀色

粉紅色　鮭魚粉色　銅色　棕色

紫色　紅寶石色　石榴紅色　茶色

偏紅

偏藍

陳年後

吉布斯－馬蘭哥尼效應

葡萄酒
的
顏色

淺稻草色
綠酒、蜜思卡得（Muscadet）、
維岱荷

稻草色
麗絲玲、多隆帝斯、蜜思嘉

深稻草色
阿爾巴利諾、維爾帝奇歐

淺黃色
綠維特林納

黃色
白蘇維濃、榭密雍、維門替諾

深黃色
索甸、陳年麗絲玲

淺金色
白梢楠、灰皮諾

金色
維歐尼耶、特比亞諾

深金色
夏多內、陳年里奧哈（Rioja）白酒

淺銅色
普羅旺斯粉紅酒、灰皮諾

淺琥珀色
橘酒、白波特

琥珀色
托凱貴腐酒（Tokaji Aszú）、聖酒

深琥珀色
茶色波特（Tawny Port）、
希臘聖酒（Vinsanto）

銅色
黑皮諾粉紅酒

淺棕色
陳年白酒、雪莉

棕色
雪莉、白波特

深棕色
佩德羅希梅內斯（Pedro Ximénez）

深銅色
提布宏（Tibouren）粉紅酒、
希哈粉紅酒

善用此表來判斷並定義
你所品嘗的葡萄酒色澤
與酒色飽和程度。

本圖中的例子不是全部
的酒色或酒款，僅是協
助讀者順利開始辨色。

注意：本圖表經校色過
的版本可見於 winefolly.
com

淺粉紅色
邦斗爾（Bandol）粉紅酒

粉紅色
格那希粉紅酒

深粉紅色
塔維爾（Tavel）

淺紫色
加美、瓦波利切拉混調

紫色
馬爾貝克、希哈、
特洛迪哥（Teroldego）

深紫色
阿里岡特布榭、皮諾塔吉

淺鮭魚粉色
普羅旺斯粉紅酒、白金芬黛

淺紅寶石色
黑皮諾

紅寶石色
田帕尼優、GSM 混調

深紅寶石色
卡本內蘇維濃、塔那

鮭魚粉色
山吉歐維榭粉紅酒

淺紅石榴色
內比歐露

紅石榴色
陳年紅酒、蒙塔奇諾布魯內洛
（Brunello di Montalcino）

深紅石榴色
陳年阿瑪羅內（Amarone）、
巴羅鏤（Barolo）

深鮭魚粉色
希哈粉紅酒、梅洛粉紅酒

淺茶色
茶色波特、陳年內比歐露

茶色
陳年山吉歐維榭、
布爾馬德拉（Bual Madeira）

深茶色
陳年波特（Old Vintage Port）

嗅聞

葡萄酒中蘊含上百種不同的香氣化合物（Aroma compounds），想辦認出這些香氣最好的方式，就是在品嘗之前先細聞一番。

將酒杯放在鼻子下方，緩慢移動，直到你察覺到任何氣味。

酒液上半部會展現出較多細緻的花香，下半部則會有更多濃郁的果香。

搖杯有助於香氣的集中。

嗅聞訣竅

將酒杯靠在鼻子之下稍聞一下，讓酒的味道充斥感官。接著搖杯，再緩慢地細聞葡萄酒。可以一邊想一邊嗅聞，給予自己充足的時間，以分辨出每一種香氣。

注意事項

果味：先試著找出一種果味。接著，試試看能不能加上一個形容詞。如果你聞到的是草莓，試著形容是怎樣的草莓？新鮮的、成熟的、燉煮過的，或是草莓乾？不妨將目標設定為辨認出二至三種水果種類。

草本／其他：有些葡萄酒會帶有鹹鮮的特性，也有許多非水果類的香氣，包括草本、花與礦物。盡可能詳述這些氣味，這些氣味沒有對錯之分。

橡木：如果一款酒有香草、椰子、五香粉、牛奶巧克力、可樂、雪松、蒔蘿或菸葉的味道，很可能表示酒款曾於橡木桶中陳年！不同種類的橡木（以及不同橡木的製作過程）會有不同的風味。美國橡木——白櫟（Quercus alba）——容易為酒款增添蒔蘿與椰子風味，至於歐洲橡木——無梗花櫟（Quercus petraea）——則容易為酒款增添香草、五香粉與肉豆蔻的香氣。

土壤：當你聞到土壤味時，試著辨認出這是有機的（壤土、蘑菇、森林地）或無機的（板岩、白堊、礫石或黏土）。一般認為，這個群組的香氣可能是微生物所引起，而且有助於飲者辨認葡萄酒的來源。記得要寫下你所聞到的土壤風味為何，有機或無機。

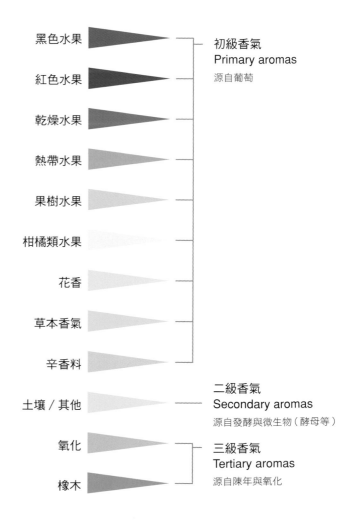

黑色水果

紅色水果

乾燥水果

熱帶水果

果樹水果

柑橘類水果

花香

草本香氣

辛香料

土壤／其他

氧化

橡木

初級香氣
Primary aromas
源自葡萄

二級香氣
Secondary aromas
源自發酵與微生物（酵母等）

三級香氣
Tertiary aromas
源自陳年與氧化

葡萄酒的缺陷

在餐廳試嘗葡萄酒時,你多半是在找酒中的缺陷!葡萄酒的缺陷風味多半來自不當的儲存環境或處理方式。以下是最常見的葡萄酒缺陷以及抓出它們的方法。

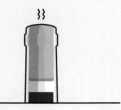

軟木塞污染

TCA(2,4,6-Trichloroanisole)與 TBA 等

如果一款酒聞起來有濕紙板、濕狗或發霉酒窖的味道,這款酒可能已受軟木塞污染。可能是軟木塞接觸到氯,一般而言約有 1~3% 的酒會受影響。餐廳裡絕大多數的葡萄酒侍酒人員能夠辨識出這缺陷。除了將酒退回,沒有其他簡單的解決方案。

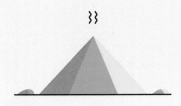

還原

硫醇(Mercaptans)或亞硫酸鹽味

如果葡萄酒聞起來有明顯的大蒜、水煮甘藍菜、腐壞雞蛋、水煮玉米或劃過的火柴味,表示酒款已帶有亞硫酸鹽的風味——即還原(Reduction)味。還原氣味源自於酒款在發酵過程中沒能接觸足夠的氧氣。醒酒應有助於改善,如果沒用,可以純銀湯匙攪拌葡萄酒。如果以上兩個方式都無法消除,請將酒退回。

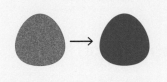

氧化

葫蘆巴內酯(Sotolon)與多種乙醛

如果葡萄酒聞起來有突兀且明顯的碰傷蘋果、菠蘿蜜與亞麻籽油味,酒色呈棕,而且不是瑪薩拉或馬德拉老酒,這款酒很有可能已經氧化了。每一款葡萄酒都會隨著時間的發展而氧化,如果儲存在不恰當的環境,則有可能提早氧化。在將酒退還之前,先確認自己手中的這瓶酒是否本來就屬於氧化風格。

揮發酸

醋酸或乙酸乙酯

如果葡萄酒聞起來有突兀且明顯的醋或指甲油去光水的味道,這款酒很可能有揮發酸(Volatile Acidity, VA)的問題。葡萄酒依法可含有至多 1.2 g/L 的揮發酸。含量微小時,揮發酸有助於提升葡萄酒的複雜度。話雖如此,有一些飲者對揮發酸極為敏感,而且非常不喜歡這氣味。如果你是這類型的人,試試看能否退還酒款,換成沒有揮發酸氣味的酒。

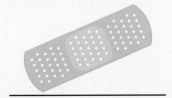

酒香酵母

又稱為 Brett

如果葡萄酒聞起來像是繃帶、滿是汗味的皮革馬鞍、農舍或小豆蔻味,那肯定是酒香酵母(Brettanomyces)在作祟。這種野生酵母會與啤酒酵母(Saccharomyces cerevisiae)一同發酵。嚴格來說這不是有害物質,許多飲者甚至非常享受這類質樸、帶有土壤的調性。當然也有一些飲者恨它入骨。如果你是後者,試試看能否退還酒款,換成沒有酒香酵母氣味的。

紫外線傷害

又稱為「光害」(Light strike)

當葡萄酒直接暴露在陽光下或人造光線之下過久,就會造成光害。光線會增加葡萄酒中的化學反應,可能使葡萄酒提早衰老,其中白酒與氣泡酒所受的影響尤其顯著。遇到這類酒款,建議直接退還。

葡萄酒香氣

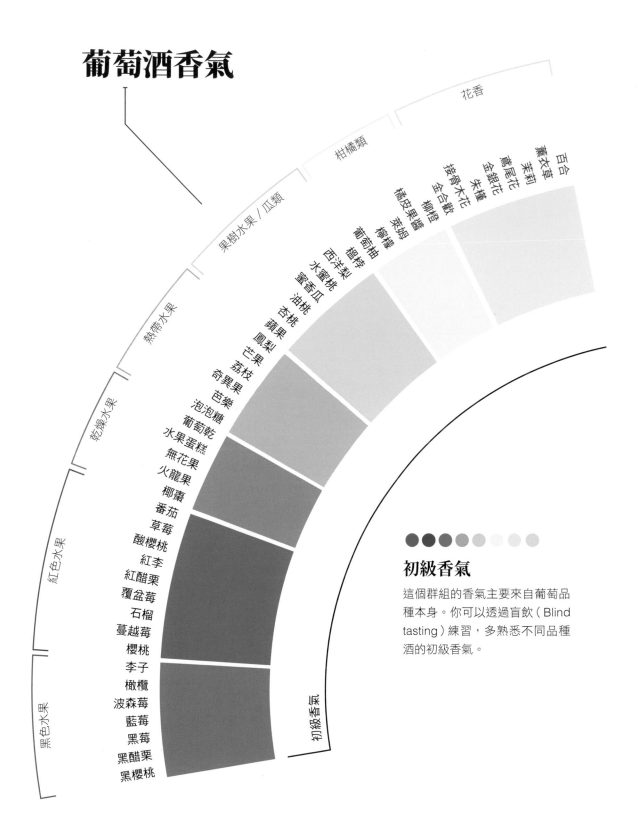

花香

柑橘類

果樹水果 / 瓜類

熱帶水果

乾燥水果

紅色水果

黑色水果

百合
薰衣草
鳶尾花
金銀花
朱槿
接骨木花
合合歡
柳橙
橘皮果醬
檸檬
葡萄柚
植桲
西洋梨
水蜜桃
蜜香瓜
油桃
杏桃
蘋果
鳳梨
芒果
荔枝
奇異果
芭樂
泡泡糖
葡萄乾
水果蛋糕
無花果
火龍果
椰棗
番茄
草莓
酸櫻桃
紅李
紅醋栗
覆盆莓
石榴
蔓越莓
櫻桃
李子
橄欖
波森莓
藍莓
黑莓
黑醋栗
黑櫻桃

初級香氣

初級香氣

這個群組的香氣主要來自葡萄品種本身。你可以透過盲飲（Blind tasting）練習，多熟悉不同品種酒的初級香氣。

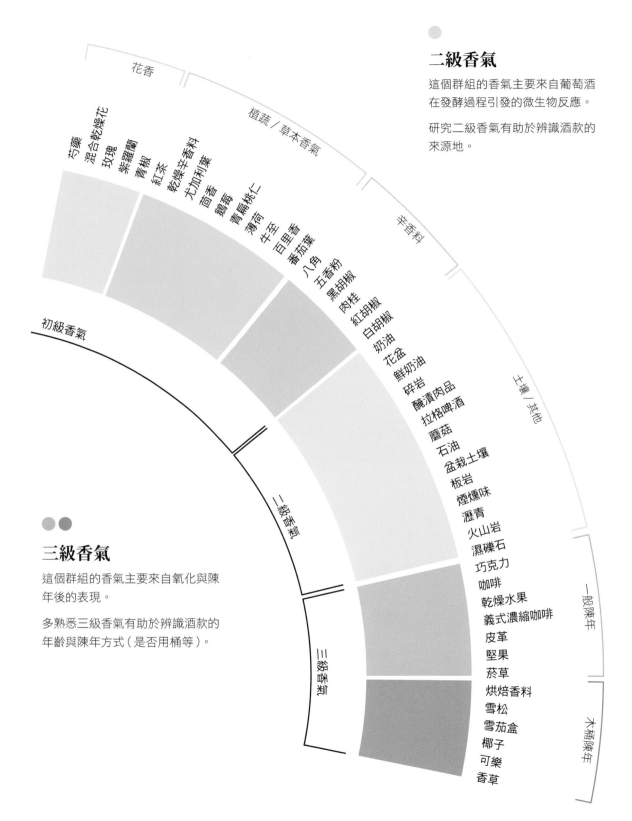

二級香氣

這個群組的香氣主要來自葡萄酒在發酵過程引發的微生物反應。

研究二級香氣有助於辨識酒款的來源地。

三級香氣

這個群組的香氣主要來自氧化與陳年後的表現。

多熟悉三級香氣有助於辨識酒款的年齡與陳年方式（是否用桶等）。

花香

植蔬／草本香氣

辛香料

土壤／其他

初級香氣

二級香氣

三級香氣

一般陳年

木桶陳年

芍藥
混合乾燥花
玫瑰
紫羅蘭
青椒
紅茶
乾燥辛香料
尤加利葉
茴香
蒔蘿
青扁桃仁
薄荷
牛至
白里香
番茄葉
八角
五香粉
肉桂
黑胡椒
紅胡椒
白胡椒
奶油
花盆
鮮奶油
碎岩
醃漬肉品
拉格啤酒
蘑菇
石油
盆栽土壤
板岩
煙燻味
瀝青
火山岩
濕礫石
巧克力
咖啡
乾燥水果
義式濃縮咖啡
皮革
堅果
菸草
烘焙香料
雪松
雪茄盒
椰子
可樂
香草

口嘗

握好酒杯，並喝上適量的一大口，將酒液放在口中「嚼一嚼」，讓酒液充滿口中每個部位，接著再吞下（或吐出）。然後再緩慢地由口中抽一口氣，並從鼻中呼出。

架構

甜度：酒款帶不帶甜味？甜度是舌頭第一個感受到的味道。

酸度：酒是否讓你口頰生津？高酸度會讓你分泌口水，也會帶來微刺的口感。

單寧：這款酒有多澀（讓你口乾）或多苦？單寧可以在舌頭中段和嘴唇與牙齦間的部位感受到。以高單寧葡萄品種釀成的酒常會令前段口感產生較多澀感，橡木帶來的單寧則通常會在口感中段感受到。

酒精濃度：你是否覺得自己喉頭有股溫暖或熱辣的感覺？那就是酒精！

酒體：這款酒是否讓口腔中充斥著風味（酒體飽滿），還是幾乎感受不到它的存在（酒體輕盈）？

餘韻：這款酒最後散發的滋味為何？是帶苦、帶酸、略油或有點鹹味？除此之外，也可以注意風味的表現，諸如煙燻味、草本味、芬芳的香氣等。

長度：這款酒的餘韻多久之後才消散？

複雜程度：你能否輕易察覺數種不同的風味與香氣？如果有多種風味，即表示酒款很複雜。

層次：酒款的風味是否在一口之內有所改變？有些酒評家很詩意地將這種感覺稱之為有「層次感」或富有「張力」。

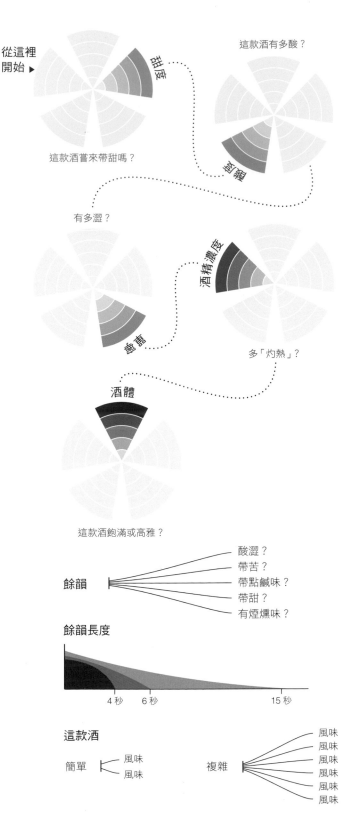

你是什麼類型的品飲者？

每個人的味覺與偏好通常會因為身處環境與基因而有所不同。有些品飲者天生要比其他品飲者更敏感。不過別擔心，只要持續練習，人人都可以增進自己的味覺敏感度。

在你的舌頭上，以一個打洞機孔洞的面積計算，
可以數出幾個味蕾？

< 15 個味蕾

15～30 個味蕾

30 個以上的味蕾

 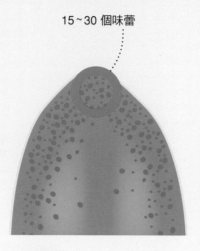 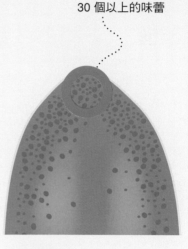

低敏銳者

10～25% 的人

如果在一個打洞機孔洞的面積內，你舌頭上的味蕾數量不到 15 個，表示你的味覺可能屬於低敏感型。

你和別人不同，嘗不到苦的滋味。事實上，有些低敏感型的人完全嘗不到苦味！這樣的你可以放膽嘗試更多元的飲食，享受風味濃郁的料理帶來的樂趣。

適合品嘗的酒款：
- 高單寧紅酒
- 酒體飽滿的白酒
- 甜白酒

約有 1～2% 的人口飽受無嗅覺症（Anosmia）之苦，這是一種無法察覺或感知氣味的疾病。

一般型

50～75% 的人

如果在一個打洞機孔洞的面積內，你舌頭上的味蕾數量有 15～30 個，你可能是屬於一般型。

一般型和高敏感型的人所能嘗到的苦味相同，但前者不會有後者所感受到的極端不適。一般型的人對飲食類型可能是挑剔的，也可能是熱愛嘗鮮的。

適合品嘗的酒款：
- 帶有鹹鮮風味的葡萄酒
- 所有類型的葡萄酒，放膽多方嘗試吧！

女性屬於高敏感型味覺的機率是男性的兩倍之多。

高敏銳者

10～25% 的人

如果在一個打洞機孔洞的面積內，你舌頭上的味蕾數量超過 30 個，那麼你可能是屬於高敏感型味覺的人——即超敏味覺者（Super-taster）。

對你而言，所有風味都非常明顯突出。你很有可能對食物的質地、辛辣感與溫度非常敏感，而且很可能是個挑食的人。

適合品嘗的酒款：
- 甜白酒
- 低單寧紅酒

相較於高加索人，亞洲、非洲與南美洲民族較容易出現高敏感型味覺的人。

思考

發展味覺的敏銳度無法一蹴可幾。這是一個需要主動品飲，並深入思考酒款，以反思自己是否喜歡、以及背後原因的過程。

葡萄酒評鑑

葡萄酒評分最初於 1980 年代開始逐漸普及，這是自羅伯特·帕克（Robert Parker）將百分制引進葡萄酒評分系統之後。如今已可見到多種評分系統，包括五星制、百分制以及 20 分制。

但高分酒並不一定合你的胃口。提供分數的是酒評家給該款葡萄酒的品質等級，純粹視為參考。最優秀的評分永遠會囊括詳具細節的品飲筆記。

為葡萄酒打出標準統一的評分需要多年的練習。其中一個加速自己品飲技巧的方式，便是對照式品飲。

對照式品飲

對照式品飲會將有關聯的酒列在一組，一起品飲。這麼做有助於辨別同一組葡萄酒中的異同之處。以下是一些可以做為對照式品飲的酒款舉例：

- 阿根廷馬爾貝克 vs. 法國馬爾貝克
- 過桶夏多內 vs. 未過桶夏多內
- 白蘇維濃 vs. 綠維特林納
- 梅洛 vs. 卡本內弗朗 vs. 卡本內蘇維濃
- 不同國家的黑皮諾
- 不同國家的希哈
- 不同年份的同一款酒，即垂直（Vertical）品飲

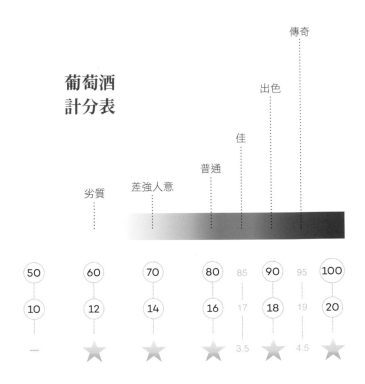

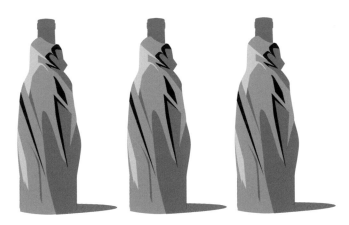

你可以透過對照式品飲的練習學習盲飲

學習撰寫有用的品飲筆記

你不會記得你喝過的所有葡萄酒。所幸，如果你知道如何記錄有用的品飲筆記，將能迅速地憶起品嘗過的絕佳美酒與品飲經驗。以下是一款有用的品飲筆記應該包括的內容：

Larkmead酒莊2014年
卡本內蘇維濃紅酒 ◀
納帕谷地 (Napa Valley)
2017年2月25日品飲 ◀

 ◀

深紫色 ◀
染上酒淚

香氣濃郁，帶有黑莓、黑醋栗、紫
羅蘭、牛奶巧克力、櫻桃醬與碾碎
礫石味 ◀

口感飽滿、酒色染滿唇齒，酸度中 ◀
等，單寧量多，質地帶粉且有甜感，
可可粉，餘韻帶有紫羅蘭風味，並以
甜美的粉狀單寧做結

93%卡本內
7%小維多

在納帕谷地酒農特選系列中，我最 ◀
愛這支

品飲了什麼酒？
釀酒業者、產區、品種、年份，以及是否屬於特定類型，如陳年等級（Riserve）、白中白（Blanc de Blanc）等……

何時品飲？
葡萄酒會隨著年歲增長而有所改變。

你的意見？
依循適合自己的評分系統。

觀察到什麼？
試著在嗅聞之前就先了解葡萄酒吧！

嗅聞到什麼？
盡可能詳細地列出所有香氣，從最明顯的到最不明顯的，以表示出這些風味在酒款中的層級。

品飲什麼？
既然我們已經從鼻子「品」到這麼多香氣，在這個部分，不妨試圖將重心放在酒款的架構與品質之上，即甜度、酸度、單寧與酒精濃度。別忘了還要將喝到但沒聞到的細節列上。

當下還做了什麼？
品飲酒款時你人在何處？吃了些什麼？跟誰在一起？

需要幫助嗎？ 試試看葡萄酒品飲專用編號杯墊：

🔗 **winefolly.com/tasting-mats/**

葡萄酒的處理、侍酒與窖藏

開靜態酒

開酒：一般習慣先割開瓶口下緣，但說真的，不一定非得這麼做。

將螺旋轉入酒塞並旋轉直到將近到底，再將木塞緩慢拔出，降低木塞破損的機率。

旋蓋 vs. 軟木塞封瓶：對葡萄酒飲者而言，這兩者並沒有太大的不同。有許多品質令人驚豔的葡萄酒是以旋蓋封瓶。

開氣泡酒

移除錫箔並轉六下金屬拉環以鬆開金屬網。為了安全起見，記得以大拇指緊壓軟木瓶塞與金屬網片，再一同取出兩者。

一手緊壓軟木塞與金屬網另一手旋轉瓶底。記得當感受到軟木塞彈出的壓力時，要稍加施壓，以避免軟木塞過快彈出。

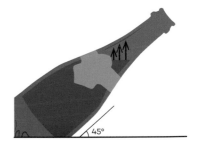

緩慢地釋出軟木塞與金屬網，開瓶時應該只會聽到「嘶」的一聲。開瓶時持續將酒瓶持 45 度角，以釋放瓶中壓力，避免氣泡噴濺。

醒酒

醒酒（Decanting）是將酒由酒瓶中換到另一個容器以利「呼吸」。醒酒會讓葡萄酒氧化，降低特定酸度與單寧，使酒嘗來更順口。這也有助於消散帶有臭味的亞硫酸鹽味（見頁 29 頁〈葡萄酒的缺陷〉），使其降至較不易察覺的程度。簡單來說，這是個魔術！

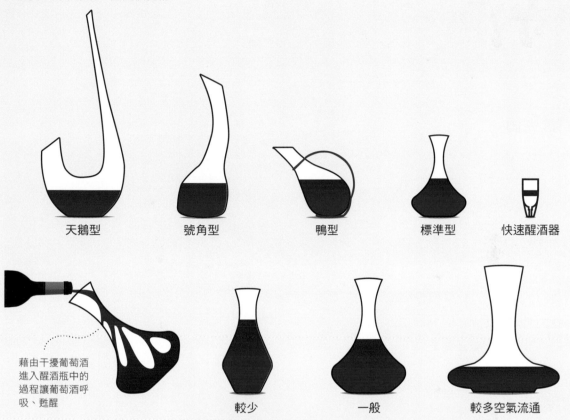

天鵝型　　　號角型　　　鴨型　　　標準型　　　快速醒酒器

藉由干擾葡萄酒進入醒酒瓶中的過程讓葡萄酒呼吸、甦醒

較少　　　一般　　　較多空氣流通

如何醒酒？

幾乎所有紅酒都能因為醒酒而獲得風味的提升。最基本的原則是，如果酒款有咬舌的單寧，或嘗起來尖銳且帶有辛辣感，醒酒肯定有幫助！年輕與價廉的酒款，能因為醒酒而大大增進風味。

順道一提，醒酒不是紅酒的專利。香檳其實也可以醒酒，或是酒體飽滿的白酒與橘酒。

該醒多久？

一般而言，酒款的酒體愈飽滿、單寧愈明顯，禁得起醒酒的時間就愈久。本書推薦每一款酒的醒酒時間從不需醒酒（酒體輕薄的白酒）到超過一小時（酒體厚重且帶有大量單寧的紅酒）皆有。

小心不要「過度醒酒」。醒老酒時尤其需要注意。

挑選醒酒瓶

幾乎所有不會再與葡萄酒作用的惰性容器（玻璃、水晶、陶瓷）都可以用來做為醒酒用，因此選一個你喜歡的吧！你只需考慮清洗與儲存的便利性即可。

如果你介意醒酒瓶占用太多空間，不妨考慮時下頗受歡迎的快速醒酒器。快速醒酒器能夠快速地在葡萄酒中導入氧氣，讓葡萄酒瞬間開始氧化。雖然對熟齡酒而言這可能過於激烈，卻是每日飲酒的葡萄酒飲者的良伴。

葡萄酒杯

尺寸

確保你的酒杯容量夠大，才足以容納酒中散發的香氣。白酒杯容量建議 13~20 盎司，紅酒杯建議 17~30 盎司不等。

形狀

寬肚杯與空氣的接觸面積較大，增加蒸散與香氣濃郁程度。
窄肚杯則剛好相反，適合用來品飲較「辛辣」或帶有高酒精濃度的葡萄酒。

開口

酒杯開口的大小會影響兩件事：一是當嗅聞葡萄酒時，香氣集中的程度，二是當你要清洗酒杯時，手伸不伸得進去！
- 廣口杯有助於展現更多花香。
- 窄口杯有助於集中果味與辛香料風味的表現。

厚度

杯緣較薄的酒杯會增加液體在口中分散的面積。

杯口

杯肚

杯腳

水晶杯

用水晶來形容其實不恰當，因為這類酒杯並不具有晶體結構，而是帶有諸如鉛、鋅、鎂與鈦等礦物質。水晶杯的好處是比一般玻璃更耐用，這表示水晶杯可以製成非常輕薄。除此之外，水晶酒杯中的礦物能提高光線與氣泡的折射率。

以鉛為主要原料的水晶杯沒有使用上的安全疑慮，只要避免飲用置於含鉛酒杯中的過夜飲品即可。

含鉛水晶的表面結構帶有孔洞，建議以無香料的清潔劑手洗。

如果不能手洗，也可選擇使用無鉛水晶杯；後者便可以使用洗碗機洗滌，安全無虞。

有無杯腳之分

嚴格來說，杯腳與酒款風味的表現無關，不過飲者握杯的手溫確實會讓杯中酒升溫。有杯腳或無杯腳，請視個人情況選擇最適合你的酒杯。

杯座

酒杯的選擇

雖然酒杯的選擇是很主觀的，但以下還是提供一些可供參考的注意事項：
- 請將酒杯清潔的難易程度納入考量。
- 家中是否有小孩或寵物？如果有，無杯腳杯可能是更好的選擇。
- 將酒杯摔破的可能性納入考量，這會影響購買酒杯的預算。
- 建議依個人的葡萄酒偏好選擇一至兩種不同的酒杯即可。
- 如果你有一群品飲葡萄酒的朋友，不妨多買一些酒杯！

葡萄酒杯的類型

碟型杯　　圓身鬱金香杯　　鬱金香杯　　笛型杯

氣泡酒

杯型愈瘦高，愈有助於保留氣泡。酒體精瘦的氣泡酒很適合使用笛型杯。鬱金香杯則通常適合用來表現酒體較濃郁或果味較重的氣泡酒，如普賽克或已經陳年的氣泡酒。碟型杯（Coupe）雖然不適合盛裝氣泡酒杯，看起來倒是非常賞心悅目！

酒體輕盈的　　香氛白酒／　　酒體飽滿的
白酒杯　　　　粉紅酒杯　　　　白酒杯

白酒／粉紅酒

杯肚小有助於維持白酒低溫，並讓鼻子更靠近香氣。至於過桶的白酒，如夏多內等，則較適合以杯肚較大的酒杯盛裝。

芳香型紅酒／　酒體輕盈的　　酒體中等的　　酒體飽滿的
粉紅酒杯　　　紅酒杯　　　　紅酒杯　　　　紅酒杯

紅酒

廣口圓肚的紅酒杯有助於黑皮諾紅酒聚香。中等容量的紅酒杯適合用來喝山吉歐維榭或金芬黛這類具有辛辣感的紅酒。大容量且廣口的酒杯能夠緩和高單寧（如卡本內為主的紅酒或波爾多混調酒）。

波特酒杯　　雪莉酒杯　　甜白酒／　　無腳杯
　　　　　　　　　　　　索甸酒杯

其他酒杯

有許多特別設計的酒杯是用來喝諸如雪莉與波特等酒款。另外，無腳杯也很適合充當水杯用。

侍酒

侍酒順序

當舉辦葡萄酒品飲會時，記得一個簡單的小訣竅：買酒時要由酒體最清淡到最濃郁，把最甜的甜點酒（Dessert wines）留到最後。

氣泡酒

酒體輕盈型干型白酒

芳香型白酒

濃郁型白酒

粉紅氣泡酒、紅酒、干型雪莉酒

酒體輕盈型紅酒

辛香料或土壤味為主的紅酒

酒體飽滿型紅酒

甜點酒

由此開始 →

溫度

和汽水或啤酒相同，葡萄酒也有最佳適飲溫度。

冰冷
3~7℃

冰涼
7~13℃

酒窖溫度
13~16℃

室溫
16~20℃

氣泡酒　酒體輕盈型白酒　酒體飽滿型白酒　芳香型白酒　粉紅酒　酒體輕盈型紅酒　酒體中等型紅酒　酒體飽滿型紅酒　甜點酒

葡萄酒禮儀小技巧

快告訴我！

為什麼？這些禮儀平常看來好像有些愚蠢，但在特定場合卻非常派得上用場。

拿酒杯時取杯腳或杯底。炫耀自己有多愛乾淨（酒杯上沒有指紋！），以及能夠處理脆弱物品的能力。

聞一下你的葡萄酒。讓旁觀人士看看你有多細心！而且，研究發現，人的味覺中有 80% 來自嗅聞的氣味。

只從同一位置的杯口飲酒。這麼做不止可以減少唇印的痕跡，也能夠不用每一次品飲都聞到自己口腔內的味道！

開酒時，盡可能像忍者一樣……壓低音量。當然，除了少數需要明亮的「啵」一聲以振奮在座人心的特殊情況之外。

碰杯時，直視對方的眼睛，以示尊重。而且，要杯肚碰杯肚，以降低打破酒杯的可能性。

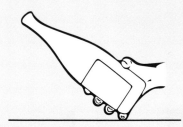

倒酒時，握住酒瓶靠底部的部分。這小技巧不止能展現你的靈活度，也是比較乾淨的倒酒方式。

先為別人倒酒，再為自己續杯。這顯示了你無私的個性，你為人真是大方啊！

耶～！

試著別成為全場最醉的那個，尤其是在你可能會需要隨機應變的生意場合中。

儲存已開瓶的酒

氣泡酒

1~3 天 *
以氣泡酒塞封瓶後，放進冰箱

酒體輕盈的白酒&
粉紅酒

5~7 天 *
以木塞封瓶後，放進冰箱

酒體飽滿的白酒

3~5 天 *
以木塞封瓶後，放進冰箱

紅酒

3~5 天 *
以木塞封瓶後，放至陰暗處

加烈酒&
盒裝酒

28 天 *
以木塞或其他方式封瓶後，
放置陰暗處

* 有些酒應該能保存新鮮更久的時間。

窖藏葡萄酒

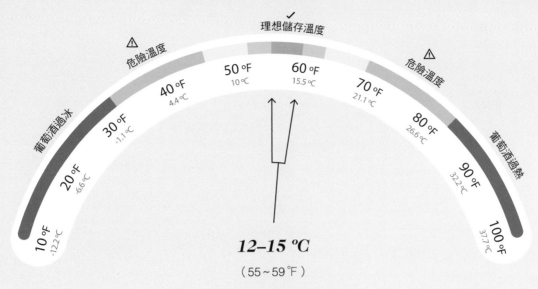

理想儲存溫度

危險溫度

危險溫度

50 °F
10 ℃

60 °F
15.5 ℃

40 °F
4.4 ℃

70 °F
21.1 ℃

30 °F
-1.1 ℃

80 °F
26.6 ℃

葡萄酒過冰

20 °F
-6.6 ℃

90 °F
32.2 ℃

葡萄酒過熱

10 °F
-12.2 ℃

100 °F
37.7 ℃

12–15 ℃

（55～59 °F）

理想的葡萄酒儲存溫度約介於
12~15℃，理想濕度為 55~75%。

時間（氧化）⟶

熱電型　　　冷凝器型

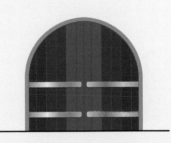

葡萄酒儲存在室溫的衰敗速度比儲存於溫控環境中快上四倍。如果你沒有葡萄酒冰箱或冷卻器具，建議將葡萄酒儲存於陰暗偏冷的環境中。

葡萄酒冷卻器：葡萄酒冰箱主要可分為兩種：熱電型與冷凝器型。熱電型的冷卻溫度會隨著室溫略有波動，但較為安靜；冷凝器型的音量則大得多，且需要定期保養維護，但較前者恆溫。

如果你沒有酒窖或葡萄酒冰箱，建議購買可於一至二年內之間喝完的酒款數量。若瓶陳於溫度不一且有波動的環境中，葡萄酒發展出風味缺陷的機率較大。

葡萄酒的製程

偉大的葡萄酒是由高品質的葡萄釀成。讓我們一探葡萄樹的生命週期，並了解一年中的四季是如何影響葡萄和葡萄酒的年份表現。

冬季剪枝：剪掉上一年長出的枝芽與藤苗。剪枝工會選擇留下較好的長枝（Cane），以在下一個年份長出新的萌芽苗（Shoot）。這對葡萄樹的生長可以說是相當關鍵的一刻。

春季發芽：到了春季，樹液會重新開始流動，發芽是葡萄園在新一年份開始生長的第一個跡象。新萌芽非常嬌弱，一場春霜就可能摧毀這些嫩芽，或縮短生長季的時間（降低葡萄的成熟度）。

春季開花：活下的新芽會繼續長出萌芽苗並開花。葡萄樹花被稱為「完美的花」（Perfect flowers），因為它們能自行授粉，不需要藉助蜜蜂的幫忙。

夏季果實生長：直到夏末的變色期（Veraison，唸做「vair-ray-shun」）之前，果串會是綠色的。變色期是指葡萄由綠轉紅的時間點，在那之前，某些葡萄農會移除一些綠色果串，讓葡萄樹集中精力在剩餘的果串之上，以期能釀出風味較為濃郁的酒。

秋季收成：果實逐漸成熟，使得含糖量升高、酸度下降，直到達到完美的成熟時間點。不同於其他水果，葡萄採收後會停止成熟過程，因此採收工永遠都在與時間賽跑！採收期如遇上大雨，可能導致不幸的結果；大量降雨會稀釋釀成的葡萄酒，也容易導致葡萄腐爛。

遲摘與冬眠：如果一切順利，某些釀酒業者會選擇讓少數葡萄串繼續留在葡萄樹上掛枝，以達到乾縮（Raisinate）的效果，再壓榨釀成甜型酒，即「遲摘」（Late harvest）甜酒。葡萄樹的葉子會掉落，接著葡萄樹會進入冬眠期，以度過冬季。

釀造紅酒

將葡萄運送至酒莊。

採收已屆成熟的葡萄。有些業者會以機械採收，有些則選擇以人工採收。

葡萄破皮機／去梗機

發酵槽

發酵過程會通常於釀酒人加入酵母（商業或原生酵母）之後開始。釀酒酵母又稱為 Saccharomyces cerevisiae。

一般而言，發酵過程為期兩週，但也可能花更久的時間（50 天或更久！）。

葡萄壓榨機

發酵結束後，再壓榨出更多葡萄酒。

接著，釀酒人會靜置葡萄酒。一些會於木桶中陳年較長的時間，以期增加酒中的三級（氧化）風味。

最後，葡萄酒會裝瓶或導入不鏽鋼桶槽內。

釀造白酒

酒農會趁白葡萄品種還保有足
夠酸度時便行採收,時間通常
比採收紅葡萄品種早。

葡萄破皮機 / 去梗機

醸酒人會在最短時間內立即處
理葡萄,並壓榨其皮與籽。

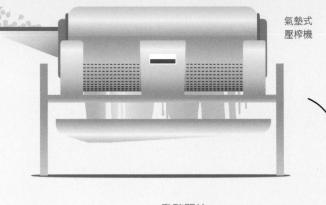

氣墊式
壓榨機

發酵開始。

一般而言,白酒的發酵溫度比紅酒低
(通常於溫控不鏽鋼桶槽中發酵),
以盡可能保留葡萄細緻的風味。

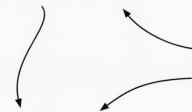

有些酒會繼續於橡木桶中陳年,
或於不鏽鋼桶槽中陳年六個月或
以上。

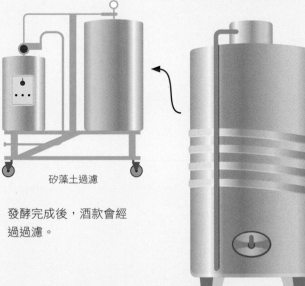

矽藻土過濾

最後,才會將葡萄酒裝瓶。

發酵完成後,酒款會經
過過濾。

不鏽鋼桶發酵槽

釀造傳統法氣泡酒

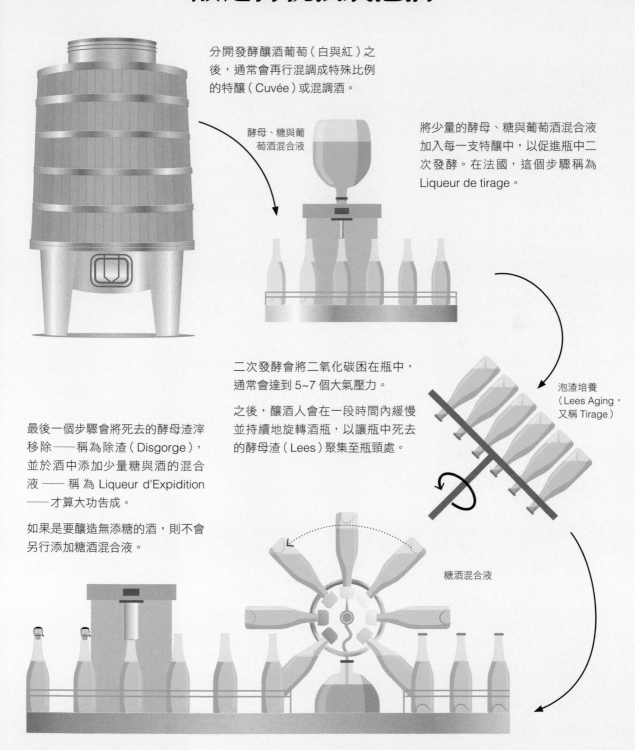

分開發酵釀酒葡萄（白與紅）之後，通常會再行混調成特殊比例的特釀（Cuvée）或混調酒。

酵母、糖與葡萄酒混合液

將少量的酵母、糖與葡萄酒混合液加入每一支特釀中，以促進瓶中二次發酵。在法國，這個步驟稱為 Liqueur de tirage。

二次發酵會將二氧化碳困在瓶中，通常會達到 5~7 個大氣壓力。

之後，釀酒人會在一段時間內緩慢並持續地旋轉酒瓶，以讓瓶中死去的酵母渣（Lees）聚集至瓶頸處。

泡渣培養（Lees Aging，又稱 Tirage）

最後一個步驟會將死去的酵母渣淬移除──稱為除渣（Disgorge），並於酒中添加少量糖與酒的混合液──稱為 Liqueur d'Expidition──才算大功告成。

如果是要釀造無添糖的酒，則不會另行添加糖酒混合液。

糖酒混合液

47

其他葡萄酒類型

粉紅酒

釀造粉紅酒有很多種方法，其中以浸皮法（Maceration）為最受歡迎。使用這種方法的釀酒人，會將紅葡萄皮與汁短暫浸漬（通常約 4~12 小時不等），待獲得想要的酒色飽和程度之後，便會將汁與果皮分離，並進入如同白酒的發酵過程。

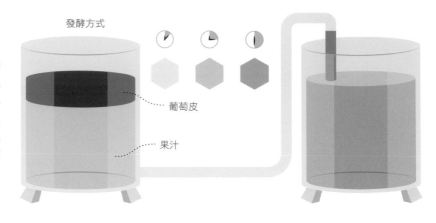

發酵方式

葡萄皮

果汁

加烈酒

加烈酒或天然甜酒（Vin Doux Naturel）常以額外添加中性烈酒（通常是酒色澄澈無色的葡萄加烈酒，即白蘭地）釀成。以波特而言，這樣的烈酒是在發酵過程中加入，如此一來，酒精會阻斷發酵過程，讓葡萄酒趨於穩定，並讓完成酒款帶有天然甜度。

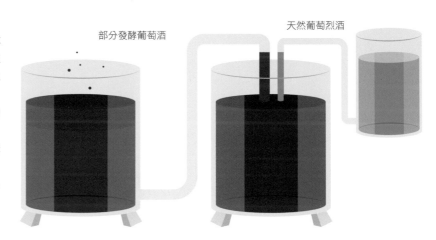

部分發酵葡萄酒

天然葡萄烈酒

大槽法氣泡酒

大槽法是如義大利普賽克與藍布魯斯科等氣泡酒所使用的釀法。不同於傳統瓶中二次發酵法，大槽法氣泡酒的二次發酵是於大型加壓桶槽中完成（通常至多有 3 大氣壓力），釀成的酒款通常會先行過濾後再裝瓶。

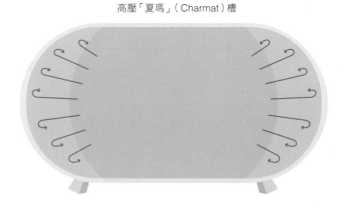

高壓「夏瑪」（Charmat）槽

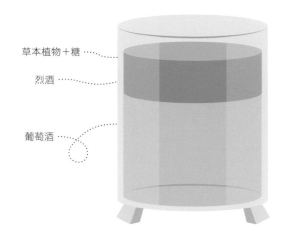

草本植物＋糖

烈酒

葡萄酒

芳香型葡萄酒

如威末苦艾酒（Vermouth）這類的芳香型葡萄酒，通常是由葡萄酒、草本植物、糖（或葡萄汁）與烈酒混調而成；後者是為了加烈葡萄酒。草本植物包含藥草、香草、辛香料、苦根等，能給予酒款獨特的風味。這些酒款主要包括干型（干型白威末苦艾酒）、甜型（甜型紅威末苦艾酒），以及 Blanc（甜型白威末苦艾酒）。市面所見絕大多數的威末苦艾酒都是以白葡萄酒為基底。

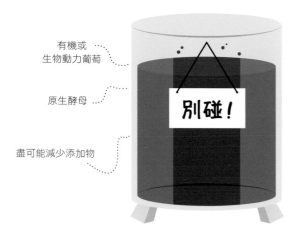

有機或
生物動力葡萄

原生酵母

別碰！

盡可能減少添加物

「自然」酒

自然酒（Natural wine）一詞至今尚沒有正式定義可供參考，但這通常指：

· 葡萄依循有機或以生物動力（Biodynamics）農法種植，並以人工採收。
· 僅以原生或「野生」酵母發酵。
· 無酵素或添加物，至多添加 50 ppm 的亞硫酸鹽。
· 葡萄酒不經過濾。

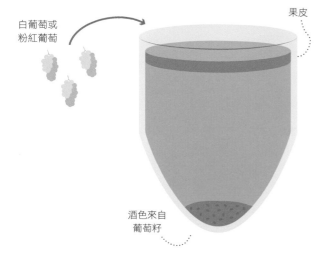

果皮

白葡萄或
粉紅葡萄

酒色來自
葡萄籽

「橘」酒

這個口語稱呼是用來形容一些以白葡萄釀成的自然酒。這款酒款通常和紅酒一樣，與葡萄皮一同浸漬發酵，釀成的酒款因受葡萄籽中的木質素（Lignin）影響，酒色呈現橘色。和紅酒一樣，橘酒多半帶有單寧和相當程度的酒體。

橘酒的釀法源自義大利東北與斯洛維尼亞，這裡可以找得到一些品質優異的義式灰皮諾、麗波拉吉亞拉（Ribolla Gialla）和馬爾瓦西亞（Malvasia）品種釀成的橘酒。

釀酒技巧

釀酒過程中,有許多步驟足以劇烈地改變釀成酒款的風貌。讓我們一探最常使用也常提出來討論的釀酒技巧,以及它們如何會改變葡萄酒的風味。

整串發酵以整串葡萄發酵,包括葡萄梗。葡萄梗會為較為細緻的酒款增添單寧與架構。

冷浸泡是讓葡萄汁在發酵之前與葡萄皮低溫浸泡的過程;這麼做有助於從葡萄皮中萃取出更多顏色與風味。

放血法(Saignée)指的是擷取紅酒發酵過程中的一些果汁,以增加紅酒的濃郁程度。擷取出的果汁則用來釀成酒色較深的粉紅酒。

低溫發酵與熱發酵。低溫發酵有助於保留細緻的花香與果香(相當受歡迎的釀白酒造法),熱發酵則會軟化單寧並讓風味變簡單(商業量產酒會採用此方法)。

開放式發酵讓更多氧氣能在發酵過程中進入酒款,通常用於紅酒的釀造。

封閉式發酵降低發酵過程中的氧氣流通,通常用於白酒的釀造,目的是為了保留更多細緻的風味。

二氧化碳浸皮法(Carbonic Maceration)將整串葡萄放進密閉式桶槽中發酵,有助於降低葡萄單寧帶來的苦味,也能保留紅酒中的細緻花香。薄酒來(Beaujolais)的加美葡萄常以此法釀造。

原生酵母僅使用酒莊內或葡萄皮上可找到的原生酵母為葡萄酒發酵。這個方式較為罕見,而且多為小量生產的酒莊所使用。

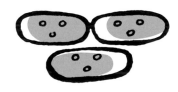

商業酵母使用買來的商業酵母發酵葡萄酒。這個方式很常見,尤其是大量生產的酒廠。

淋皮與踩皮是發酵時常施行的程序。淋皮（Pumpover）是萃取紅酒風味較激烈的方式；踩皮（Punchdown）則較溫和，是釀造輕巧紅酒時更受釀酒業者歡迎的方式。

微氧化是讓紅酒於發酵期間充滿氧氣，以緩和單寧。微氧化（Micro-oxygenation）尤其廣受波爾多紅酒釀造業者所使用。

延長浸皮。待發酵完成後，繼續將紅酒與葡萄皮一同浸泡一段時間。這個過程有助於軟化風味，並降低單寧艱澀的程度。

橡木桶陳年可以達到兩個目的：一是讓葡萄酒氧化，一是讓酒款獲得木桶的風味。新桶能為酒款增添來自木桶的香氣，諸如香草、可樂、丁香等。

不鏽鋼／無氧陳年。不鏽鋼桶槽會減緩氧化的速度，並有助於酒款保留較多初級香氣。白酒尤其常使用不鏽鋼桶槽陳年。

水泥槽／蛋型槽。粗水泥與黏土製的蛋型槽通常能降低酒款的酸度，有助於軟化酒款的口感。不過這做法目前還不常見。

蘋果酸乳酸發酵（Malolactic Fermentation, MLF）。幾乎所有葡萄酒都會經歷此一過程，讓名為 Oenococcus oeni 的細菌將原本口感尖銳的蘋果酸轉換成較柔和的乳酸。

澄清與換桶。在酒中添加酶可以澄清（Clarification／Fining）葡萄酒，酶會結合酒中的蛋白質，之後沉至木桶底部。換桶（Racking）是將已澄清的酒款換至新的木桶。

過濾與未過濾。過濾葡萄酒可使用精微的濾網，藉以移除所有非液體的微小顆粒。未過濾的葡萄酒通常帶有沉澱物，可增加葡萄酒的複雜度。

食物與酒

本章節探討的是搭配不同風味的基礎，
以及如何搭配葡萄酒與食物。以下包括
許多可供立即參考的搭配圖表。

餐搭小技巧

如果你才剛開始學習，可能會發現以下這些十拿九穩的技巧幫助頗大。隨著對不同的葡萄酒愈來愈熟悉，你也可以開始實驗打破這些規矩（想不想試試看加美搭配鱒魚啊）！

葡萄酒最好比食物更酸。

葡萄酒最好比食物更甜。

葡萄酒的風味濃郁程度最好和食物相同。

帶苦味的食物通常無法與帶苦味的酒（如干型紅酒）搭配。

高單寧的葡萄酒能抵消脂肪與油味。

酒中的單寧會與魚油形成衝突。這正是為什麼紅酒通常不是海鮮的好搭檔。

酒中的甜度能夠緩和辛辣的食物。

紅酒、氣泡酒與粉紅酒通常能創造出對比性的搭配。

紅酒通常能使用同質性的搭配法。

風味圖

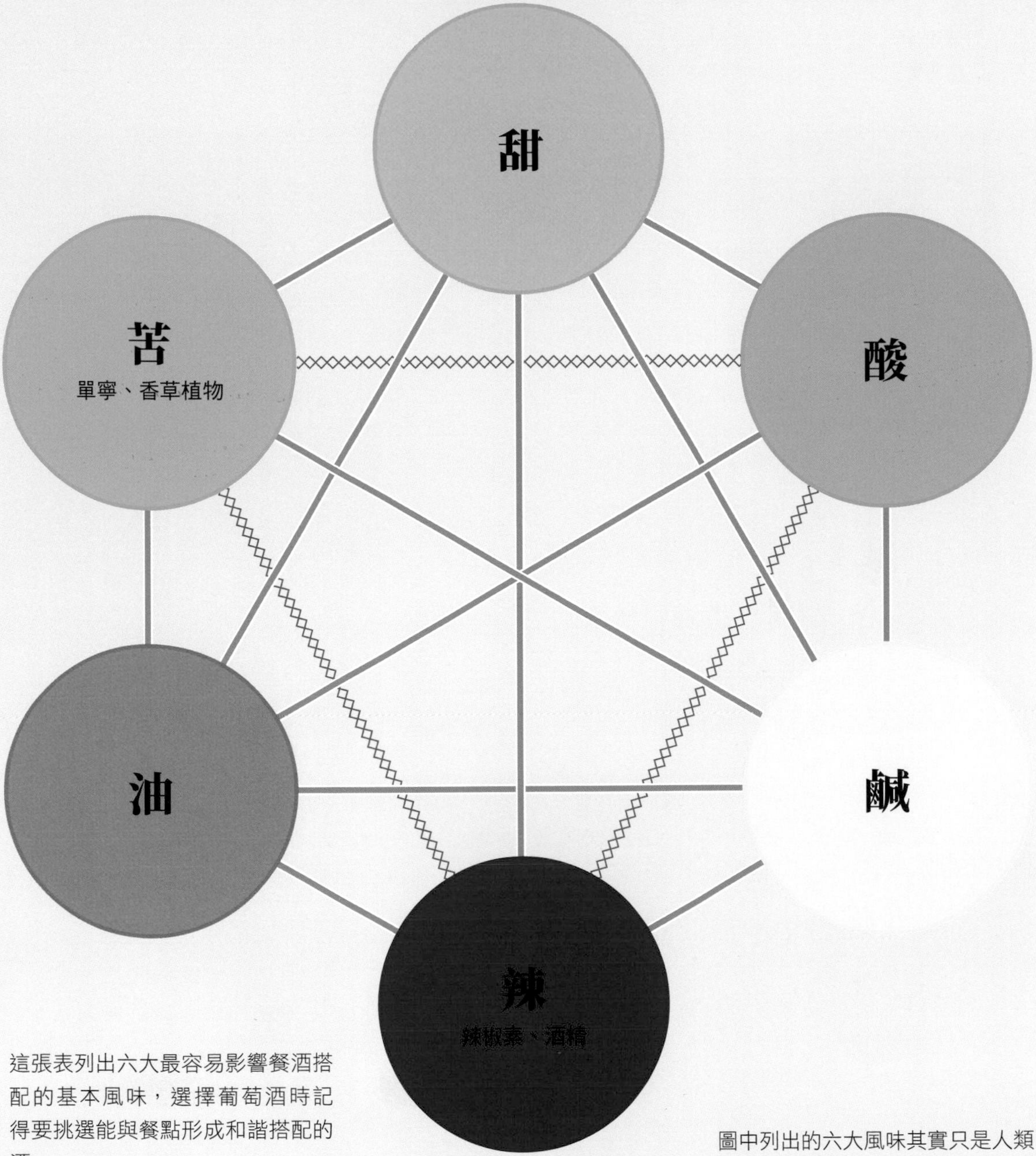

甜

苦
單寧、香草植物

酸

油

鹹

辣
辣椒素、酒精

這張表列出六大最容易影響餐酒搭配的基本風味,選擇葡萄酒時記得要挑選能與餐點形成和諧搭配的酒。

餐酒搭配時,記得也要將料理風味的濃郁程度納入考量。舉例而言,風味細緻的料理通常適合與風味細緻的酒款搭配。

—— 和諧的搭配
XXXX 不和諧的搭配

圖中列出的六大風味其實只是人類感官所能察覺的一部分而已。除了六大基本風味,我們還能感受到氣泡感、鮮味(肉味)、麻痺感、電力、皂滑感,以及冷的感覺(薄荷醇)。

餐酒搭配練習

在這個練習中，你可以嘗試將六種簡單的食物搭配四種不同風格的葡萄酒（酒體飽滿型紅酒、甜型白酒、酒體輕盈型白酒與氣泡酒）。這個練習的目的是為了讓你學習實際的餐酒搭配是如何運作的。

選酒：就市面上可供選擇的葡萄酒中挑出一款。舉例來說，你可以選擇卡瓦、義式灰皮諾、馬爾貝克以及微甜型的白梢楠。

步驟 1：從對頁中選擇一種原料，少量咀嚼它，再吞下去之前啜飲一小口酒。

步驟 2：試著以 1~5 為這個餐酒搭配給分（1 = 劣，5 = 絕配）。

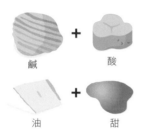

步驟 3：試著增加多元風味的組合（甜＋油、酸＋鹹、油＋苦等等），並反覆品試酒款。

關於氣泡酒：二氧化碳對餐酒搭配是否有幫助？有任何風味的搭配是尤其適合氣泡酒的嗎？

關於白酒：提高的酸度是否有助於餐酒搭配？以餐酒搭配而言，紅、白酒各有什麼不同？

關於紅酒：酒中的單寧如何與六大基本風味作用？什麼樣的搭配絕對不會成功？

關於甜酒：除了帶甜，甜酒還有什麼令人驚訝之處嗎？有哪些風味是能與甜酒這類型搭配的餐點？

別忘了：沒有錯的答案，你會因為探索出不同的餐酒搭配可能性而備感驚訝。

餐酒搭配練習

葡萄酒與食材列表

鹹
馬鈴薯片

酸
醃黃瓜

油
布利白黴起司（Brie）

酒體飽滿型
紅酒

甜型白酒

酒體輕盈型
白酒

氣泡酒

馬爾貝克、卡本內蘇維濃、
希哈、小希哈等

遲摘酒、甜型麗絲玲、
格烏茲塔明那等

白蘇維濃、灰皮諾、
格雷切托、（布根地）
香瓜等

卡瓦、普賽克、
法國氣泡酒等

苦
羽衣甘藍

甜
蜂蜜

辣
辣醬

搭配起司

- = 絕配
- ● = 良伴
- ✗ = 不搭

酒類	帶鹹的易碎起司 *Feta, Cotija, Queso Fresco, Halloumi, Mizithra*	撲鼻的藍紋起司 *Stilton, Blue, Roquefort, Gorgonzola*	酸起司與酸奶油 酸奶油, 奶油起司, *Ricotta, Havarti, Chèvre, Cottage Cheese*	細緻、綿密的起司 *Brie, Camembert, Époisses, Burrata, Delice de Bourgogne*	帶有堅果味的硬質起司 *Gruyere, Comte, Provolone, Edam, Emmental, Mozzarella, Scamorza*	帶有果香與鮮味的起司 *Cheddar, Gouda, Smokyed, Gouda, Colby, Ossau-Iraty, Muenster*	偏乾、帶鹹、有鮮味的起司 *Parmesan, Grana Padano, Pecorino, Asiago, Aged Manchego*
氣泡酒	✓	●	✓	✓	✓	●	✓
酒體輕盈型白酒	✓	✗	✓	✓	✓	●	✓
酒體飽滿型白酒	●	✗	●	✓	✓	●	●
芳香型白酒	●	✓	●	✓	●	●	●
粉紅酒	✓	●	●	●	●	●	●
酒體輕盈型紅酒	●	✗	●	●	✓	●	●
酒體中等型紅酒	✗	✗	●	●	✓	✓	✓
酒體飽滿型紅酒	✗	●	✗	●	●	✓	●
甜點酒	✗	✓	●	✓	●	●	✗

搭配蛋白質

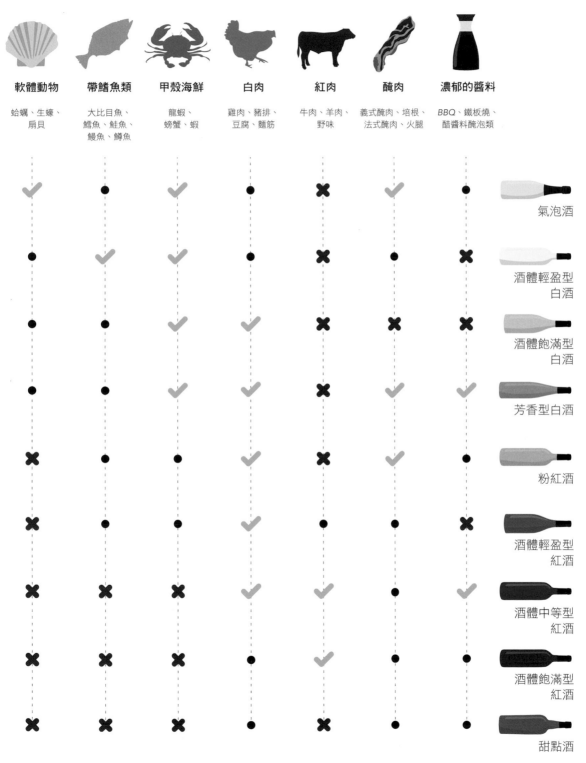

軟體動物	帶鰭魚類	甲殼海鮮	白肉	紅肉	醃肉	濃郁的醬料	
蛤蠣、生蠔、扇貝	大比目魚、鱈魚、鮭魚、鰻魚、鱒魚	龍蝦、螃蟹、蝦	雞肉、豬排、豆腐、麵筋	牛肉、羊肉、野味	義式醃肉、培根、法式醃肉、火腿	BBQ、鐵板燒、醋醬料醃泡類	
✓	●	✓	●	✗	✓	●	氣泡酒
●	✓	✓	●	✗	●	✗	酒體輕盈型白酒
●	●	✓	✓	✗	✗	✗	酒體飽滿型白酒
●	●	✓	✓	✗	✓	✓	芳香型白酒
✗	●	●	✓	✗	✓	●	粉紅酒
✗	●	●	✓	●	●	✗	酒體輕盈型紅酒
✗	✗	✗	✓	✓	●	✓	酒體中等型紅酒
✗	✗	✗	●	✓	●	●	酒體飽滿型紅酒
✗	✗	✗	●	✗	●	●	甜點酒

搭配蔬菜

- = 絕配
- = 良伴
- ✗ = 不搭

	十字花科	綠色蔬菜	根莖果類	蔥蒜類	茄屬植物	豆類	真菌類
	高麗菜、青花菜、白花椰菜、抱子甘藍、芝麻葉	綠豆、豌豆、甘藍菜、萵苣、酪梨、菊苣、青椒	地瓜、胡蘿蔔、倭瓜、蕪菁、南瓜	洋蔥、大蒜、青蔥、韭蔥	辣椒、番茄、茄子、胡椒	斑豆、黑豆、白腰豆、扁豆	洋菇、牛肝菌菇、香菇、舞菇、雞油菌菇、蠔菇
氣泡酒	●	●	✓	●	✗	●	●
酒體輕盈型白酒	●	✓	✓	✓	●	●	✗
酒體飽滿型白酒	✗	●	●	✓	✗	✗	✓
芳香型白酒	●	✓	✓	●	✗	✗	✗
粉紅酒	●	●	✓	●	●	●	●
酒體輕盈型紅酒	●	●	●	✓	●	●	✓
酒體中等型紅酒	✗	✗	●	✓	✓	✓	✓
酒體飽滿型紅酒	✗	✗	✗	●	●	✓	●
甜點酒	✗	✗	●	✗	✗	✗	✗

搭配香料與草本植物

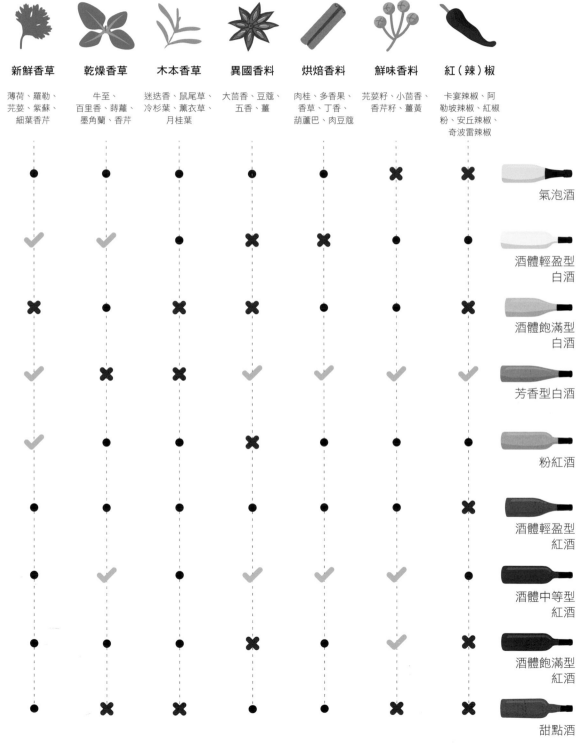

新鮮香草：薄荷、羅勒、芫荽、紫蘇、細葉香芹

乾燥香草：牛至、百里香、蒔蘿、墨角蘭、香芹

木本香草：迷迭香、鼠尾草、冷杉葉、薰衣草、月桂葉

異國香料：大茴香、豆蔻、五香、薑

烘焙香料：肉桂、多香果、香草、丁香、葫蘆巴、肉豆蔻

鮮味香料：芫荽籽、小茴香、香芹籽、薑黃

紅（辣）椒：卡宴辣椒、阿勒坡辣椒、紅椒粉、安丘辣椒、奇波雷辣椒

氣泡酒

酒體輕盈型白酒

酒體飽滿型白酒

芳香型白酒

粉紅酒

酒體輕盈型紅酒

酒體中等型紅酒

酒體飽滿型紅酒

甜點酒

以葡萄酒烹調

以葡萄酒烹調不止很有趣，還能大幅提升料理的風味。葡萄酒能夠以以下三種方式入菜：濃縮醬汁、滷汁，與收汁／料理酒。

濃縮醬汁

一杯酒＝1/4 杯濃縮醬汁

葡萄酒製成的濃縮醬汁具有葡萄酒獨特的風味、酸度與果香，能用來襯托鹹鮮與帶甜料理。想讓料理帶有最真實的葡萄酒風味（Vinous），不妨以低溫煨葡萄酒，如此能蒸發葡萄酒的酒精濃度，並留住醬汁中葡萄酒的細緻香氣。

兩份酒　一份油脂　調味料

醃醬

兩份酒、一份油脂與調味料

醃醬是綜合酸、油、草本與辛香料而成（有時也有糖），用來軟化並調味蛋白質料理。兼具單寧與酸度的葡萄酒非常適合用來軟化蛋白質，並能為醃醬增添酸度。為醃醬調味時，記得確認所有的原料是否彼此搭配。醃的時間取決於使用的蛋白質為何，太久可能會導致蛋白質變糊。一般而言，魚通常只需要 15～45 分鐘；胸肉則可能需要浸漬過夜才會入味。

收汁／料理酒

少量或每杯 1~2 茶匙

在菜中灑上少量葡萄酒，能讓完成的料理展現出葡萄酒天然的酸度與風味。收汁（又稱去渣）則是在熱鍋中澆入冷的液體，以便刮起黏在煎鍋底部所有因梅納反應（Maillard reaction）形成的焦糖化物質，用來做為肉醬或湯底。

除此之外，你也可以在慢燉料理中直接加入葡萄酒。不過記得在燉煮初期加入，以讓葡萄酒有足夠的時間蒸發酒精（約需要至少一小時）。

烹調用酒

干型紅、白酒

非常適合用來燉牛肉、做奶醬湯品、白酒奶醬、與淡菜和蛤蠣烹調，也可用來收汁。

這些是能夠每天享用的白酒與紅酒。最適合入菜的酒通常也是最能搭配料理的佐餐酒。一般而言，你可以選擇多果味、酒體輕盈的白酒，或是多果味、酒體由輕盈到中等的紅酒（與粉紅酒），酸度偏高尤佳。

實例：灰皮諾、白蘇維濃、阿爾巴利諾、維岱荷、高倫巴、白梢楠、麗絲玲

帶有堅果味的
氧化風格酒

最適合用來滷雞肉與豬肉，或是風味濃郁的大比目魚與蝦仁，也可用作湯品。

氧化的葡萄酒能為料理增添複雜度，使其帶有堅果、烘焙水果以及細緻的焦糖香氣。許多氧化葡萄酒都有經過加烈，因此能製成非常濃郁的濃縮醬汁。雖然一般習慣將氧化風格酒用在經典歐洲料理，這些酒款也非常適合用來搭配風味濃郁的亞洲和印度菜。

實例：雪莉、馬德拉、瑪薩拉、橘酒、黃酒

濃郁甜點酒

最適合用來做為帶有堅果、焦糖與香草冰淇淋等甜點的糖漿。

甜紅酒與甜白酒能製成可口的濃縮醬汁。選擇葡萄酒時，記得其濃郁程度要能與料理搭配。舉例而言，濃郁的巧克力甜點較適合搭配風味同樣濃郁且鮮明的紅寶石波特製成的醬汁。

實例：索甸、波特、冰酒、甜型麗絲玲、威尼斯－彭姆蜜思嘉（Muscat Beaumes de Venise）、聖酒、格烏茲塔明那、佩德羅希梅內斯（P.X.）

葡萄品種與
葡萄酒

本章節囊括 100 種常見的葡萄酒、品種和混調酒款，以及其品飲筆記、餐搭方式和侍酒建議，還有產區分布。

全球釀酒品種

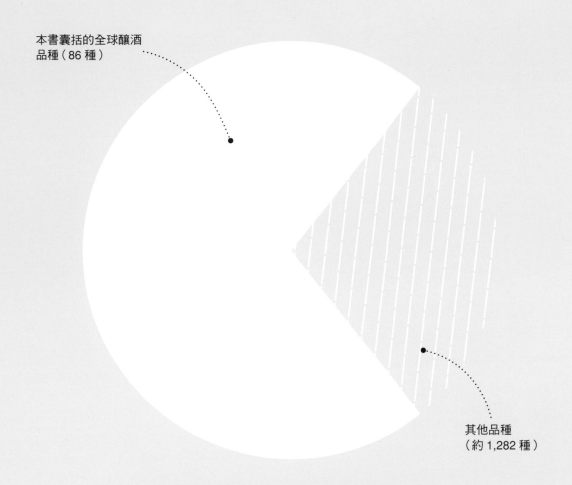

本書囊括的全球釀酒
品種（86 種）

其他品種
（約 1,282 種）

目前市面上介紹釀酒品種的著作中，最詳盡且具深度的要屬《Wine Grapes》一書，由 Robinson、Harding 與 Vouillamoz 於 2012 年出版。該著作囊括了 1,368 種目前已知用作商業釀酒的品種。在這些品種中，僅有極少量稱得上是廣泛種植於全世界的葡萄園。

為了加速讀者對葡萄酒的了解，本書僅介紹 100 種品種與酒款（正確來說是 86 種品種與 14 種葡萄酒）。這些品種釀成的酒款不止是全球最常見的葡萄酒，種植面積也較廣，約占全球 71% 的葡萄園面積。

如果你遇到本書沒有介紹的稀有品種，不妨上 winefolly.com 尋找更多免費資訊。我們希望能繼續收錄更多全球的葡萄酒與品種。

以風格區分葡萄酒

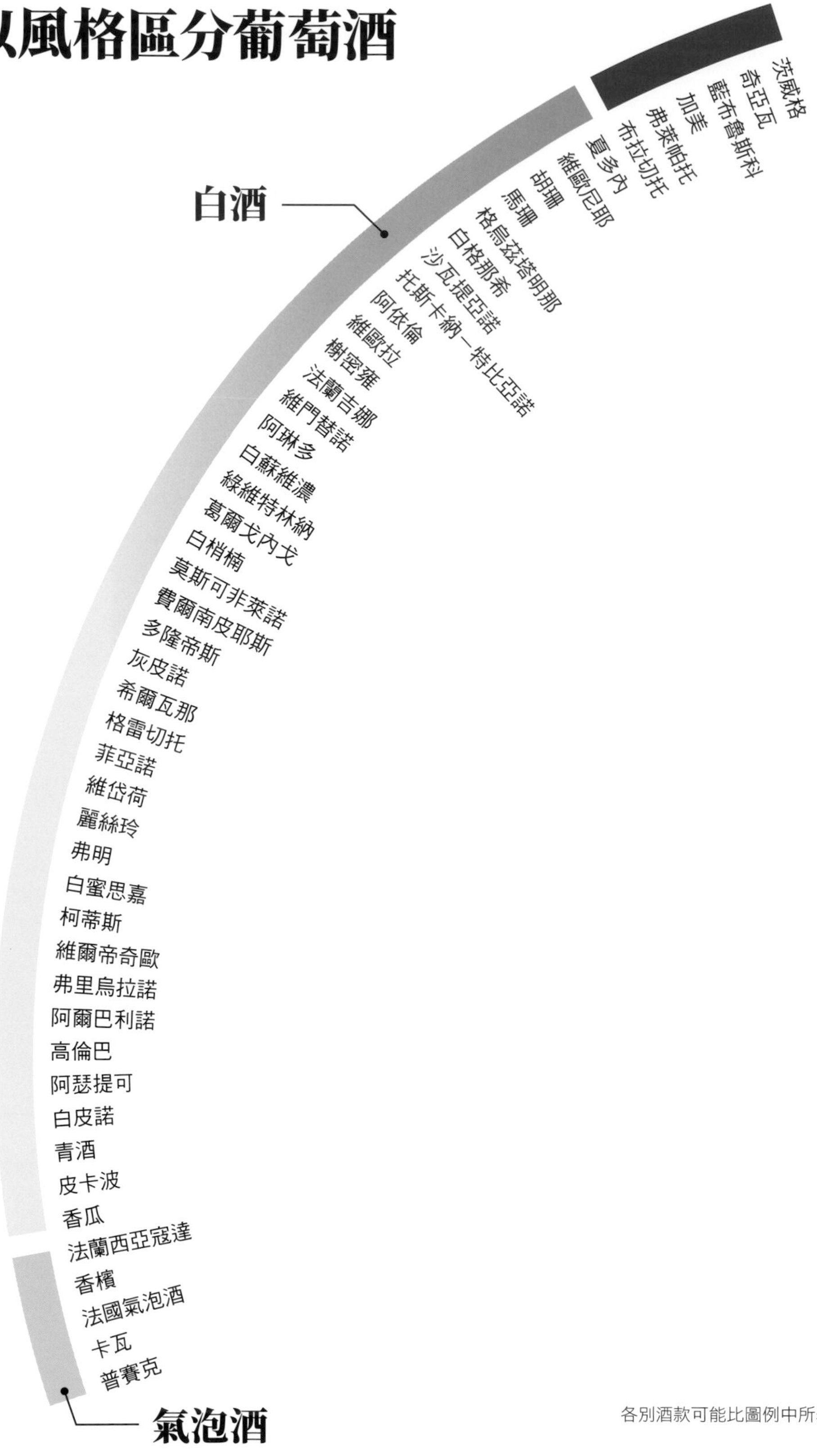

白酒 ——

茨威格
奇亞瓦
藍布魯斯科
加美
弗萊帕托
布拉切托
夏多內
維歐尼耶
胡珊
馬珊
格烏茲塔明那
白格那希
沙瓦提亞諾
托斯卡納—特比亞諾
阿依倫
維歐拉
榭密雍
法蘭吉娜
維門替諾
阿琳多
白蘇維濃
綠維特林納
葛爾戈內戈
白梢楠
莫斯可非萊諾
費爾南皮耶斯
多隆帝斯
灰皮諾
希爾瓦那
格雷切托
菲亞諾
維岱荷
麗絲玲
弗明
白蜜思嘉
柯蒂斯
維爾帝奇歐
弗里烏拉諾
阿爾巴利諾
高倫巴
阿瑟提可
白皮諾
青酒
皮卡波
香瓜
法蘭西亞寇達
香檳
法國氣泡酒
卡瓦
普賽克

氣泡酒

各別酒款可能比圖例中所表示的更輕盈或飽滿。

仙梭
黑皮諾
馬司卡雷切－奈萊洛
卡斯特勞
卡門內爾
瓦波利切切拉
博巴爾
卡利濃
藍弗朗克
卡本內弗朗
康科
阿優伊提可
巴加
巴貝拉
伯納達
多切托
格那希
門西亞
梅洛
蒙鐵布奇亞諾
內比歐露
內格羅阿瑪羅
隆河與GSM混調
山吉歐維榭
田帕尼優
黑喜諾
阿里亞尼科
阿里岡特－布謝
波爾多混調
卡本內蘇維濃
馬爾貝克
慕維得爾
內羅達沃拉
小維多
小希哈
皮諾塔吉
薩甘丁諾
希哈
塔那
杜麗佳
金芬黛
雪莉
索甸
冰酒
馬德拉
瑪薩拉
塞巴圖爾蜜思嘉
聖酒
亞歷山大蜜思嘉
波特

紅酒

甜點酒

如何閱讀本章節

葡萄品種或酒款的名稱

同義詞或當地別名

白梢楠 Chenin Blanc

發音

🔊 *"shen-in blonk"*　💬 *Steen, Pineau de la Loire*

風味特性 …… 酒體

酒精濃度

甜度

常見風格

酸度

果香

氣泡酒
酒體輕盈型白酒
酒體飽滿型白酒
芳香型白酒
粉紅酒
酒體輕盈型紅酒
酒體中等型紅酒
酒體飽滿型紅酒
甜點酒

SP　LW　FW　AW　RS　LR　MR　FR　DS ……… 常見風格

🌿 你很難不愛上白梢楠，因為這品種實在多變了，從清瘦的干型白酒、多香的氣泡酒，到酒色如黃金一般的花蜜甜酒均有，甚至還可釀成滋味濃郁且口感均衡的白蘭地。

🍴 雖然白梢楠可釀成的酒款非常多元，搭配泰式料理或越南菜肯定不會失敗。

初級風味與香氣 ……

檸檬　　黃蘋果　　西洋梨　　洋甘菊　　蜂蜜

建議侍酒方式 ……

白酒杯　　冰涼 7~13℃　　不須醒酒　　　27 美元　　窖藏 5~10 年

品飲側寫 Taste profile

窖藏潛力

常見價位

種植地區

分布地區 ……

墨西哥　　　　　　　　　　　以色列

澳洲　　　　　　　　　　　　西班牙　　　　　　　罕見程度

阿根廷　　　　　　　　　　　智利

常見
—
87,263
英畝

美國
加州、華盛頓

其他
義大利、紐西蘭、衣索比亞、
泰國、印度

法國
梧雷、羅亞爾河－蒙路易、
莎弗尼耶、安茹、梭密爾

南非
斯泰倫博斯、帕爾（Paarl）　　待發掘產區

全球葡萄園面積

也可嘗試

葛爾戈內戈　　　格雷切托　　　🍷 夏多內　　　● 馬拉格西亞（希臘）

風味類似的其他酒款

阿優伊提可 Agiorgtiko

◀ ""ah-your-yeek-tee-ko"　　💬 St. George, Nemea

SP　LW　FW　AW　**RS**　**LR**　MR　**FR**　DS

🐟 這個來自希臘的頂尖紅品種能釀成的酒款相當多元，從粉紅酒到深濃紅酒皆有。最傑出的阿優伊提可通常酒體飽滿，來自伯羅奔尼撒半島（Peloponnese）的內梅亞（Nemea）產區。

🍴 阿優伊提可帶有內斂的肉豆蔻與香草風味，非常適合搭配烤肉、番茄醬料的料理，以及中東和印度等帶有多種辛香料氣味的料理。

覆盆莓　　　　黑莓　　　　　黑李醬　　　　黑胡椒　　　　肉豆蔻

🍷 超大型酒杯　🌡 室溫 15～20°C　🍶 醒酒 60 分鐘以上　🪙 15 美元　🍾 窖藏 5～25 年

種植地區

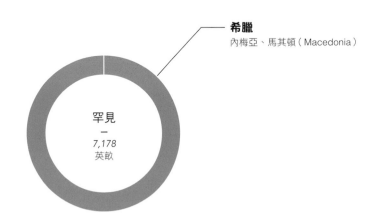

希臘
內梅亞、馬其頓（Macedonia）

罕見
—
7,178
英畝

也可嘗試

🍷 黑喜諾　🍷 梅洛　🍷 巴貝拉　🍷 內羅達沃拉

71

阿里亞尼科 Aglianico

 "olli-yawn-nee-ko"   Taurasi

酒體

甜度

酒精濃度

單寧

酸度

 SP   LW   FW   AW   RS   LR   MR   FR   DS

🍷 內比歐露也許是北義之王，但到了義大利南部，稱王的要屬阿里亞尼科。該品種釀成的酒款品質驚人，風味獨特，帶有鹹鮮的滋味，陳年後尤佳。

🍴 像阿里亞尼科這樣鹹鮮的酒款適合搭配野味料理，或甚至是德州風味的 BBQ。妥善陳年後的阿里亞尼科適合細細品味，像享受艾雷島威士忌（Islay Scotch）那樣。

白胡椒   黑櫻桃   煙燻味   野味   五香黑李

 超大型酒杯   🌡 室溫 15~20°C   醒酒 60 分鐘以上   26 美元   窖藏 5~25 年

種植地區

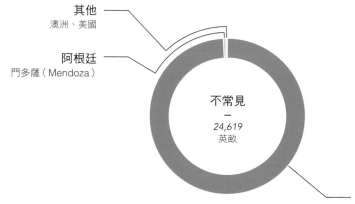

其他
澳洲、美國

阿根廷
門多薩（Mendoza）

不常見
—
24,619
英畝

義大利
坎帕尼亞（Campania）、巴西里卡達（Basilicata）、卡拉布里亞（Calabria）、西西里（Sicily）

也可嘗試

🍷 內比歐露   🍷 慕維得爾   🍷 內格羅阿瑪羅   🍷 田帕尼優

阿依倫 Airén

◀) "air-ren"

酒體

酒精濃度 · 甜度

單寧 · 酸度

SP　LW　**FW**　AW　RS　LR　MR　FR　DS

🍃 這是西班牙種植面積最廣的品種，主要用來釀造白蘭地——僅有少數釀酒業者成功復興了耐旱且以灌木法引枝的老藤阿依倫。

🍴 由於風格鮮明，酸度低，阿依倫通常用來與其他品種混調，諸如維歐拉、維岱荷或白蘇維濃，以釀成口感較均衡的酒。

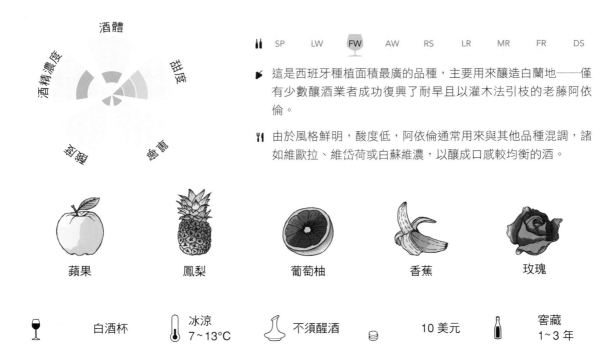

| 蘋果 | 鳳梨 | 葡萄柚 | 香蕉 | 玫瑰 |

🍷 白酒杯　　🌡 冰涼 7~13°C　　不須醒酒　　🪙 10 美元　　🍾 窖藏 1~3 年

種植地區

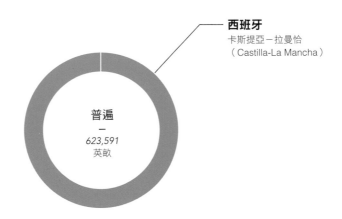

西班牙
卡斯提亞－拉曼恰
（Castilla-La Mancha）

普遍
－
623,591
英畝

也可嘗試

🍷 沙瓦提亞諾　　　托斯卡納－特比亞諾　　　胡珊

阿爾巴利諾 Albariño

🔊 "alba-reen-yo"　💬 Alvarinho

酒體

酒精濃度

甜度

酸度

香氣

SP	LW	FW	AW	RS	LR	MR	FR	DS

🍷 這是伊比利半島所產出最怡人、新鮮的白酒之一。該品種主要種於較冷、靠海的地區，因此酒款常帶有鹹味。

🍴 阿爾巴利諾與帶鰭魚類尤其合拍，也能搭配風味較清淡並佐以草本香料的肉類料理。你肯定會愛上它和與炸魚玉米捲餅的搭配。

檸檬刨皮　　葡萄柚　　　密香瓜　　　油桃　　　鹽水

白酒杯	冰冷 3~7°C	不須醒酒	12 美元	窖藏 1~5 年

種植地區

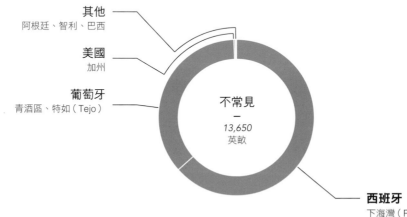

其他
阿根廷、智利、巴西

美國
加州

葡萄牙
青酒區、特如（Tejo）

不常見
—
13,650
英畝

西班牙
下海灣（Rias Baixas）、
加泰隆尼亞（Catalonia）

也可嘗試

洛雷羅（Loureiro，葡萄牙品種）　　🍷 麗絲玲　　　弗明　　　維岱荷　　　青酒

阿里岡特布榭 Alicante Bouschet

🔊 *"olly-kan-tay boo-shey"*　　💬 *Garnacha Tintorera*

🍇 這是法文稱為染色葡萄（Teinturier）的一種，不但有紅皮，果肉也呈紅色。阿里岡特布榭是由植物學家亨利·布榭（Henri Bouschet）將格那希與來自南法的小布榭（Petit Bouschet）配種而成。

🍴 該品種濃郁且具有煙燻和甜味的風味，需要同樣濃郁的料理來搭配，如 BBQ、鐵板燒、拉丁美洲烤肉及火烤蔬菜等。

黑櫻桃　　　黑樹莓　　　　黑李　　　　黑胡椒　　　甜菸草

🍷 超大型酒杯　🌡 室溫 15～20°C　醒酒 30 分鐘　 10 美元　窖藏 3～7 年

種植地區

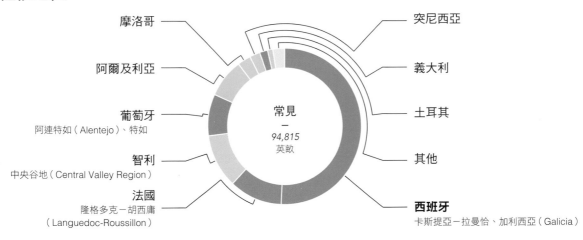

摩洛哥　　　　　　　　　　　　　　　　　突尼西亞

阿爾及利亞　　　　　　　　　　　　　　　義大利

葡萄牙　　　　　　　　　　　　　　　　　土耳其
阿連特如（Alentejo）、特如

智利　　　　　　　　　　　　　　　　　　其他
中央谷地（Central Valley Region）

法國　　　　　　　　　　　　　　　　　　**西班牙**
隆格多克－胡西庸　　　　　　　　　卡斯提亞－拉曼恰、加利西亞（Galicia）
（Languedoc-Roussillon）

常見
－
94,815
英畝

也可嘗試

🍷 慕維得爾　　🍷 希哈　　🍷 小希哈　　🍷 金芬黛　　🍷 杜麗佳

阿琳多 Arinto

 "ah-reen-too"   *Paderna*

酒體

甜度

酒精濃度

鹹味

單寧

SP   LW   **FW**   AW   RS   LR   MR   FR   DS

葡萄牙原生品種,釀成的白酒品質優良、陳年潛力佳,能夠持續發展(通常可有七年以上)出蜂蠟與堅果等特性。

阿琳多非常適合搭配口味濃郁的海鮮,包括葡萄牙出名的馬介休魚(Bacalhao,即鹽醃鱈魚),因為該品種酸度高,並帶有刺爽檸檬刨皮香氣。

檸檬刨皮   葡萄柚   榛果   蜂蠟   洋甘菊

白酒杯   冰冷 7~13°C   不須醒酒   10 美元   窖藏 5~10 年

種植地區

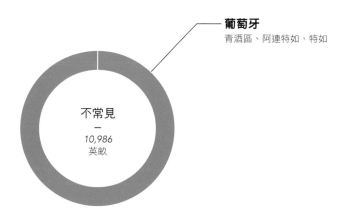

葡萄牙
青酒區、阿連特如、特如

不常見
—
10,986
英畝

也可嘗試

葛爾戈內戈   法蘭吉娜   托斯卡納－特比亞諾   白格那希   榭密雍

阿瑟提可 Assyrtiko

◀) "ah-seer-teeko"

酒體

 酒精濃度

甜度

香氣

酸度

| | SP | **LW** | FW | AW | RS | LR | MR | FR | DS |

🍃 以種植面積而論，阿瑟提可算是罕見品種，但這可是希臘最有名的品種之一。聖托里尼島（Santorini）上找得到一些非常出色的阿瑟提可酒。

🍴 阿瑟提可最適合搭配殼類海鮮，以及希臘經典的番茄菲達起司。你會發現阿瑟提可能搭配的料理非常多元。

| 萊姆 | 百香果 | 蜂蠟 | 白堊 | 鹽水 |

🍷 白酒杯　　🌡 冰冷 3~7°C　　🍶 不須醒酒　　🪙 20 美元　　🍾 窖藏 5~10 年

種植地區

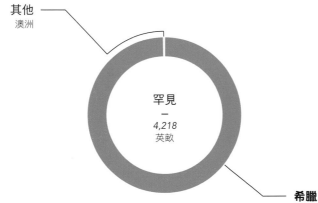

其他
澳洲

罕見
—
4,218
英畝

希臘
聖托里尼、馬其頓、色薩利（Thessaly）

也可嘗試

干型麗絲玲　　　阿爾巴利諾　　　弗明　　　皮朴爾　　🍷 阿琳多

巴加 Baga

◀ "bah-gah"　　 Tinta Bairrada

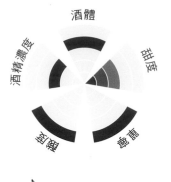

 SP　LW　FW　AW　RS　LR　MR　FR　DS

🐚 即便葡萄牙絕大多數的巴加都用來釀造該國經濟實惠的蜜桃時粉紅微氣泡酒（Mateus Rosé），這品種其實也能夠釀出頗具陳年潛力的紅酒與複雜的粉紅氣泡酒。

🍴 這濃郁的紅酒需要搭配肥美、多辛香料的燒烤肉類，以襯托這偶爾帶點質樸、顆粒狀口感或帶有瀝青風味的品種。

黑莓

黑醋栗

櫻桃乾

可可

黑李

🍷 紅酒杯	🌡 酒窖溫度 13~16°C	⚱ 醒酒 60 分鐘以上	💰 15 美元	🍾 窖藏 5~15 年

種植地區

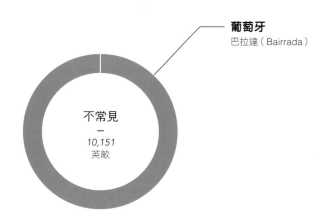

葡萄牙
巴拉達（Bairrada）

不常見
—
10,151
英畝

也可嘗試

🍷 多切托　　🍷 伯納達　　🍷 慕維得爾　　🍷 黑喜諾　　🍷 皮諾塔吉

巴貝拉 Barbera

🔊 "bar-bear-ruh"

SP　LW　FW　AW　**RS**　LR　**MR**　FR　DS

🥩 巴貝拉是義大利皮蒙（Piedmont）人每天享用的紅酒，個性親切、價格實惠，且具有令人抿嘴的高酸度。

🍴 試著以蔬菜為主的料理搭配巴貝拉。或是以有櫻桃、鼠尾草、大茴香、肉桂、白胡椒或鹽膚木（Sumac）等食材的菜色搭配，會讓餐酒搭配更顯突出。

| 酸櫻桃 | 甘草 | 黑莓 | 乾燥香草 | 黑胡椒 |

| 聚香杯 | 室溫 15～20°C | 醒酒 30 分鐘 | 15 美元 | 窖藏 3～7 年 |

種植地區

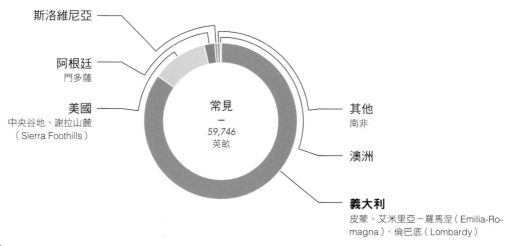

斯洛維尼亞

阿根廷
門多薩

美國
中央谷地、謝拉山麓
（Sierra Foothills）

常見
－
59,746
英畝

其他
南非

澳洲

義大利
皮蒙、艾米里亞－羅馬涅（Emilia-Romagna）、倫巴底（Lombardy）

也可嘗試

🍷 阿優伊提可　　🍷 門西亞　　🍷 多切托　　🍷 藍弗朗克　　🍷 蒙鐵布奇亞諾

藍弗朗克 Blaufränkisch

🔊 "blauw-fronk-keesh" 💬 Lemberger, Kékfrankos

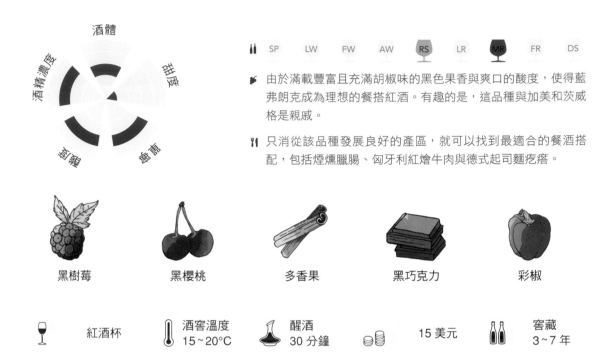

SP　LW　FW　AW　**RS**　LR　**MR**　FR　DS

🍷 由於滿載豐富且充滿胡椒味的黑色果香與爽口的酸度，使得藍弗朗克成為理想的餐搭紅酒。有趣的是，這品種與加美和茨威格是親戚。

🍴 只消從該品種發展良好的產區，就可以找到最適合的餐酒搭配，包括煙燻臘腸、匈牙利紅燴牛肉與德式起司麵疙瘩。

| 黑樹莓 | 黑櫻桃 | 多香果 | 黑巧克力 | 彩椒 |

🍷 紅酒杯　🌡 酒窖溫度 15～20°C　🍶 醒酒 30 分鐘　🪙 15 美元　🍾 窖藏 3～7 年

種植地區

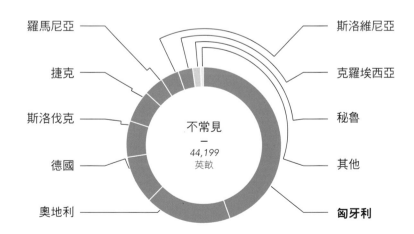

羅馬尼亞
捷克
斯洛伐克
德國
奧地利

斯洛維尼亞
克羅埃西亞
秘魯
其他
匈牙利

不常見
—
44,199
英畝

也可嘗試

🍷 希哈　🍷 伯納達　🍷 馬爾貝克　🍷 慕維得爾　🍷 皮諾塔

博巴爾 Bobal

◀ "bo-bal"

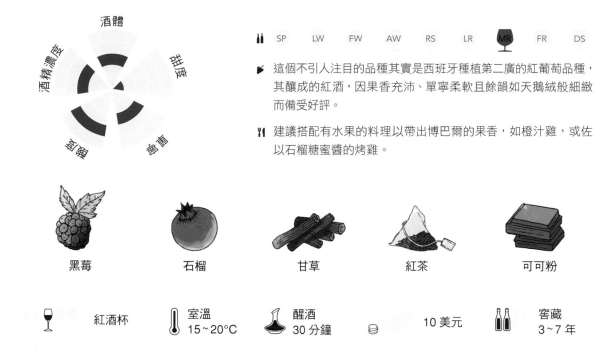

SP　LW　FW　AW　RS　LR　**MR**　FR　DS

🦇 這個不引人注目的品種其實是西班牙種植第二廣的紅葡萄品種，其釀成的紅酒，因果香充沛、單寧柔軟且餘韻如天鵝絨般細緻而備受好評。

🍴 建議搭配有水果的料理以帶出博巴爾的果香，如橙汁雞，或佐以石榴糖蜜醬的烤雞。

| 黑莓 | 石榴 | 甘草 | 紅茶 | 可可粉 |

| 🍷 紅酒杯 | 🌡 室溫 15~20°C | 醒酒 30 分鐘 | 💰 10 美元 | 🍾 窖藏 3~7 年 |

種植地區

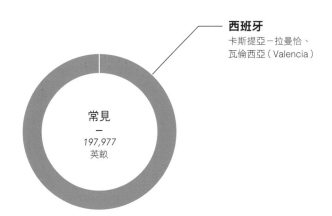

西班牙
卡斯提亞－拉曼恰、
瓦倫西亞（Valencia）

常見
—
197,977
英畝

也可嘗試

🍷 加美　🍷 丹菲特（Dornfelder）　🍷 多切托　🍷 茨威格　🍷 藍弗朗克

伯納達 Bonarda

🔊 *"bo-nard-duh"* 💬 *Douce Noir, Charbono*

酒體

酒精濃度 甜度

單寧 酸度

🍾	SP	LW	FW	AW	RS	LR	**MR**	FR	DS

🍷 這與北義的伯納達不同。這個伯納達又稱為 Douce Noir，多見於阿根廷，和馬爾貝克種在一起，釀成的酒款風格溫和且多果香。

🍴 伯納達非常適合搭配墨西哥混醬與咖哩馬鈴薯。你也會愛上伯納達與恩潘納達（Empanada）和鳳梨燒肉玉米捲餅的組合。

黑李醬

櫻桃

小豆蔻

無花果泥

石墨

 紅酒杯

🌡️ 酒窖溫度 15~20°C

醒酒 30 分鐘

 10 美元

窖藏 3~7 年

種植地區

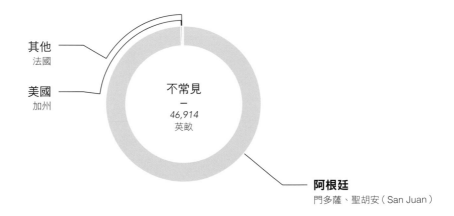

其他
法國

美國
加州

不常見
—
46,914
英畝

阿根廷
門多薩、聖胡安（San Juan）

也可嘗試

🍷 梅洛　🍷 希哈　🍷 多切托　🍷 小希哈

波爾多混調 (紅) **Bordeaux Blend** (Red)

🔊 *"bore-doe"*　💬 *Meritage, Cabernet-Merlot*

SP　LW　FW　AW　**RS**　LR　**MR**　**FR**　DS

🍷 以卡本內蘇維濃和梅洛為主要混調品種的紅酒，另外也會添加一些源自法國波爾多的其他品種。

🍴 這類酒款的單寧使其成為牛排與其他紅肉類料理的絕配佐餐酒。不要做太複雜的調味，只要鹽與胡椒即可。

 黑醋栗　　 黑櫻桃　　 石墨　　 巧克力　　 乾燥香草

🍷 超大型酒杯　🌡️ 室溫 15～20°C　醒酒 60 分鐘以上　25 美元　窖藏 5～25 年

混調品種

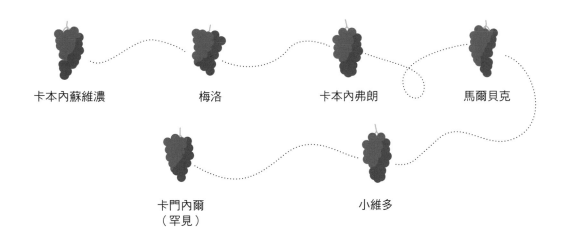

卡本內蘇維濃　　梅洛　　卡本內弗朗　　馬爾貝克

卡門內爾（罕見）　　小維多

也可嘗試

🍷 卡本內蘇維濃　🍷 梅洛　🍷 卡本內弗朗　🍷 馬爾貝克　🍷 小維多

波爾多混調（紅酒）

更多品飲筆記

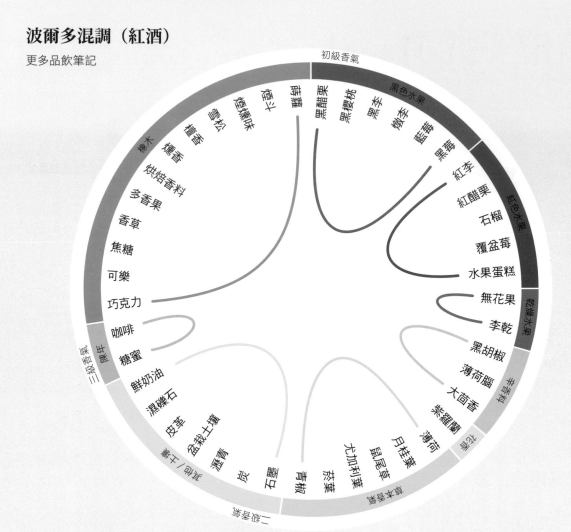

初級香氣

黑醋栗、黑櫻桃、黑李、燉李、藍莓、黑莓、紅李、紅醋栗、石榴、覆盆莓、水果蛋糕、無花果、李乾、黑胡椒、薄荷腦、大茴香、紫羅蘭、薄荷、月桂葉、鼠尾草、尤加利葉、菸葉、青椒、石墨、炭、瀝青、盆栽土壤、皮革、濕礫石、鮮奶油、糖蜜、咖啡、巧克力、可樂、焦糖、香草、多香果、烘焙香料、烘焙香、橡木、燻烤味、檀香、雪松、燻橡木味、煙斗、蒔蘿

法國，波爾多

波爾多的夏季熱但短暫，入秋後的氣溫會抑制果味發展，但維持酸度，並為之後釀成的酒款增添一股草本調性。梅多克（Médoc）與格拉夫（Graves）產區以礫石和黏土為主的土質會為酒款帶來更多單寧，而里布內區（Libournais）以黏土為主的土質則有助於酒款展現出更鮮明的果味。

▸ 黑醋栗
▸ 大茴香
▸ 菸葉
▸ 黑李醬
▸ 烘焙香料

西澳

釀造傑出波爾多混調酒的澳洲產區。這裡受印度洋的冷涼洋風調節，使得釀成的酒款展現出更多紅色水果的風味與高雅特性。當地土質以被分解的花崗岩礫石和黏土為主，據稱使得該產區的波爾多混調酒有明顯特出的鼠尾草和月桂葉調性。

▸ 紅醋栗
▸ 黑櫻桃
▸ 鼠尾草
▸ 咖啡
▸ 月桂葉

托斯卡納，寶格利

以「超級托斯卡納」（Super Tuscan）而為人熟知，這些以梅洛和卡本內為主的托斯卡納混調酒有時也會加入山吉歐維榭。寶格利（Bolgheri）產區可以說是最出名的波爾多混調酒產區，這裡最優質的土壤以濃郁、棕色的礫石黏土為主，使釀成的酒款帶有鮮明的果味與粉塵和皮革的調性。

▸ 黑櫻桃
▸ 黑莓
▸ 檀香
▸ 皮革
▸ 大茴香

布拉切托 Brachetto

🔊 *"brak-kett-toe"*　💬 *Brachetto d'Acqui*

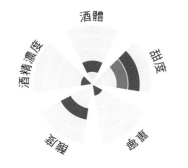

酒體

酒精濃度

甜度

單寧

酸度

| SP | LW | FW | AW | **RS** | **LR** | MR | FR | DS |

🍷 來自皮蒙的罕見甜型紅酒,以其芬芳的香氣和綿密的氣泡而著名。

🍴 最適合搭配濃郁、綿密的松露巧克力、甘納許(Ganache)與慕斯等甜品。除此之外,你也可以試試看與義式冰淇淋搭配出難以置信的絕妙漂浮冰淇淋。

糖漬草莓

柳橙刨皮

黑醋栗

杏桃

鮮奶油

🍷 紅酒杯

🌡️ 室溫 13~16°C

🍾 不須醒酒

🪙 12 美元

🍾 窖藏 1~3 年

種植地區

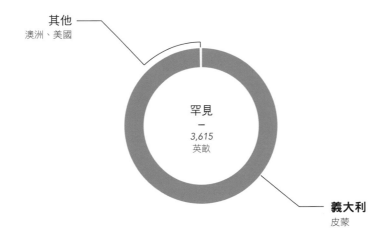

其他
澳洲、美國

罕見
—
3,615
英畝

義大利
皮蒙

也可嘗試

🍷 藍布魯斯科　　🍷 黑蜜思嘉　　🍷 弗雷伊薩(Freisa,義大利)　　🍷 康科

卡本內弗朗 Cabernet Franc

🔊 *"kab-err-nay fronk"* 💬 *Breton, Chinon, Bourgueil*

| 🍷 | SP | LW | FW | AW | RS | LR | MF | FR | DS |

🔖 卡本內弗朗是梅洛與卡本內蘇維濃的父母株之一，可能源自西班牙的巴斯克地區，但事實尚有待查證。

🍴 卡本內弗朗的高酸度有助於與番茄為底的料理搭配，或是佐以以醋為底的醬汁料理（有興趣來點煙燻 BBQ 嗎？），以及風味濃郁的加拿大黑扁豆。

草莓　　　　覆盆莓　　　　青椒　　　　碎礫石　　　　辣椒

🍷 紅酒杯　　🌡 酒窖溫度 15~20°C　　醒酒 30 分鐘　　💰 20 美元　　窖藏 5~10 年

種植地區

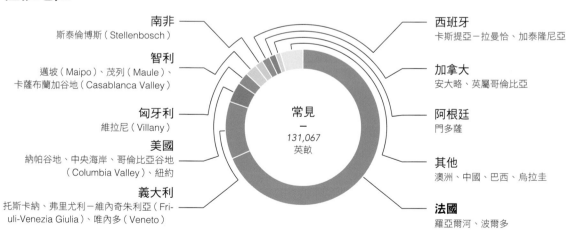

常見 ─ 131,067 英畝

南非
斯泰倫博斯（Stellenbosch）

智利
邁坡（Maipo）、茂列（Maule）、卡薩布蘭加谷地（Casablanca Valley）

匈牙利
維拉尼（Villany）

美國
納帕谷地、中央海岸、哥倫比亞谷地（Columbia Valley）、紐約

義大利
托斯卡納、弗里尤利－維內奇朱利亞（Friuli-Venezia Giulia）、唯內多（Veneto）

西班牙
卡斯提亞－拉曼恰、加泰隆尼亞

加拿大
安大略、英屬哥倫比亞

阿根廷
門多薩

其他
澳洲、中國、巴西、烏拉圭

法國
羅亞爾河、波爾多

也可嘗試

🍷 卡門內爾　　🍷 山吉歐維榭　　🍷 田帕尼優　　🍷 金芬黛　　🍷 卡斯特勞

卡本內弗朗

更多品飲筆記

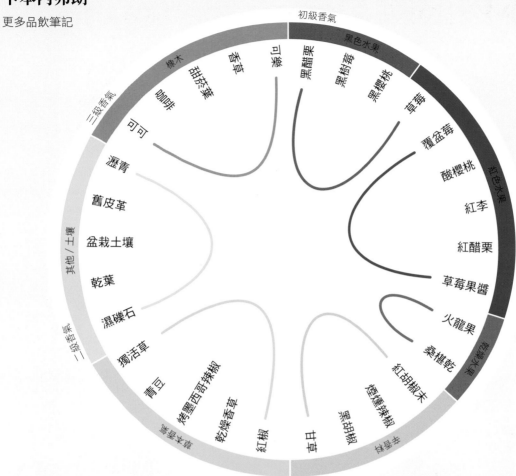

初級香氣
黑色水果
紅色水果
香料
二級香氣
其他／土壤
三級香氣

橡木
甜辛料
香草
可樂
黑醋栗
黑樹莓
黑櫻桃
草莓
覆盆莓
酸櫻桃
紅李
紅醋栗
草莓果醬
火龍果
桑椹乾
咖啡
可可
瀝青
舊皮革
盆栽土壤
乾葉
濕礫石
獨活草
青豆
烤墨西哥辣椒
乾燥香草
紅椒
甘草
黑胡椒
煙燻辣椒
紅胡椒末

法國，希濃

羅亞爾河中部——即希濃（Chinon）、布赫蓋（Bourgueil）與安茹等地，素以表現優異的卡本內弗朗單一品種酒而出名。當地偏冷的氣候使得釀成的酒款酒色偏淺、酒體輕盈、酸度較高，且有明顯易辨的草本風味。

▸ 紅椒
▸ 紅辣椒末
▸ 覆盆莓醬
▸ 濕礫石
▸ 乾燥香草

義大利，托斯卡納

托斯卡納較溫暖的氣候讓這裡的卡本內弗朗帶有更濃郁的水果風味。產區的紅色黏土則通常會使單寧更重。由於卡本內弗朗不是義大利原生品種，以該品種釀成的酒款僅能被歸類於 IGP 等級（見頁 253），並以品種名或酒莊自取的名稱標示。

▸ 櫻桃
▸ 皮革
▸ 草莓
▸ 甘草
▸ 咖啡

加州，謝拉山麓

雪南多亞谷地（Shenandoah Valley）、多拉多（El Dorado）、費爾普萊（Fair Play）與非立當（Fiddletown）等地區氣候溫暖、穩定，果實成熟、甜美，酸度偏低。這類型的酒多有直接的果香、果醬一般的濃郁風味、較高的酒精濃度，以及內斂的乾葉香氣。

▸ 草莓乾
▸ 覆盆莓
▸ 菸葉
▸ 雪松
▸ 香草

卡本內蘇維濃 Cabernet Sauvignon

◀ *"kab-er-nay saw-vin-yawn"*

| SP | LW | FW | AW | **RS** | LR | MR | **FR** | DS |

🌿 全球最受歡迎的品種，是由卡本內弗朗與白蘇維濃自然同種交配而來，源自波爾多。卡本內酒款多半風味集中且耐久藏。

🍴 由於風味濃郁，且單寧含量高，使得卡本內蘇維濃成為佐以胡椒醬料的濃郁燒烤肉類的絕佳拍檔，也適合搭配滋味鮮明的各色料理。

| 黑櫻桃 | 黑醋栗 | 雪松 | 烘焙香料 | 石墨 |

| 超大型酒杯 | 酒窖溫度 15～20℃ | 醒酒 60 分鐘以上 | 20 美元 | 窖藏 5～25 年 |

種植地區

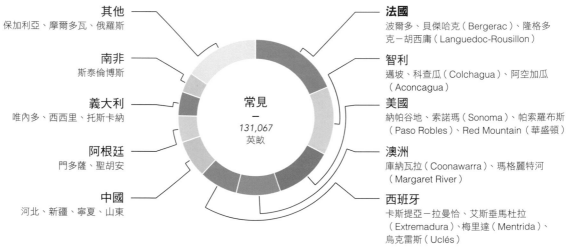

其他
保加利亞、摩爾多瓦、俄羅斯

南非
斯泰倫博斯

義大利
唯內多、西西里、托斯卡納

阿根廷
門多薩、聖胡安

中國
河北、新疆、寧夏、山東

**常見
—
131,067
英畝**

法國
波爾多、貝傑哈克（Bergerac）、隆格多克－胡西庸（Languedoc-Rousillon）

智利
邁坡、科查瓜（Colchagua）、阿空加瓜（Aconcagua）

美國
納帕谷地、索諾瑪（Sonoma）、帕索羅布斯（Paso Robles）、Red Mountain（華盛頓）

澳洲
庫納瓦拉（Coonawarra）、瑪格麗特河（Margaret River）

西班牙
卡斯提亞－拉曼恰、艾斯垂馬杜拉（Extremadura）、梅里達（Mentrida）、烏克雷斯（Uclés）

也可嘗試

🍷 波爾多混調　　🍷 梅洛　　🍷 卡本內弗朗　　🍷 卡門內爾　　🍷 內羅達沃拉

卡本內蘇維濃

更多品飲筆記

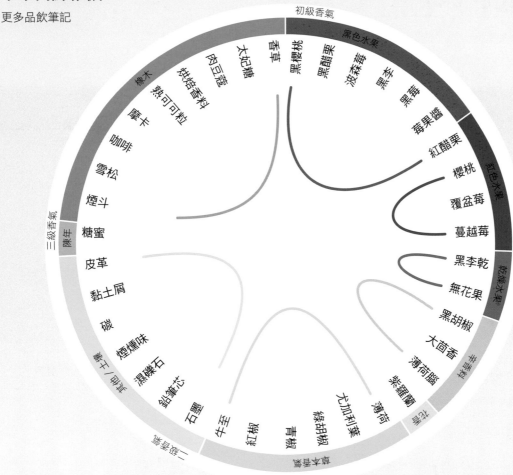

圖上文字（順時針）：

初級香氣 — 黑色水果：黑櫻桃、黑醋栗、波森莓、黑李、黑莓、莓果醬

紅色水果：紅醋栗、櫻桃、覆盆莓、蔓越莓

乾燥水果：黑李乾、無花果

辛香料：黑胡椒、大茴香、薄荷腦、紫羅蘭、薄荷、尤加利葉

草本植物：綠胡椒、青椒、紅椒、牛至

二級香氣：石墨、鉛筆芯、濕礫石、煙燻味、餅乾／麵包、碳

三級香氣：黏土屑、皮革、糖蜜、煙斗、雪松、咖啡、摩卡、烘焙香料、烤可可粒、肉豆蔻、太妃糖、香草

陳年

檀木

智利

卡本內蘇維濃在智利的阿空加瓜、邁坡、卡恰布（Cachapoal）與空加瓜谷地等表現尤佳。太平洋吹來的冷風讓邁坡成為理想的地中海型氣候，使得這裡的卡本內蘇維濃成為全智利酒體最飽滿者。上邁坡（Alto Maipo）則是該品種另一個相當出名的副產區。

▸ 黑莓
▸ 黑櫻桃
▸ 無花果泥
▸ 烘焙香料
▸ 綠胡椒

加州，納帕谷地

納帕谷最引人注目的特色之一便是其火山土壤，這足以使釀成的酒款帶有明顯的粉塵與礦物特性。釀自谷底的酒通常會有較多黑櫻桃的風味與濃郁的單寧，坡地的酒款則有較明顯的酸度、黑莓調性，與質樸的單寧質地。

▸ 黑醋栗
▸ 鉛筆芯
▸ 菸草
▸ 黑莓
▸ 薄荷

南澳

南澳的庫納瓦拉以其溫暖的氣候和氧化鐵含量飆高的特殊紅色黏土——又稱為紅土（Terra Rossa）——著名。這裡的卡本內特色鮮明，帶有果香，但風味均衡，且帶有高含量的單寧與質樸的白胡椒與月桂葉香氣。

▸ 黑李
▸ 白胡椒
▸ 醋栗糖
▸ 巧克力
▸ 月桂葉

卡利濃 Carignan

🔊 "kare-rin-yen" 💬 *Mazuelo, Samsó, Carignano*

SP　LW　FW　AW　**RS**　LR　**MR**　FR　DS

🍷 多產、耐旱的品種，過去名聲不佳，直到最近才有所改變，多虧了幾位致力於發掘老藤葡萄的釀酒人，才開始端出品質優異的卡利濃。

🍴 卡利濃可以與以肉桂調味的料理搭配，或是以莓果為底的醬料，以及煙燻肉品。換句話説，是感恩節大餐的理想餐搭酒。

 小紅莓果乾　覆盆莓　菸葉　烘焙香料　醃製肉類

🍷 紅酒杯　🌡️ 酒窖溫度 15～20°C　醒酒 30 分鐘　💰 15 美元　窖藏 5～10 年

種植地區

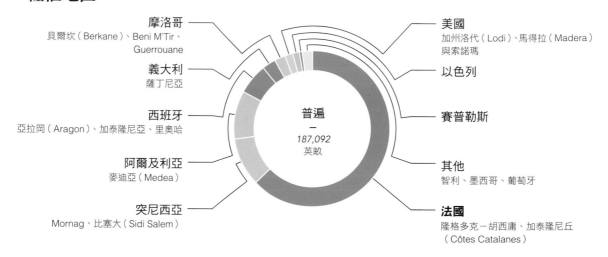

普遍
—
187,092
英畝

摩洛哥
貝爾坎（Berkane）、Beni M'Tir、Guerrouane

義大利
薩丁尼亞

西班牙
亞拉岡（Aragon）、加泰隆尼亞、里奧哈

阿爾及利亞
麥迪亞（Medea）

突尼西亞
Mornag、比塞大（Sidi Salem）

美國
加州洛代（Lodi）、馬得拉（Madera）與索諾瑪

以色列

賽普勒斯

其他
智利、墨西哥、葡萄牙

法國
隆格多克－胡西庸、加泰隆尼丘（Côtes Catalanes）

也可嘗試

🍷 格那希　🍷 山吉歐維榭　🍷 隆河與 GSM 混調　🍷 卡斯特勞　🍷 金芬黛

卡門內爾 Carménère

◀ "kar-men-nair" 💬 Grand Vidure, Cabernet Gernischt

SP　LW　FW　AW　**RS**　LR　**MR**　FR　DS

🍖 曾是近乎絕種的波爾多品種，後來卻發現智利近乎一半以上的梅洛其實是卡門內爾！

🍴 草本、帶有胡椒風味的卡門內爾非常適合搭配烤肉類（從雞肉到牛肉皆可），也很適合搭配所有以小茴香調味的料理。

| 覆盆莓 | 青椒 | 黑李 | 紅椒粉 | 香草 |

🍷 紅酒杯　　🌡 室溫 15~20°C　　🍶 醒酒 30 分鐘　　🪙 15 美元　　🍾 窖藏 5~15 年

種植地區

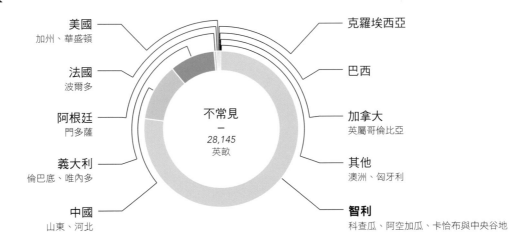

美國
加州、華盛頓

法國
波爾多

阿根廷
門多薩

義大利
倫巴底、唯內多

中國
山東、河北

不常見
—
28,145
英畝

克羅埃西亞

巴西

加拿大
英屬哥倫比亞

其他
澳洲、匈牙利

智利
科查瓜、阿空加瓜、卡恰布與中央谷地

也可嘗試

🍷 卡本內弗朗　🍷 卡本內蘇維濃　🍷 黑宏達比（Hondarribi Beltza，西班牙）　🍷 波爾多混調　🍷 梅洛

卡斯特勞 Castelão

🔊 *"kast-tall-ow"*　　💬 *Perequita*

🍷 廣泛種植於葡萄牙、但出了葡萄牙卻鮮少見得到蹤跡的卡斯特勞，能釀出濃郁、充滿果味與內斂煙燻風味的酒款。這品種常出現在該國典型的地區級酒款中，做為混調品種之一。

🍴 如果找不到葡萄牙名菜洋芋燒章魚（Octopus à lagareiro），不妨準備一些雞肉絲和黑豆玉米捲餅搭配卡斯特勞。你會發現幸福就在其中。

紅醋栗	黑李	草莓	醃製肉類	摩卡

紅酒杯	🌡️ 酒窖溫度 15~20°C	醒酒 30 分鐘	10 美元	窖藏 5~10 年

種植地區

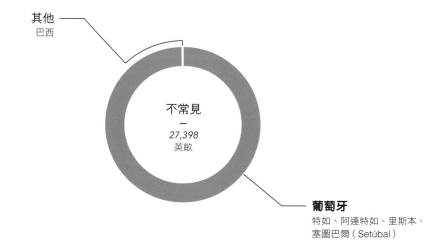

其他
巴西

不常見
—
27,398
英畝

葡萄牙
特如、阿連特如、里斯本、塞圖巴爾（Setúbal）

也可嘗試

🍷 卡利濃　　🍷 金芬黛　　🍷 格那希　　🍷 仙梭

卡瓦 Cava

◀ "kah-vah"

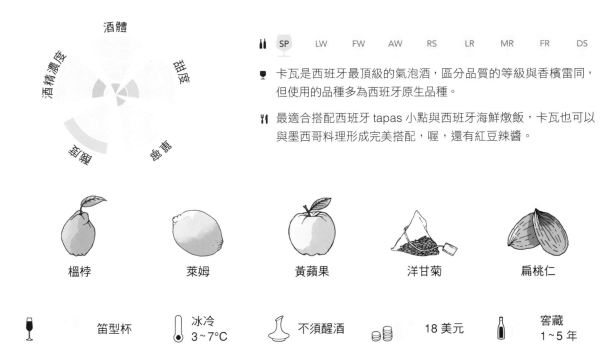

| | SP | LW | FW | AW | RS | LR | MR | FR | DS |

酒體

甜度

酸度

果園

酒精濃度

🍷 卡瓦是西班牙最頂級的氣泡酒，區分品質的等級與香檳雷同，但使用的品種多為西班牙原生品種。

🍴 最適合搭配西班牙 tapas 小點與西班牙海鮮燉飯，卡瓦也可以與墨西哥料理形成完美搭配，喔，還有紅豆辣醬。

| 榅桲 | 萊姆 | 黃蘋果 | 洋甘菊 | 扁桃仁 |

笛型杯　　　冰冷 3~7℃　　　不須醒酒　　　18 美元　　　窖藏 1~5 年

品種與風格

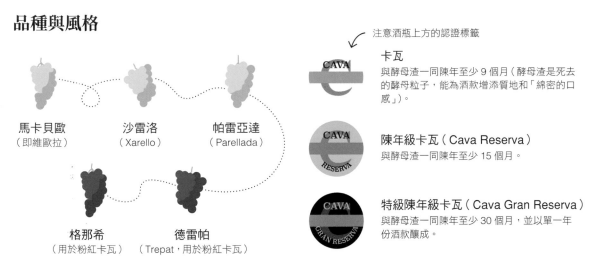

注意酒瓶上方的認證標籤

卡瓦
與酵母渣一同陳年至少 9 個月（酵母渣是死去的酵母粒子，能為酒款增添質地和「綿密的口感」）。

陳年級卡瓦（Cava Reserva）
與酵母渣一同陳年至少 15 個月。

特級陳年級卡瓦（Cava Gran Reserva）
與酵母渣一同陳年至少 30 個月，並以單一年份酒款釀成。

馬卡貝歐（即維歐拉）　沙雷洛（Xarello）　帕雷亞達（Parellada）

格那希（用於粉紅卡瓦）　德雷帕（Trepat，用於粉紅卡瓦）

也可嘗試

🍷 法國氣泡酒　🍷 香檳　🍷 Sekt（德奧氣泡酒）　🍷 義大利傳統法氣泡酒（Metodo Classico）　🍷 開普傳統法氣泡酒（Cap Classique，南非）

香檳 Champagne

◀) *"sham-pain"*

酒體

甜度

酒精濃度

鹹味

香氣

| 🍾 | SP | LW | FW | AW | RS | LR | MR | FR | DS |

🍷 最具象徵意義的氣泡酒，以夏多內、黑皮諾和皮諾莫尼耶（Pinot Meunier）釀成。等級最高的香檳需經過三年或更久的熟成期。

🍴 任何帶鹹的料理或炸物都能與香檳形成完美的搭配。香檳可不止能用來做為開胃酒，不妨以香檳配任何主餐試試。

柑橘類
水果

黃蘋果

鮮奶油

扁桃仁

吐司

 笛型杯

🌡️ 冰冷 3~7℃

🏺 不須醒酒

 52 美元

 窖藏 5~20 年

種植地區

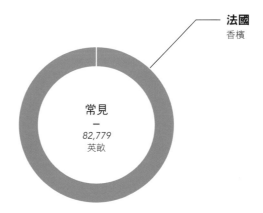

法國
香檳

常見
—
82,779
英畝

也可嘗試

🍷 法國氣泡酒　🍷 卡瓦　🍷 義大利傳統法氣泡酒　🍷 Sekt（德奧）　🍷 開普傳統法氣泡酒（南非）

香檳

更多品飲筆記

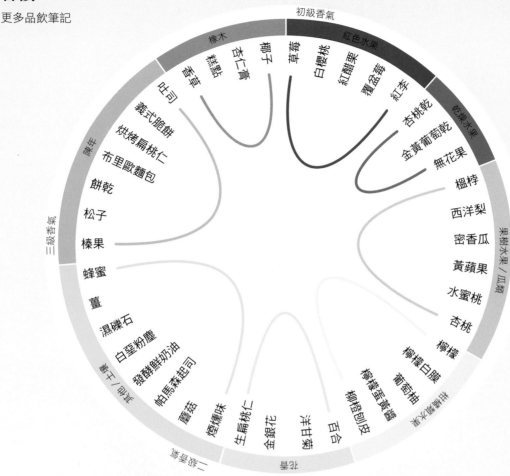

初級香氣

橡木 / 糕點 / 杏仁膏 / 香草 / 椰子 / 草莓 / 白櫻桃 / 紅醋栗 / 覆盆莓 / 紅李

紅色水果

乾燥水果 / 杏桃乾 / 金黃葡萄乾 / 無花果

土司 / 義式脆餅 / 烘烤扁桃仁 / 布里歐麵包 / 餅乾 / 松子 / 榛果 / 蜂蜜 / 薑 / 濕礫石 / 白堊粉塵 / 發酵鮮奶油 / 帕馬森起司 / 蘑菇 / 煙燻味 / 生扁桃仁 / 金銀花 / 密甘杉 / 百里香 / 柳橙果刨皮 / 檸檬蛋黃醬 / 葡萄柚 / 檸檬白脫 / 檸檬 / 杏桃 / 水蜜桃 / 黃蘋果 / 密香瓜 / 西洋梨 / 榲桲

三級香氣 / 陳年

堅果 / 奶素

陳釀甜味 / 二級香氣

花香

世界柑橘水果

果樹水果 / 瓜類

漢斯山脈
(Montagne de Reims)

山區葡萄園陽光普照，有助於黑皮諾與皮諾莫尼耶的成熟。由於香檳混調中使用紅品種的比例愈來愈高，業者通常會推出一款較濃郁的以及一款較多果味的酒款。許多頂級香檳酒廠會購買此區十個特級園（Grand Cru）種出的葡萄。

‣ 白櫻桃
‣ 金黃葡萄乾
‣ 檸檬刨皮
‣ 帕馬森起司
‣ 布里歐麵包

白丘
(Côte des Blancs)

這塊坐向朝東的白堊土坡地素以單一品種釀成的白中白香檳（Blanc de Blancs）聞名。這裡約有98%的葡萄園都種植夏多內，當地也有六塊特級園。對許多人而言，這塊坡地代表的是香檳最純粹的風格。

‣ 黃蘋果
‣ 檸檬蛋黃醬
‣ 金銀花
‣ 發酵鮮奶油
‣ 杏仁膏

馬恩河谷
(Vallée de la Marne)

沿著馬恩河的谷地葡萄園僅有一塊特級園，即座落於埃佩爾奈（Épernay）市郊的阿依（Aÿ）。這裡主要是皮諾莫尼耶的釀造地，因為該品種比黑皮諾更容易成熟，釀成的酒款也更豐厚、醇美，並帶有煙燻和蘑菇香氣。

‣ 黃李
‣ 榲桲
‣ 發酵鮮奶油
‣ 蘑菇
‣ 煙燻味

夏多內 Chardonnay

🔊 "shar-dun-nay"　　💬 Chablis, Morillion, Bourgogne Blanc

SP　LW　**FW**　AW　RS　LR　MR　FR　DS

🍷 夏多內身為全球最受歡迎的品種之一，可釀成的酒款相當多元，從白中白氣泡酒到濃郁、綿密的桶陳干型白酒皆有。

🍴 夏多內最適合搭配帶有些許辛香料和風味的料理。舉例來說，試著找口感綿密、帶有奶油風味且質地柔軟的料理，如龍蝦就會是個不錯的選擇。

黃蘋果	楊桃	鳳梨	香草	奶油

聚香杯	冰涼 7~13°C	不須醒酒	40 美元	窖藏 5~10 年

種植地區

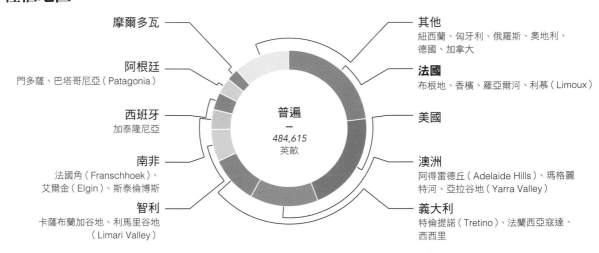

摩爾多瓦

阿根廷
門多薩、巴塔哥尼亞（Patagonia）

西班牙
加泰隆尼亞

南非
法國角（Franschhoek）、
艾爾金（Elgin）、斯泰倫博斯

智利
卡薩布蘭加谷地、利馬里谷地
（Limari Valley）

普遍
—
484,615
英畝

其他
紐西蘭、匈牙利、俄羅斯、奧地利、
德國、加拿大

法國
布根地、香檳、羅亞爾河、利慕（Limoux）

美國

澳洲
阿得雷德丘（Adelaide Hills）、瑪格麗特河、亞拉谷地（Yarra Valley）

義大利
特倫提諾（Tretino）、法蘭西亞寇達、
西西里

也可嘗試

🍷 馬珊　　🍷 胡珊　　🍷 維歐尼耶　　🍷 沙瓦提亞諾　　托斯卡納－特比亞諾

夏多內
更多品飲筆記

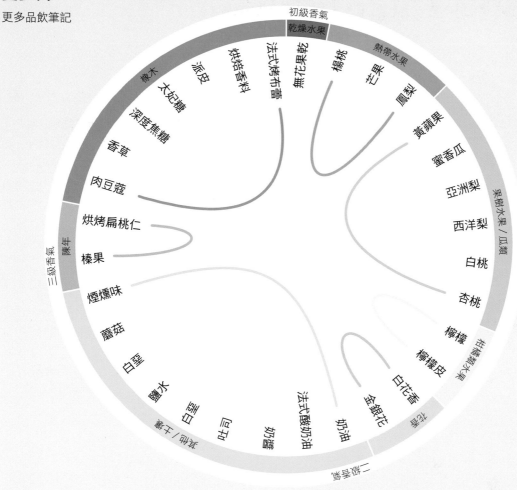

初級香氣
乾燥水果
熱帶水果
檸檬
大妃糖
派皮
烘焙香料
法式烤布蕾
無花果乾
楊桃
芒果
鳳梨
黃蘋果
蜜瓜
亞洲梨
西洋梨
白桃
杏桃
深度焦糖
香草
肉豆蔻
烘烤扁桃仁
榛果
煙燻味
蘑菇
白堊
鹽水
吐司
奶霜
法式酸奶油
奶油
金銀花
白花香
檸檬皮
檸檬
果樹水果／瓜類
柑橘類水果
花香
二級香氣
乾干／礦物
陳年
三級香氣

法國，夏布利

不同於布根地其他地區多釀造濃郁過桶的夏多內，夏布利的酒款清瘦且通常不過桶，並帶有較高的酸度。該區的白堊土壤通常讓釀成的白酒帶有爽脆的酸度，以及趨近礦物一般的風味質地。

▸ 榲桲
▸ 楊桃
▸ 檸檬皮
▸ 白花香
▸ 白堊

加州，聖塔巴巴拉
（Santa Barbara）

聖塔麗塔丘（Sta. Rita Hills）與聖塔瑪麗亞（Santa Maria）氣候夠冷涼而能夠釀出優秀的夏多內。這裡的酒款帶有較成熟的果味，通常是成熟的蘋果與熱帶水果香氣。桶陳與乳酸發酵使這裡的酒帶有更多奶油一般的綿密質地，並展現出肉豆蔻與烘焙香料等風味。

▸ 黃蘋果
▸ 鳳梨
▸ 檸檬刨皮
▸ 派皮
▸ 肉豆蔻

西澳

在瑪格麗特河產區，由於土壤以花崗岩為主，釀成的夏多內風格高雅多香。然而，這裡依舊氣候溫暖，因此酒款也少不了成熟果香。部分釀酒業者以少部分桶陳酒與未過桶的酒，混調出口感極為均衡、兼具果味與綿密風味的夏多內。

▸ 白桃
▸ 柑橘
▸ 金銀花
▸ 香草
▸ 檸檬蛋黃醬

白梢楠 Chenin Blanc

🔊 *"shen-in blonk"*　　💬 *Steen, Pineau de la Loire*

🔆 SP　LW　FW　**AW**　RS　LR　MR　FR　**DS**

🖊 你很難不愛上白梢楠，因為這品種實在多變了，從清瘦的干型白酒、多香的氣泡酒，到酒色如黃金一般的花蜜甜酒均有，甚至還可釀成滋味濃郁且口感均衡的白蘭地。

🍴 雖然白梢楠可釀成的酒款非常多元，搭配泰式料理或越南菜肯定不會失敗。

榲桲	黃蘋果	西洋梨	洋甘菊	蜂蜜

白酒杯	冰涼 7~13°C	不須醒酒	27 美元	窖藏 5~10 年

種植地區

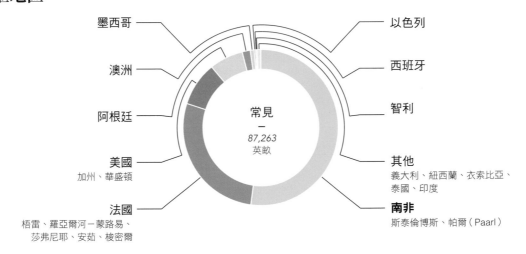

墨西哥
澳洲
阿根廷
美國
加州、華盛頓
法國
梧雷、羅亞爾河－蒙路易、莎弗尼耶、安茹、梭密爾

常見
－
87,263
英畝

以色列
西班牙
智利
其他
義大利、紐西蘭、衣索比亞、泰國、印度
南非
斯泰倫博斯、帕爾（Paarl）

也可嘗試

葛爾戈內戈　　格雷切托　　🍷 夏多內　　🍷 馬拉格西亞（希臘）

白梢楠

更多品飲筆記

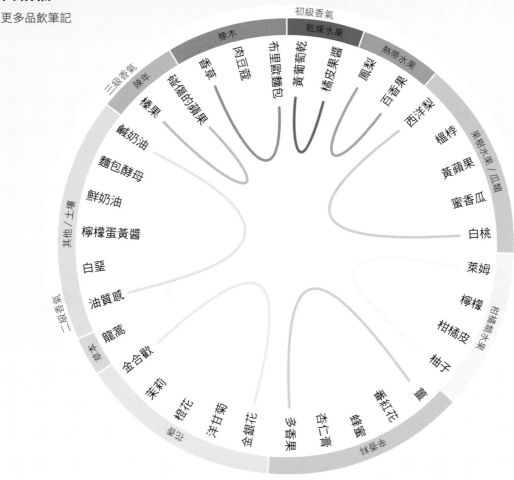

初級香氣
乾燥水果
橡木
肉豆蔻
布里歐麵包
黃葡萄乾
橘皮果醬
鳳梨
熱帶水果
百香果
西洋梨
二級香氣
陳年
香草
烤過的蘋果
榛果
鹹奶油
麵包酵母
鮮奶油
檸檬蛋黃醬
白堊
油質感
龍蒿
合歡
椴樹
橙花
洋甘菊
金銀花
多香果
杏仁膏
蜂蜜
番紅花
薑
柚子
柑橘皮
檸檬
萊姆
白桃
蜜香瓜
黃蘋果
榅桲
柑橘類水果
果樹水果 / 瓜類
其他 / 土壤
三級香氣
二級香氣
花卉
草本

濃郁的微甜型

每一個以白梢楠見長的產區都能以該品種釀出多種風格的酒。最濃郁的風格釀自最成熟的葡萄。這類酒款通常滋味鮮明、帶有甜美果香和略油的質地。在一些產區，如南非的帕爾，則因為桶陳而釀出帶有內斂多香果滋味的白梢楠。

▸ 亞洲梨
▸ 黃蘋果
▸ 金銀花
▸ 橙花
▸ 多香果

清瘦的干型

清瘦的干型酒所使用的葡萄通常比較不成熟，也通常來自較冷的產區，如羅亞爾河的梧雷。南非也有不少價格親民的白梢楠屬於這類型。這樣的酒款通常有較酸澀的果味，酸度偏高，並有內斂的青嫩調性。

▸ 榅桲
▸ 西洋梨
▸ 柚子
▸ 薑
▸ 龍蒿

氣泡酒

干型與半干型（多果味且微甜）是白梢楠氣泡酒最主要的風格。可以嘗試的酒款包括南非的開普傳統法氣泡酒，以及來自羅亞爾河梧雷產區的白梢楠單一品種氣泡酒。

▸ 蜜香瓜
▸ 檸檬
▸ 茉莉花
▸ 檸檬蛋黃醬
▸ 鮮奶油

仙梭 Cinsault

◀) "sin-so"   💬 Cinsaut

 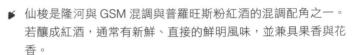

SP LW FW AW RS LR MR FR DS

🍇 仙梭是隆河與 GSM 混調與普羅旺斯粉紅酒的混調配角之一。若釀成紅酒，通常有新鮮、直接的鮮明風味，並兼具果香與花香。

🍴 試著以風味較清淡但充滿辛香料氣味的印度時蔬料理搭配仙梭。仙梭紅酒適合搭配的料理相當多元，因為酒款單寧偏低。

覆盆莓	紅醋栗	酸櫻桃	紫羅蘭	紅茶

🍷 聚香杯　🌡 酒窖溫度 15~20°C　醒酒 30 分鐘　💰 15 美元　窖藏 3~7 年

種植地區

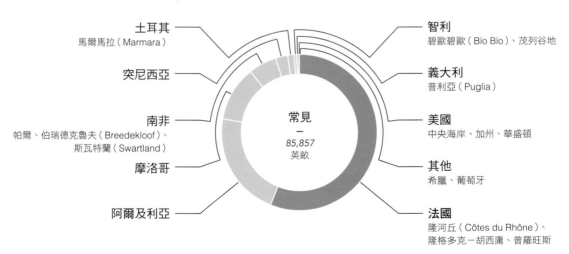

土耳其
馬爾馬拉（Marmara）

突尼西亞

南非
帕爾、伯瑞德克魯夫（Breedekloof）、
斯瓦特蘭（Swartland）

摩洛哥

阿爾及利亞

常見
一
85,857
英畝

智利
碧歐碧歐（Bío Bío）、茂列谷地

義大利
普利亞（Puglia）

美國
中央海岸、加州、華盛頓

其他
希臘、葡萄牙

法國
隆河丘（Côtes du Rhône）、
隆格多克－胡西庸、普羅旺斯

也可嘗試

🍷 黑皮諾　🍷 茨威格　🍷 加美　🍷 卡斯特勞

高倫巴 Colombard

◀ "kall-lum-bar"　💬 Colombar

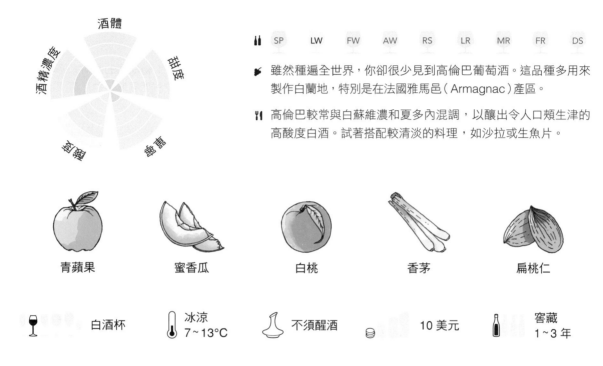

酒體
酒精濃度
甜度
酸度
香氣

| SP | LW | FW | AW | RS | LR | MR | FR | DS |

雖然種遍全世界,你卻很少見到高倫巴葡萄酒。這品種多用來製作白蘭地,特別是在法國雅馬邑(Armagnac)產區。

高倫巴較常與白蘇維濃和夏多內混調,以釀出令人口頰生津的高酸度白酒。試著搭配較清淡的料理,如沙拉或生魚片。

| 青蘋果 | 蜜香瓜 | 白桃 | 香茅 | 扁桃仁 |

白酒杯　　冰涼 7~13°C　　不須醒酒　　10 美元　　窖藏 1~3 年

種植地區

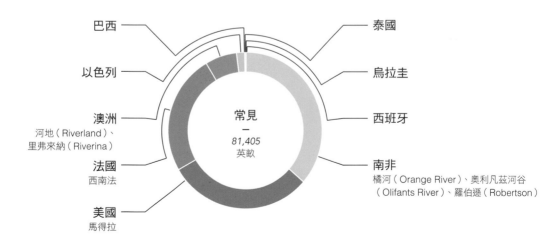

巴西　　　　　　　　　　　　泰國

以色列　　　　　　　　　　　烏拉圭

澳洲　　　　　　　常見　　　西班牙
河地(Riverland)、　─
里弗來納(Riverina)　81,405
　　　　　　　　　英畝

法國　　　　　　　　　　　　南非
西南法　　　　　　　　　　　橘河(Orange River)、奧利凡茲河谷
　　　　　　　　　　　　　　(Olifants River)、羅伯遜(Robertson)

美國
馬得拉

也可嘗試

白蘇維濃　　　弗里烏拉諾　　　皮朴爾

康科 Concord

🔊 *"kahn-kord"*

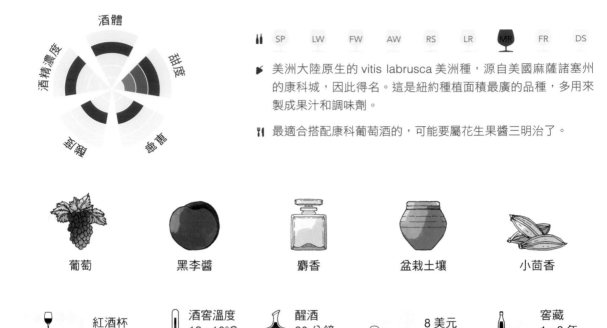

| | SP | LW | FW | AW | RS | LR | MR | FR | DS |

🍇 美洲大陸原生的 vitis labrusca 美洲種，源自美國麻薩諸塞州的康科城，因此得名。這是紐約種植面積最廣的品種，多用來製成果汁和調味劑。

🍴 最適合搭配康科葡萄酒的，可能要屬花生果醬三明治了。

葡萄　　黑李醬　　麝香　　盆栽土壤　　小茴香

🍷 紅酒杯　　🌡 酒窖溫度 13～16°C　　醒酒 30 分鐘　　8 美元　　窖藏 1～3 年

種植地區

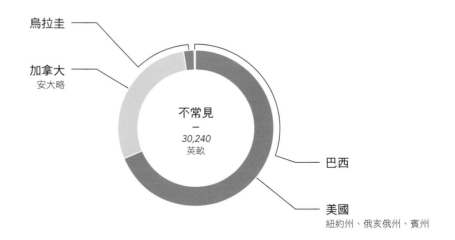

烏拉圭

加拿大
安大略

不常見
—
30,240
英畝

巴西

美國
紐約州、俄亥俄州、賓州

也可嘗試

🍷 卡陶巴
（Catawba，美國）

🍷 尼加拉
（Niagara，美國）

🍷 麝香葡萄
（Muscadine，美國）

🍷 藍布魯斯科

102

柯蒂斯 Cortese

🔊 *"kort-tay-zay"* 💬 *Gavi*

酒體

酒精濃度　　　　甜度

風味　　　　　單寧

酸度

🍾	SP	LW	FW	AW	RS	LR	MR	FR	DS

🍇 又稱為哥維－柯蒂斯（Cortese de Gavi）或簡稱哥維；該產區位於義大利皮蒙區，即是柯蒂斯生長的產區。柯蒂斯釀成的酒多酸、清瘦，餘韻帶有綠扁桃仁風味。

🍴 義大利東北海岸的美食非常適合搭配柯蒂斯酒，包括青醬義大利麵，以及佐以羅勒和檸檬風味的海鮮料理。

梅爾檸檬
（Meyer Lemon）

加拉蘋果
（Gala Apple）

蜜香瓜

貝殼

扁桃仁

🍷 白酒杯

🌡 冰涼
7~13°C

⚗ 不須醒酒

🪙 15 美元

🍾 窖藏
1~5 年

種植地區

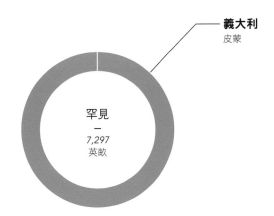

義大利
皮蒙

罕見
—
7,297
英畝

也可嘗試

⚪ 格雷切托　　⚪ 葛爾戈內戈　　⚪ 阿內斯（Arneis）　　⚪ 格里洛（Grillo，西西里）　　🍷 法蘭吉娜

法國氣泡酒 Crémant

🔊 "krem-mont"

🍷 泛指法國香檳區以外、以傳統瓶中二次發酵法所釀成的法國氣泡酒,使用的品種則依產區而異。

🍴 法國氣泡酒風格多元,顏色也有白和粉紅。如果有所遲疑,不妨搭配炸物、軟質起司與鹹的開胃菜。

 檸檬　　 白桃　　 白櫻桃　　 扁桃仁　　吐司

 笛型杯　　❄ 冰冷 3~7°C　　不須醒酒　　 24 美元　　窖藏 1~5 年

常見風格

阿爾薩斯氣泡酒
黑皮諾、白皮諾、灰皮諾、
夏多內等品種

利慕氣泡酒
夏多內、白梢楠、莫札克
（Mauzac）等品種

布根地氣泡酒
夏多內與黑皮諾等品種

羅亞爾河氣泡酒
白梢楠、卡本內弗朗與
黑皮諾等品種

波爾多氣泡酒
梅洛等品種

迪（Die）氣泡酒
克雷耶特（Clairette）

薩瓦（Savoie）氣泡酒
賈給爾（Jacquère）、阿爾地斯
（Altesse）與夏斯拉
（Chasselas）等品種

侏羅氣泡酒
夏多內、黑皮諾與
普沙（Poulsard）等品種

也可嘗試

🍷 香檳　　🍷 卡瓦　　🍷 Sekt（德奧）　　法蘭西亞寇達　　義大利傳統法氣泡酒

多切托 Dolcetto

◀) *"dol-chet-to"*

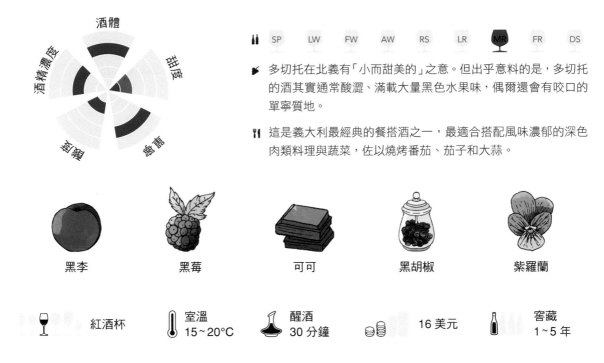

SP　LW　FW　AW　RS　LR　**MR**　FR　DS

🍷 多切托在北義有「小而甜美的」之意。但出乎意料的是，多切托的酒其實通常酸澀、滿載大量黑色水果味，偶爾還會有咬口的單寧質地。

🍴 這是義大利最經典的餐搭酒之一，最適合搭配風味濃郁的深色肉類料理與蔬菜，佐以燒烤番茄、茄子和大蒜。

| 黑李 | 黑莓 | 可可 | 黑胡椒 | 紫羅蘭 |

🍷 紅酒杯　🌡 室溫 15~20°C　醒酒 30 分鐘　💰 16 美元　窖藏 1~5 年

種植地區

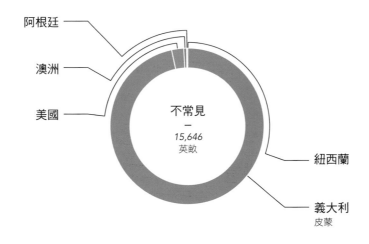

阿根廷
澳洲
美國

不常見
—
15,646
英畝

紐西蘭

義大利
皮蒙

也可嘗試

🍷 藍弗朗克　🍷 伯納達　🍷 梅洛　🍷 蒙鐵布奇亞諾　🍷 馬爾貝克

法蘭吉娜 Falanghina

◀) "fah-lahng-gee-nah"

| | SP | LW | **FW** | AW | RS | LR | MR | FR | DS |

🌾 Falaghina Beneventana 與 Falaghina Flegrea 這兩個獨特的品種，定義了坎帕尼亞的標誌性酒款。法蘭吉娜的酒通常多酸、帶有礦物味，另有水蜜桃和扁桃仁調性。

🍴 法蘭吉娜最適合搭配扇貝、大蝦與蛤蠣等海鮮。也可以試試灑上歐芹，並以大蒜調味、再綴以檸檬的義大利麵食。

檸檬　　　　橙花　　　　水蜜桃　　　　蜂蜜　　　　扁桃仁

 白酒杯　　　🌡 冰涼 7~13°C　　　不須醒酒　　　💰 15 美元　　　窖藏 1~5 年

種植地區

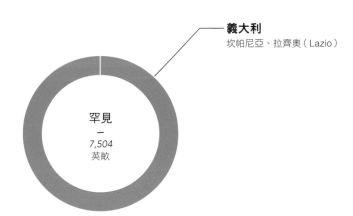

義大利
坎帕尼亞、拉齊奧（Lazio）

罕見
—
7,504
英畝

也可嘗試

🍷 馬珊　　🍷 胡珊　　葛爾戈內戈　　🍷 夏多內　　托斯卡納－特比亞諾

費爾南皮耶斯 Fernão Pires

🔊 *"fer-now peer-esh"*   💬 *Maria Gomes*

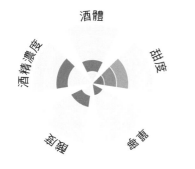

酒體

酒精濃度

甜度

酸度

單寧

SP LW FW AW RS LR MR FR DS

🍇 葡萄牙的頂級白酒品種，釀成的酒款多有濃郁的花香調性和中等的酒體。最近也常用來和維歐尼耶混調。

🍴 這款酒需要與清爽、帶有草味的料理搭配，如小黃瓜蒔蘿沙拉、經典的加州壽司或新鮮的越南春捲等。

 萊姆   水蜜桃   橙花   金銀花   丁香

🍷 白酒杯   🌡 冰涼 7~13°C   不須醒酒   💰 10 美元   窖藏 1~3 年

種植地區

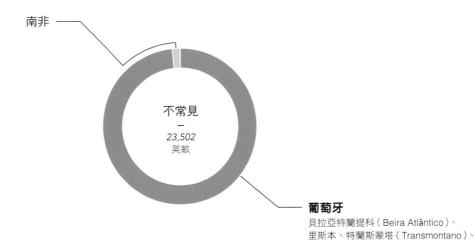

南非

不常見
—
23,502
英畝

葡萄牙
貝拉亞特蘭提科（Beira Atlântico）、
里斯本、特蘭斯蒙塔（Transmontano）、
特如

也可嘗試

🍷 多隆帝斯   🍷 莫斯可非萊諾   🍷 格拉塞維納（Graševina，克羅埃西亞）   🍷 米勒土高（Müller-Thurgau）   白皮諾

菲亞諾 Fiano

🔊 *"fee-ahn-no"*　💬 *Fiano di Avellino*

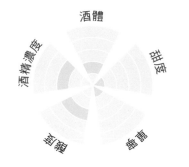

酒精濃度　酒體　甜度　香氣　酸度　單寧

🍷	SP	LW	FW	AW	RS	LR	MR	FR	DS

🍃 來自南義的優異品種，陳年潛力絕佳，釀成的酒款濃郁，幾乎帶有蠟質口感。很容易找到（而且價格出乎意料地親民），通常標示來自坎帕尼亞的「Fiano di Avellino」。

🍴 像菲亞諾這類濃郁多滋味的白酒最適合搭配鹹鮮但清淡的肉類料理，如以柳橙和迷迭香調味的烤雞與醬燒鮭魚。

蜜香瓜

亞洲梨

榛果

橘皮

松子

🍷 白酒杯　　🌡 冰涼 7~13°C　　⚗ 不須醒酒　　💰 18 美元　　🍾 窖藏 5~10 年

種植地區

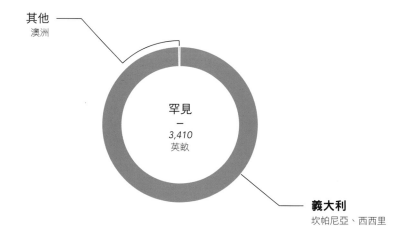

其他
澳洲

罕見
—
3,410
英畝

義大利
坎帕尼亞、西西里

也可嘗試

維門替諾　　白羽（Rkatsiteli）　　🍷 沙瓦提亞諾　　🍷 白格那希　　🍷 胡珊

法蘭西亞寇達 Franciacorta

"fran-cha-kor-tah"

| SP | LW | FW | AW | RS | LR | MR | FR | DS |

這是位於義大利倫巴底的產區，以釀造傳統法氣泡酒而聞名，所使用的品種與香檳如出一轍，除了另外添有白皮諾。

像法蘭西亞寇達這樣充滿果味的氣泡酒，最適合搭配柔軟的成熟起司（如布利）、乾果（杏桃乾和櫻桃）與烘烤微鹹的堅果。

| 檸檬 | 水蜜桃 | 白櫻桃 | 扁桃仁 | 吐司 |

笛型杯

冰涼 7~13°C

不須醒酒

40 美元

窖藏 5~20 年

風格

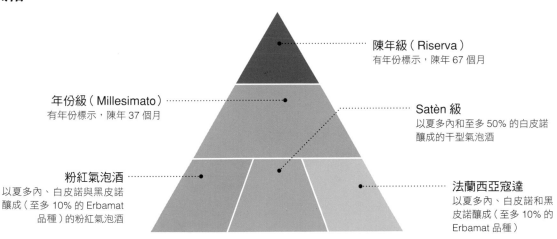

陳年級（Riserva）
有年份標示，陳年 67 個月

年份級（Millesimato）
有年份標示，陳年 37 個月

Satèn 級
以夏多內和至多 50% 的白皮諾
釀成的干型氣泡酒

粉紅氣泡酒
以夏多內、白皮諾與黑皮諾
釀成（至多 10% 的 Erbamat
品種）的粉紅氣泡酒

法蘭西亞寇達
以夏多內、白皮諾和黑
皮諾釀成（至多 10% 的
Erbamat 品種）

也可嘗試

香檳　　法國氣泡酒　　卡瓦　　義大利傳統法氣泡酒　　開普傳統法氣泡酒

弗萊帕托 Frappato

◀) "fra-pat-toe"

| | SP | LW | FW | AW | RS | **LR** | MR | FR | DS |

🌱 西西里的稀有品種，釀成酒款滿載甜美的紅色莓果與燻香。弗萊帕托有時會與內羅達沃拉混調，以釀出風格更複雜的酒款。

🍴 弗萊帕托非常適合搭配佐以烤紅椒與風乾番茄的料理。建議也可以試試看與烤火雞和蔓越莓醬搭配。

| 草莓乾 | 石榴 | 白胡椒 | 菸草 | 丁香 |

| 聚香杯 | 酒窖溫度 13~16°C | 不須醒酒 | 16 美元 | 窖藏 1~3 年 |

種植地區

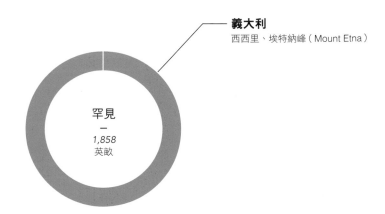

義大利
西西里、埃特納峰（Mount Etna）

罕見
—
1,858
英畝

也可嘗試

🍷 奇亞瓦　🍷 金芬黛　🍷 黑皮諾　🍷 馬司卡雷切－奈萊洛　🍷 布拉切托

弗里烏拉諾 Friulano

◀) *"free-yu-lawn-oh"* 💬 *Sauvignon Vert, Sauvignonasse*

酒體

酒精濃度 甜度

酸度 單寧

| 🍾 | SP | **LW** | FW | AW | RS | LR | MR | FR | DS |

🍃 正式名稱為 Sauvignonasse。這種清瘦的干型白酒通常被誤認為白蘇維濃，但比蘇維濃有更鮮明的果味，與較內斂的草本風味。

🍴 適合搭配沙拉與烤綠色蔬菜，如果想放膽一試，不妨搭配青豆、朝鮮薊、高麗菜與抱子甘藍。

葡萄柚　　　　綠西洋梨　　　　白桃　　　　龍蒿　　　　碎石

🍷 白酒杯　　🌡 冰涼 7~13°C　　⚗ 不須醒酒　　💰 17 美元　　🍾 窖藏 1~5 年

種植地區

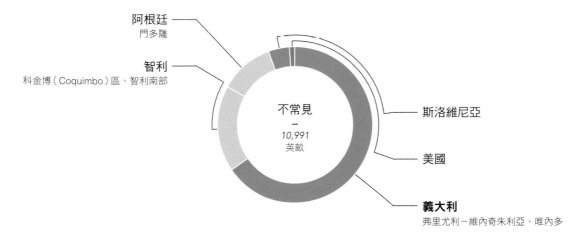

阿根廷 ─
門多薩

智利 ─
科金博（Coquimbo）區、智利南部

不常見
─
10,991
英畝

斯洛維尼亞

美國

義大利
弗里尤利－維內奇朱利亞、唯內多

也可嘗試

白蘇維濃　　　香瓜　　　維岱荷　　　阿爾巴利諾　　　弗明

111

弗明 Furmint

🔊 *"furh-meent"*　　💬 *Tokay*

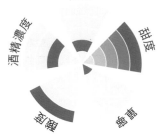

酒體

甜度

酒精濃度

| SP | LW | FW | AW | RS | LR | MR | FR | DS |

🦪 弗明是匈牙利最知名的品種，最出名的酒款便是用托凱產區的貴腐甜點酒，但弗明也可以釀成類似麗絲玲的干型白酒。

🍴 弗明的帶有青草味的辛香料，和緊扣著飲者口腔不放的酸度，使其成為佐以草本香料的禽類或魚類料理的絕配。建議也可以搭配生魚片和中式水餃。

梅爾檸檬　　　　青蘋果　　　　　薑　　　　　煙燻味　　　　辣椒

 白酒杯　　　冰涼 7~13°C　　　不須醒酒　　 20 美元　　 窖藏 5~20 年

種植地區

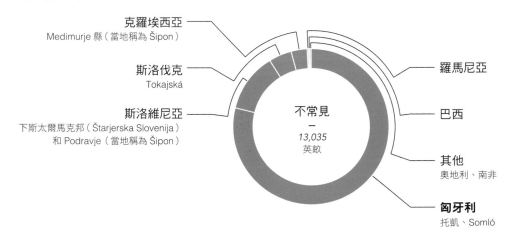

克羅埃西亞
Medimurje 縣（當地稱為 Šipon）

斯洛伐克
Tokajská

斯洛維尼亞
下斯太爾馬克邦（Štarjerska Slovenija）
和 Podravje（當地稱為 Šipon）

不常見
—
13,035
英畝

羅馬尼亞

巴西

其他
奧地利、南非

匈牙利
托凱、Somló

也可嘗試

🍷 麗絲玲　　　　阿瑟提可　　　　白羽　　　　洛雷羅（葡萄牙）　　　　阿爾巴利諾

加美 Gamay

◀) "gam-may" 💬 Gamay Noir

SP　LW　FW　AW　**RS**　**LR**　MR　FR　DS

🍷 兼具果香和花香的品種，偶爾也有土壤的調性，這酒體輕盈的紅酒品種是薄酒來最常見的品種。在法國以外，加美也累積了一小群忠實的信眾。

🍴 這是少數既能夠搭配酸甜鮭魚，又可與酸奶牛肉抗衡的佐餐酒，甚至能搭配麻油天貝（Tempeh）。

石榴　　　　黑樹莓　　　　紫羅蘭　　　　盆栽土壤　　　　香蕉

🍷 聚香杯　　🌡 酒窖溫度 13~16°C　　醒酒 30 分鐘　　💰 15 美元　　🍾 窖藏 1~5 年

種植地區

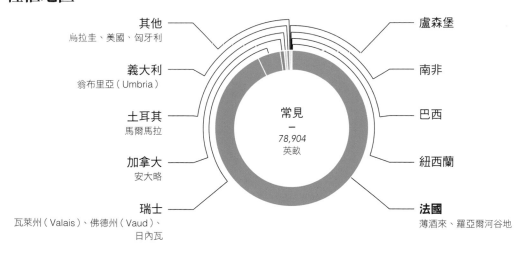

其他
烏拉圭、美國、匈牙利

義大利
翁布里亞（Umbria）

土耳其
馬爾馬拉

加拿大
安大略

瑞士
瓦萊州（Valais）、佛德州（Vaud）、日內瓦

常見
—
78,904
英畝

盧森堡

南非

巴西

紐西蘭

法國
薄酒來、羅亞爾河谷地

也可嘗試

🍷 茨威格　　🍷 奇亞瓦　　🍷 黑皮諾　　🍷 瓦波利切拉　　🍷 弗萊帕托

葛爾戈內戈 Garganega

◀ "gar-gah-neh-gah" 💬 Grecanico, Soave, Gambellara

酒體
酒精濃度　　　　甜度
酸度　　　　單寧

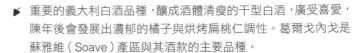

| SP | LW | FW | AW | RS | LR | MR | FR | DS |

🖐 重要的義大利白酒品種，釀成酒體清瘦的干型白酒，廣受喜愛，陳年後會發展出濃郁的橘子與烘烤扁桃仁調性。葛爾戈內戈是蘇雅維（Soave）產區與其酒款的主要品種。

🍴 試著與較清淡的料理搭配，如豆腐或魚類料理，並適合以柑橘－龍蒿的醬料或其他芬芳的草本香料調味。

| 水蜜桃 | 蜜香瓜 | 橘子 | 墨角蘭 | 鹽水 |

白酒杯　　　　冰涼 7~13°C　　　　不須醒酒　　　　12 美元　　　　窖藏 3~7 年

種植地區

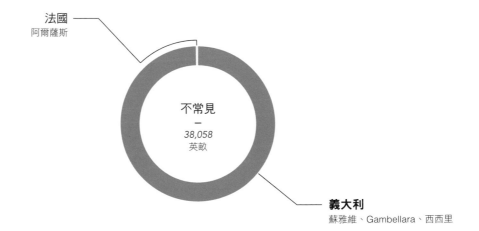

法國
阿爾薩斯

不常見
－
38,058
英畝

義大利
蘇雅維、Gambellara、西西里

也可嘗試

白梢楠　　　格雷切托　　　阿爾巴利諾　　　弗里烏拉諾　　　阿內斯

格烏茲塔明那 Gewürztraminer

🔊 *"ga-vurtz-tra-me-ner"* 💬 *Traminer*

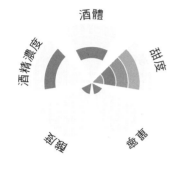

酒體

酒精濃度

甜度

鹽度

葡萄

| SP | LW | FW | AW | RS | LR | MR | FR | DS |

🍷 因其濃郁的花香而備受喜愛，格烏茲塔明那在歐洲已有數個世紀的歷史，其釀成的酒款，適合趁年輕、酸度最高的時候飲用。

🍴 由於格烏茲塔明那酒體飽滿，帶有甜美的花香和有薑味的辛香料氣息，能夠和印度菜與摩洛哥料理成為絕配。

| 荔枝 | 玫瑰 | 葡萄柚 | 橘子 | 薑 |

| 白酒杯 | 冰冷 3~7°C | 不須醒酒 | 15 美元 | 窖藏 1~5 年 |

種植地區

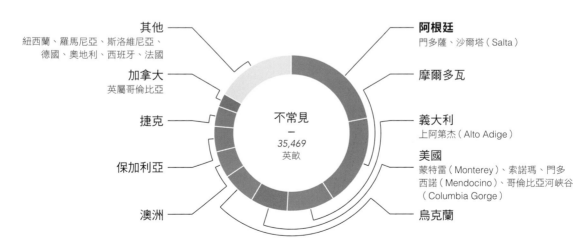

其他
紐西蘭、羅馬尼亞、斯洛維尼亞、
德國、奧地利、西班牙、法國

加拿大
英屬哥倫比亞

捷克

保加利亞

澳洲

不常見
—
35,469
英畝

阿根廷
門多薩、沙爾塔（Salta）

摩爾多瓦

義大利
上阿第杰（Alto Adige）

美國
蒙特雷（Monterey）、索諾瑪、門多西諾（Mendocino）、哥倫比亞河峽谷（Columbia Gorge）

烏克蘭

也可嘗試

🍷 莫斯可非萊諾　🍷 白蜜思嘉　🍷 多隆帝斯　🍷 全盛（Cserszegi Fűszeres，匈牙利）　🍷 米勒土高

格雷切托 Grechetto

🔊 "greh-ketto" 💬 Orvieto

酒體

甜度

酸度

單寧

酒精濃度

 SP | LW | FW | AW | RS | LR | MR | FR | DS

🍷 義大利翁布里亞與拉齊奧知名的奧維耶托（Orvieto）酒的首選品種。雖然這是白酒，如果閉上眼睛品嘗，其實頗像干型粉紅酒。

🍴 雖然格雷切托多生長於內陸省份翁布里亞，卻能與鮪魚和其他如牛排一般風味濃郁的海鮮料理搭配得宜。

白桃

蜜香瓜

草莓

野花

鹽水

🍷 白酒杯

🌡️ 冰涼
7~13°C

不須醒酒

 18 美元

🍾 窖藏
1~5 年

種植地區

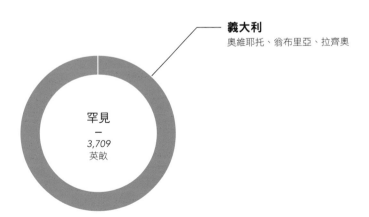

義大利
奧維耶托、翁布里亞、拉齊奧

罕見
—
3,709
英畝

也可嘗試

弗里烏拉諾　　　阿爾巴利諾　　　白梢楠　　　葛爾戈內戈　　　香瓜

格那希 Grenache

◀) *"grenn-nosh"*　💬 *Garnacha, Cannonau*

SP　LW　FW　AW　RS　LR　**MR**　FR　DS

🍷 格那希釀成的紅酒個性濃郁、多滋味，其粉紅酒則帶有深寶石紅的色澤。這是教皇新堡產區（Châteauneuf-du-Pape）最重要的品種，也是隆河與 GSM 混調品種之一。

🍴 由於格那希風味濃郁，因此適合搭配佐以異國香料──如小茴香、多香果與亞洲五香粉──的烤肉與蔬菜料理。

草莓	烤黑李	皮革	乾燥香草	血橙

🍷 紅酒杯	🌡 室溫 15～20°C	醒酒 30 分鐘	23 美元	窖藏 5～10 年

種植地區

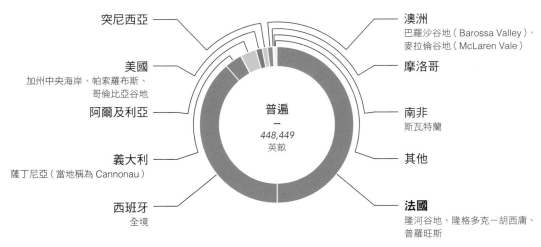

普遍
－
448,449
英畝

突尼西亞

美國
加州中央海岸、帕索羅布斯、哥倫比亞谷地

阿爾及利亞

義大利
薩丁尼亞（當地稱為 Cannonau）

西班牙
全境

澳洲
巴羅沙谷地（Barossa Valley）、麥拉倫谷地（McLaren Vale）

摩洛哥

南非
斯瓦特蘭

其他

法國
隆河谷地、隆格多克－胡西庸、普羅旺斯

也可嘗試

🍷 卡利濃　🍷 金芬黛　🍷 梅洛　🍷 瓦波利切拉

格那希

更多品飲筆記

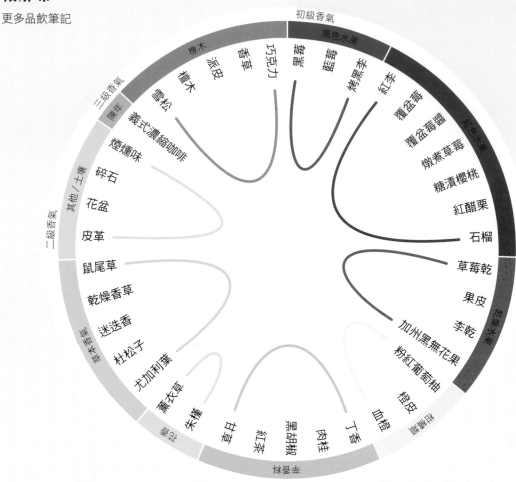

西班牙，亞拉岡

西班牙北部——如所蒙塔諾（Somontano）、波爾哈田野（Campo de Borja）、卡利耶納（Cariñena）與卡拉塔由（Calatayud）——釀出的格那希（西班牙文為Garnacha）品質優異、果味直接，酒精濃度高，帶有飽滿撲鼻的紅色果味與細緻、甜美的粉紅葡萄柚與朱槿花香。

▸ 覆盆莓
▸ 朱槿
▸ 粉紅葡萄柚
▸ 乾燥香草
▸ 丁香

法國，隆河谷地

南隆河與教皇新堡素以格那希－希哈－慕維得爾混調酒而出名。出乎意料的是，這裡許多重量級的頂級好酒都是以占比極大的格那希釀成。酒款多有鹹鮮、草本與花卉風味。

▸ 烤黑李
▸ 覆盆莓醬
▸ 紅茶
▸ 薰衣草
▸ 碎石

薩丁尼亞

薩丁尼亞島的格那希品質優異，當地稱為 Cannonau。這裡的格那希酒體較輕，風格質樸，帶有皮革、紅果乾與野味的調性。這裡也釀有以果味為主的風格酒款，但當地個性較質樸的格那希值得一試。

▸ 皮革
▸ 紅李
▸ 野味
▸ 血橙
▸ 花盆

白格那希 Grenache Blanc

🔊 *"gren-nash blonk"* 💬 *Garnacha Blanca*

酒體
甜度
酒精濃度
單寧
酸度

| SP | LW | FW | AW | RS | LR | MR | FR | DS |

🍷 白格那希是格那希的變種，釀成的白酒酒體飽滿，有時會於橡木桶中陳年，以獲得更多類似吐司、鮮奶油或蒔蘿的風味，口感也會更加綿密。

🍴 適合的餐搭選項包括如牛排一般質地濃厚的魚類料理，如鮪魚排、旗魚、烤笛鯛與鬼頭刀。

黃李

西洋梨

檸檬刨皮

金銀花

吐司

🍷 白酒杯

🌡️ 冰涼 7~13°C

不須醒酒

💰 22 美元

🍾 窖藏 1~5 年

種植地區

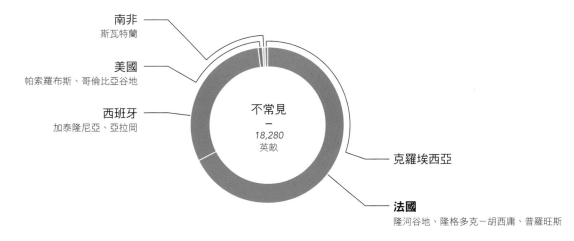

南非
斯瓦特蘭

美國
帕索羅布斯、哥倫比亞谷地

西班牙
加泰隆尼亞、亞拉岡

不常見
－
18,280
英畝

克羅埃西亞

法國
隆河谷地、隆格多克－胡西庸、普羅旺斯

也可嘗試

胡珊　　沙瓦提亞諾　　白羽　　維歐拉　　葛爾戈內戈

119

綠維特利納 Grüner Veltliner

🔊 "grew-ner felt-lee-ner"

SP LW **FW** AW RS LR MR FR DS

🍷 奧地利最重要的品種酒，風格多元，但最受歡迎的要屬酒體清瘦、滿載草本芳香與胡椒味且酸度令人口頰生津的綠維特利納。

🍴 非常多元的餐搭酒，具有清潔味蕾的功效。不妨搭配較為清淡的肉類料理和海鮮，如佐以龍蒿的雞肉和生魚片。

| 黃蘋果 | 西洋梨 | 蘆筍 | 白胡椒 | 白堊 |

| 白酒杯 | 冰涼 7~13°C | 不須醒酒 | 20 美元 | 窖藏 5~15 年 |

種植地區

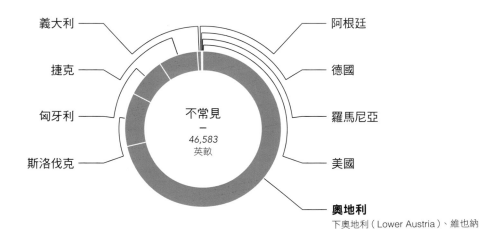

義大利　阿根廷
捷克　德國
匈牙利　羅馬尼亞
斯洛伐克　美國

不常見
—
46,583
英畝

奧地利
下奧地利（Lower Austria）、維也納

也可嘗試

白蘇維濃　　青酒　　維門替諾　　弗里烏拉諾　　維岱荷

冰酒 Ice Wine

💬 Eiswein

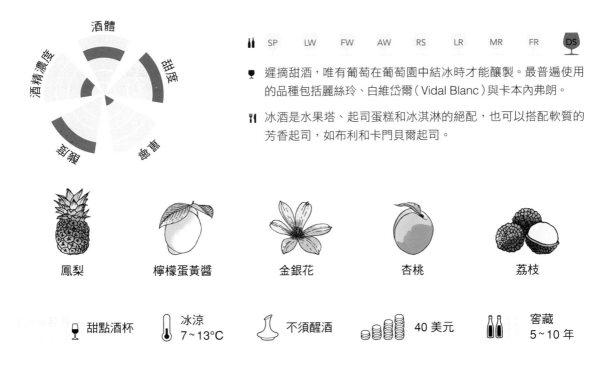

| SP | LW | FW | AW | RS | LR | MR | FR | DS |

🍷 遲摘甜酒，唯有葡萄在葡萄園中結冰時才能釀製。最普遍使用的品種包括麗絲玲、白維岱爾（Vidal Blanc）與卡本內弗朗。

🍴 冰酒是水果塔、起司蛋糕和冰淇淋的絕配，也可以搭配軟質的芳香起司，如布利和卡門貝爾起司。

| 鳳梨 | 檸檬蛋黃醬 | 金銀花 | 杏桃 | 荔枝 |

| 🍷 甜點酒杯 | 🌡 冰涼 7~13°C | 不須醒酒 | 🪙 40 美元 | 🍾 窖藏 5~10 年 |

品種與風格

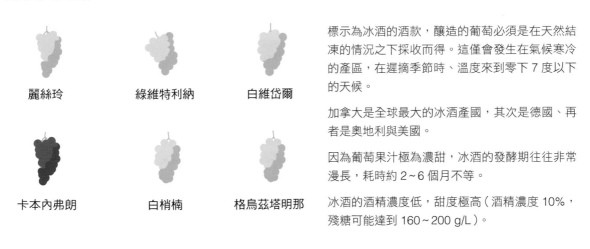

麗絲玲　綠維特利納　白維岱爾

卡本內弗朗　白梢楠　格烏茲塔明那

標示為冰酒的酒款，釀造的葡萄必須是在天然結凍的情況之下採收而得。這僅會發生在氣候寒冷的產區，在遲摘季節時、溫度來到零下 7 度以下的天候。

加拿大是全球最大的冰酒產國，其次是德國、再者是奧地利與美國。

因為葡萄果汁極為濃甜，冰酒的發酵期往往非常漫長，耗時約 2~6 個月不等。

冰酒的酒精濃度低，甜度極高（酒精濃度 10%，殘糖可能達到 160~200 g/L）。

也可嘗試

🍷 索甸　🍷 弗明（托凱貴腐酒）　🍷 遲摘麗絲玲

藍布魯斯科 Lambrusco

◀) "lam-broos-co"

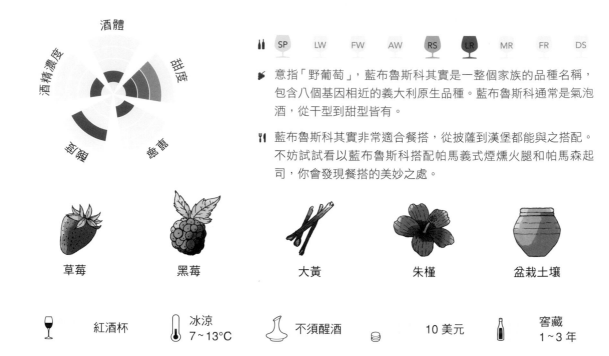

酒體
酒精濃度 / 甜度
單寧 / 酸度

| SP | LW | FW | AW | RS | LR | MR | FR | DS |

🍇 意指「野葡萄」，藍布魯斯科其實是一整個家族的品種名稱，包含八個基因相近的義大利原生品種。藍布魯斯科通常是氣泡酒，從干型到甜型皆有。

🍴 藍布魯斯科其實非常適合餐搭，從披薩到漢堡都能與之搭配。不妨試試看以藍布魯斯科搭配帕馬義式煙燻火腿和帕馬森起司，你會發現餐搭的美妙之處。

| 草莓 | 黑莓 | 大黃 | 朱槿 | 盆栽土壤 |

| 紅酒杯 | 冰涼 7~13°C | 不須醒酒 | | 10 美元 | 窖藏 1~3 年 |

種植地區

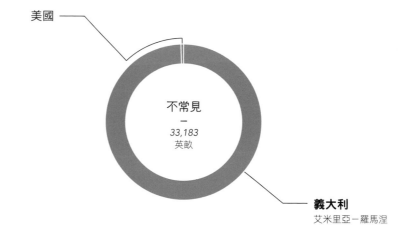

美國

不常見
一
33,183
英畝

義大利
艾米里亞－羅馬涅

也可嘗試

🍷 奇亞瓦　🍷 Brachetto d'Acqui　🍷 茨威格　🍷 康科

藍布魯斯科

更多品飲筆記

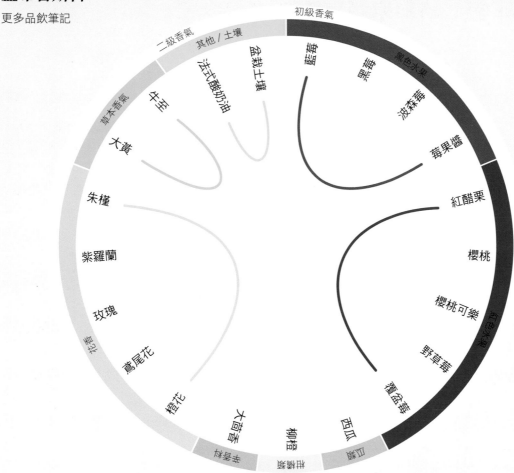

初級香氣

二級香氣

其他 / 土壤

盆栽土壤

法式酸奶油

草本香氣

牛至

大黃

朱槿

紫羅蘭

玫瑰

鳶尾花

橙花

藍莓

黑莓

波森莓

莓果醬

黑色水果

紅醋栗

櫻桃

櫻桃可樂

野草莓

覆盆莓

西瓜

血橙

柳橙

大茴香

索巴拉（Sorbara）藍布魯斯科

這個品種釀成的藍布魯斯科風格較細緻多花香，酒色多呈淺粉色。最好的表現是清爽的干型酒，多有橙花、椪柑、櫻桃、紫羅蘭與西瓜香氣。

▸ 橙花
▸ 椪柑
▸ 櫻桃
▸ 紫羅蘭
▸ 西瓜

格拉斯帕羅沙（Grasparossa）藍布魯斯科

這是所有藍布魯斯科中風格最鮮明的一個，釀成酒款多有藍莓與黑醋栗風味，以及中等偏重、收緊口腔的單寧感。這個由大槽法釀成的氣泡酒還具有質地平衡、優秀的綿密口感，多標示為「Lambrusco Grasparossa di Castelvetro」（須以 85% 的該品種釀成）。

▸ 黑醋栗
▸ 藍莓
▸ 牛至
▸ 可可粉
▸ 發酵鮮奶油

由干型至甜型

藍布魯斯科風格多元，從干型到甜型皆有，多使用以下稱呼：

- **干型（Secco）**：以花香和草本調性為主的干型酒。
- **微甜型（Semisecco）**：略帶甜，通常有更多果味。
- **甜型（Amabile and Dolce）**：有明顯甜味的甜型酒，最適合搭配甜點，特別是牛奶巧克力。

馬德拉 Madeira

🔊 "ma-deer-uh"

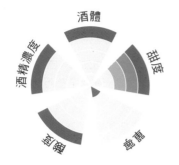

 SP　LW　FW　AW　RS　LR　MR　FR　DS

🍷 這種氧化加烈甜酒只在葡萄牙的馬德拉島上有釀造。馬德拉酒極為穩定、耐放，有些甚至可陳放一個世紀以上。

🍴 以濃縮醬汁調味的料理最適合搭配馬德拉，因為這類酒款常帶有胡桃風味。話雖如此，馬德拉卻也能夠與朝鮮薊、豆子湯和蘆筍搭配，令人驚呼連連。

深度焦糖	胡桃油	水蜜桃	榛果	橙皮

🍷 甜點酒杯　🌡 酒窖溫度 13~16°C　🫗 不須醒酒　🪙 43 美元　🍾 窖藏 5~100 年

風格

雨水（Rainwater）
以黑莫樂（Tinta Negramole）混調製成，是常見的馬德拉

瑟西爾（Sercial）
以同名葡萄品種釀成，是酒體最輕盈的馬德拉

華帝露（Verdelho）
以同名葡萄品種釀成，酒體輕盈多香

布爾（Bual / Boal）
以馬爾瓦西亞葡萄釀成，是所有馬德拉酒中次甜的風格

馬姆齊（Malmsey）
以馬爾瓦西亞葡萄釀成的最甜型馬德拉

甜度等級

- 微干型：殘糖 0~50 g/L
- 不甜型：殘糖 50~65 g/L
- 微甜型：殘糖 65~80 g/L
- 中等甜度型：殘糖 80~96 g/L
- 甜型：殘糖超過 96 g/L

製作方式

自然熟成法（Canteiro Method）
葡萄酒注入木桶或大玻璃罐中，再置於溫暖房間或太陽下，使其自然熟成。

加熱熟成法（Estufa Method）
將葡萄酒注入大型不鏽鋼桶槽中短暫加熱。

年份風格

年份酒（Colheita / Harvest）
單一年份的馬德拉，熟成五年以上。通常以單一品種釀成。

索雷拉（Solera）
以多年份的自然熟成法酒款混調而成，罕見。

Frasqueira / Garrafeira
單一年份、熟成 20 年以上的自然熟成法馬德拉，極為罕見。

也可嘗試

🍷 干型瑪薩拉

無年份風格

Finest / Choice / Select
以加熱熟成法製成、陳年三年。價格實惠可做為烹飪酒，品種為黑莫樂。

雨水
微甜型，熟成三年，價格實惠，非常適合用作烹飪酒，品種為黑莫樂。

5 年 / Reserve / Mature
熟成 5~10 年，可啜飲的等級.

10 年 / Special Reserve
熟成 10~15 年，以自然熟成法釀成，通常為單一品種，品質優良。

15 年 / Extra Reserve
熟成 15~20 年，以自然熟成法釀成，通常為單一品種，品質優良。

馬爾貝克 Malbec

 "mal-bek"   Côt

| | SP | LW | FW | AW | RS | LR | MR | FR | DS |

做為阿根廷最重要的品種,馬爾貝克卻源自法國,當地稱為鉤特(Côt)。馬爾貝克酒因其鮮明的果味與綿密且帶有巧克力風味的餘韻而備受喜愛。

不同於卡本內,馬爾貝克餘韻不長,因以非常適合搭配較瘦的紅肉料理(有人想來點鴕鳥肉嗎?),佐以融化的藍紋起司也是一絕。

| 紅李 | 黑莓 | 香草 | 甜菸草 | 可可 |

| 紅酒杯 | 室溫 15~20°C | 醒酒 30分鐘 | 15 美元 | 窖藏 5~10 年 |

種植地區

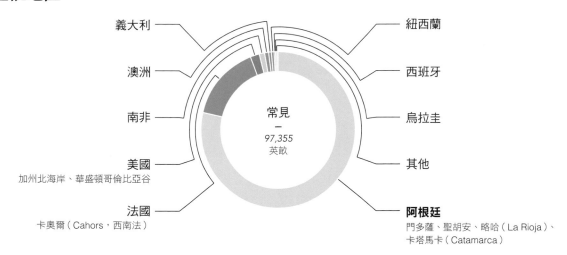

常見
—
97,355
英畝

義大利

澳洲

南非

美國
加州北海岸、華盛頓哥倫比亞谷

法國
卡奧爾(Cahors,西南法)

紐西蘭

西班牙

烏拉圭

其他

阿根廷
門多薩、聖胡安、略哈(La Rioja)、
卡塔馬卡(Catamarca)

也可嘗試

🍷 慕維得爾　　🍷 希哈　　🍷 伯納達　　🍷 小維多　　🍷 梅洛

馬爾貝克

更多品飲筆記

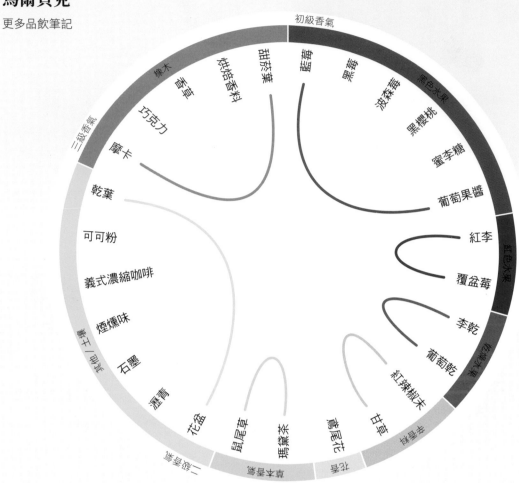

初級香氣

三級香氣

甜菸葉 烘焙香料 香草 橡木 巧克力 摩卡 乾葉 可可粉 義式濃縮咖啡 煙燻味 石墨 瀝青 花盆 鼠尾草 瑪黛茶

藍莓 黑莓 波森莓 黑櫻桃 蜜李糖 葡萄果醬 紅李 覆盆莓 李乾 葡萄乾 紅辣椒末 甘草 鳶尾花

黑色水果 紅色水果

阿根廷，門多薩

這些初階馬爾貝克酒在桶中陳年的時間極短，釀成酒款多為新鮮、多汁的風格。絕大多數的酒帶有較多的紅色果味（酸櫻桃、覆盆莓、紅李等），單寧柔軟，並帶有覆盆莓葉或馬黛茶等草本調性。

▸ 紅李
▸ 波森莓
▸ 紅辣椒末
▸ 李乾
▸ 覆盆莓葉

門多薩「陳年級」

等級較高的門多薩馬爾貝克多半使用品質最佳的葡萄釀成，通常是老藤葡萄或來自 Luján de Cuyo 與烏格河谷（Uco Valley）的高海拔葡萄園。這類酒款通常風味鮮明，帶有明顯的黑色果味，以及橡木桶陳年所帶來的巧克力、摩卡和藍莓調性。

▸ 黑莓
▸ 蜜李糖
▸ 摩卡
▸ 紅辣椒末
▸ 甜菸葉

法國，卡奧爾

法國的羅亞爾河（當地稱為鉤特）與西南法的卡奧爾都釀有馬爾貝克酒，其中卡奧爾產區的酒款帶有較多土壤和莓果風味，相較於阿根廷的馬爾貝克，酒體一般較輕、風格更高雅，酸度也更高。

▸ 紅李
▸ 乾葉
▸ 波森莓
▸ 鳶尾花
▸ 可可粉

瑪薩拉 Marsala

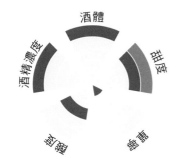

酒精濃度　酒體　甜度

單寧　風味　酸度

SP	LW	FW	AW	RS	LR	MR	FR	DS

瑪薩拉是來自西西里島的加烈酒，常用來入菜，製作風味濃郁帶有焦糖調性的醬汁，但高品質的瑪薩拉其實也非常適合單飲。

試著以干型瑪薩拉搭配所有使用瑪薩拉調理、入菜的料理。甜型的酒款更適合搭配類似威尼斯甜點沙巴翁（Zabaglione）的甜點，或直接做為濃縮醬汁淋在冰淇淋上。

燉煮杏桃　　　香草　　　　羅望子　　　　黑糖　　　　菸葉

甜點酒杯　　酒窖溫度 13～16°C　　不須醒酒　　17 美元　　窖藏 5～25 年

格里洛　卡塔拉托（Cattaratto）　尹卓莉亞（Inzolia）　格雷西亞諾（Greciano）　內羅達沃拉　馬司卡雷切－奈萊洛　弗萊帕托

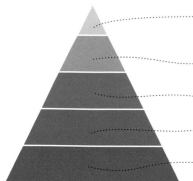

- ● Virgin stravecchio / Virgin reserve
  陳年十年以上，只有干型酒
- ● Virgin / Virgen Solera
  陳年五年以上，只有干型酒
- ●●● 陳年優級酒（Superior Reserve）
  陳年四年以上，沒有甜型酒
- ●●● 優級酒（Superior）
  陳年兩年
- ●●● Fine / Fine I.P.
  陳年一年

- ● 金黃（Oro）
  白品種混調酒，為眾多風格的瑪薩拉中最優良的等級
- ● 琥珀（Ambra）
  白品種與煮熟葡萄漿（mosto cotto）的混調酒
- ● 紅（Rubino）
  罕見，以至多 30% 紅品種混調而成

- ○ 干型（Secco）：殘糖為 0~40 g/L
- ◐ 中等甜度型（Semisecco）：殘糖為 40~100 g/L
- ● 甜型（Dolce）：殘糖有超過 100 g/L

也可嘗試

🍷 馬德拉　　🍷 Palo Cortado 雪莉　　🍷 Amontillado 雪莉

馬珊 **Marsanne**

🔊 *"mar-sohn"*　　💬 *Châteauneuf-du-Pape Blanc, Côtes du Rhône Blanc*

| | SP | LW | **FW** | AW | RS | LR | MR | FR | DS |

🥄 馬珊是隆河混調酒的主要白品種之一，通常會和胡珊、白格那希與維歐尼耶調配。馬珊也是夏多內白酒之外的絕佳選擇。

🍴 濃郁多果味的馬珊最適合搭配濃郁的帶殼海鮮（如蝦子），而其柑橘調性則成為搭配亞洲料理（如泰國料理或越南菜）的絕佳良伴。

酒體 / 甜度 / 單寧 / 酸度 / 酒精濃度

| 檸檬 | 蜜香瓜 | 杏桃 | 金合歡 | 蜂蠟 |

白酒杯　　冰涼 7~13°C　　不須醒酒　　25 美元　　窖藏 5~15 年

種植地區

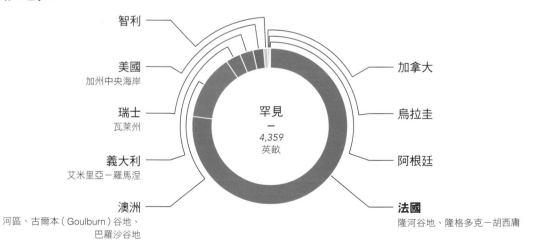

智利

美國
加州中央海岸

瑞士
瓦萊州

義大利
艾米里亞－羅馬涅

澳洲
河區、古爾本（Goulburn）谷地、
巴羅沙谷地

罕見
一
4,359
英畝

加拿大

烏拉圭

阿根廷

法國
隆河谷地、隆格多克－胡西庸

也可嘗試

🍷 胡珊　　🍷 夏多內　　🍷 維歐尼耶

香瓜 Melon

🔊 *"mel-oh"* 💬 *Muscadet, Melon de Bourgogne*

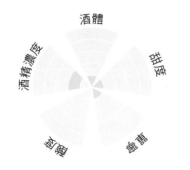

SP　**LW**　FW　AW　RS　LR　MR　FR　DS

🍇 香瓜或布根地香瓜（Melon de Bourgogne）是法國蜜思卡得產區的品種，釀成的白酒清瘦並帶有礦石風味（Minerality），以搭配海鮮而聞名。

🍴 將一些蛤蠣或淡菜丟進鍋裡，再加一些大蒜、歐芹、奶油和少量香瓜白酒，你就會發現這酒為什麼如此適合搭配海鮮。

萊姆	貝殼	青蘋果	綠西洋梨	麵團

🍷 白酒杯	🌡 冰冷 3~7°C	不須醒酒	💰 14 美元	🍾 窖藏 1~5 年

種植地區

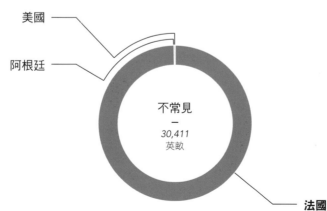

美國
阿根廷

不常見
—
30,411
英畝

法國
蜜思卡得－塞維曼尼（Muscadet-Sèvre et Maine）、蜜思卡得

也可嘗試

弗里烏拉諾　　格雷切托　　維岱荷　　夏斯拉（瑞士）

門西亞 Mencía

🔊 "men-thee-uh" 💬 Jaen, Bierzo, Riberia Sacra

 SP LW FW AW RS LR MR FR DS

🍷 這個來自伊比利半島（西班牙與葡萄牙）的紅品種，因其濃郁的香氣和陳年潛力，正不斷累積為數眾多的愛好者。

🍴 由於兼具酸度與架構，你會想以門西亞搭配口感濃郁的白肉料理，如火雞、豬肉，或醃製、辛辣的肉品（如燻牛肉），以平衡酒中的酸度。

酸櫻桃	石榴	黑莓	甘草	碎石

🍷 紅酒杯	🌡️ 酒窖溫度 13~16°C	醒酒 60 分鐘以上	💰 15 美元	🍾 窖藏 5~20 年

種植地區

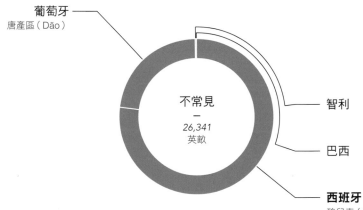

葡萄牙
唐產區（Dão）

不常見
—
26,341
英畝

智利

巴西

西班牙
碧兒索（Bierzo）、神聖河岸（Ribeira Sacra）、維岱荷拉斯（Valdeorras）

也可嘗試

🍷 黑喜諾   🍷 內羅達沃拉   🍷 巴貝拉   🍷 希哈

130

梅洛 Merlot

🔊 "murr-low"

酒體

甜度

酒精濃度

酸度

單寧

SP　LW　FW　AW　RS　LR　MR　FR　DS

🍷 梅洛因其濃烈的黑櫻桃風味、柔軟的單寧與煙燻和帶有巧克力味的餘韻而備受喜愛。該品種通常見於波爾多，常用來與卡本內弗朗混調。

🍴 梅洛最適合與燒烤料理搭配，如豬肩、烤蘑菇或燴牛小排。也可以試試看以阿根廷青醬（Chimichurri）搭配梅洛的果味！

櫻桃	黑李	巧克力	乾燥香草	香草

🍷 超大型酒杯　🌡 室溫 15~20°C　醒酒 30 分鐘　💰 15 美元　🍾 窖藏 5~20 年

種植地區

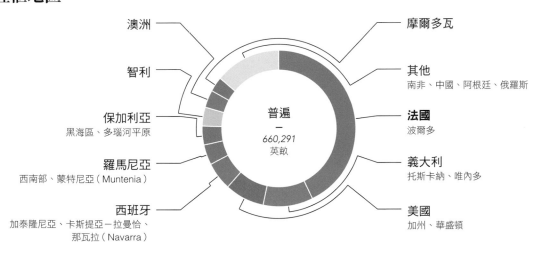

澳洲

摩爾多瓦

智利

其他
南非、中國、阿根廷、俄羅斯

保加利亞
黑海區、多瑙河平原

法國
波爾多

羅馬尼亞
西南部、蒙特尼亞（Muntenia）

義大利
托斯卡納、唯內多

西班牙
加泰隆尼亞、卡斯提亞－拉曼恰、那瓦拉（Navarra）

美國
加州、華盛頓

普遍
—
660,291
英畝

也可嘗試

🍷 卡本內蘇維濃　🍷 馬爾貝克　🍷 小維多　🍷 蒙鐵布奇亞諾　🍷 瓦波利切拉

梅洛

更多品飲筆記

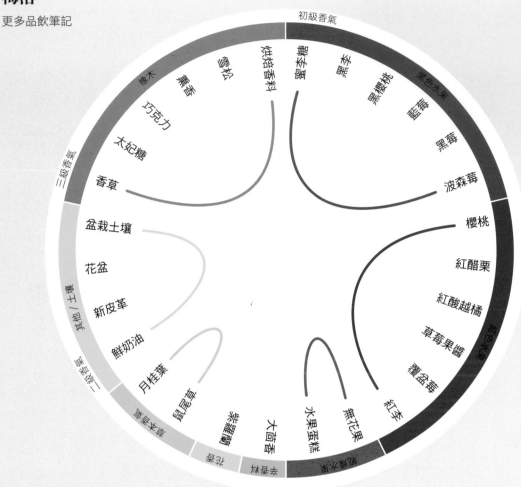

初級香氣

甜李 黑櫻桃 黑色水果 藍莓 黑莓 波森莓 櫻桃 紅醋栗 紅酸越橘 草莓果醬 覆盆莓 紅李 無花果 水果蛋糕 大茴香 嗜羅蘭 紫羅蘭 鼠尾草 月桂葉 鮮奶油 新皮革 花盆 盆栽土壤 香草 太妃糖 巧克力 木香 巣香 雪松 烘焙香料 乾辛香

三級香氣

波爾多「右岸」

波爾多的玻美侯（Pomerol）與聖愛美濃（Saint-Émilion）產區位於多多涅河（Dordogne River）東北岸，這裡有幾處富含黏土的土壤，非常適合晚熟的梅洛與卡本內弗朗生長。最傑出的酒款通常帶有濃郁的櫻桃果味與風味平衡的雪松、皮革和熏香的調性。

▸ 櫻桃
▸ 新皮革
▸ 雪松
▸ 熏香
▸ 月桂葉

華盛頓州，哥倫比亞谷

該產區白天極熱，但到了夜晚，溫度可能會降至 4.5℃ 甚至以下；炙熱的氣候和劇烈的日夜溫差，使得釀成的酒款帶有甜美的果味，確保有高酸度。梅洛相當適合種植於華盛頓州的土壤，其酒款多半酸度爽脆，帶有酒體較輕盈的櫻桃果味和許多薄荷風味。

▸ 黑櫻桃
▸ 波森莓
▸ 巧克力鮮奶油
▸ 紫羅蘭
▸ 薄荷

加州北海岸

加州北海岸囊括了納帕谷地與索諾瑪。信不信由你，相較於卡本內蘇維濃，這裡的梅洛潛力還有待發掘。北海岸的梅洛酒款通常帶有甜美的黑櫻桃果味，和中等、細緻的單寧質地，以及內斂的烘焙用巧克力調性。

▸ 甜櫻桃
▸ 蜜李糖
▸ 烘焙用巧克力
▸ 香草
▸ 沙塵

慕維得爾 Monastrell

◀) "Moan-uh-strel"　　🔤 Mourvèdre, Mataro

 SP　LW　FW　AW　**RS**　LR　MR　**FR**　DS

🍖 風味鮮明、帶有煙燻風味的紅酒，主要見於西班牙中部地區。稱該品種為 Mourvèdre 的南法，主要用來做為隆河與 GSM 的混調品種之一。

🍴 這款酒是搭配燻肉料理與 BBQ 的絕佳良伴，有助於融合酒款的胡椒和野味，並揭露出多層次的黑色水果和巧克力調性。

黑莓　　　　黑胡椒　　　　可可　　　　菸葉　　　　烤肉味

🍷 紅酒杯　　🌡 室溫 15~20°C　　醒酒 60 分鐘以上　　 14 美元　　窖藏 5~15 年

種植地區

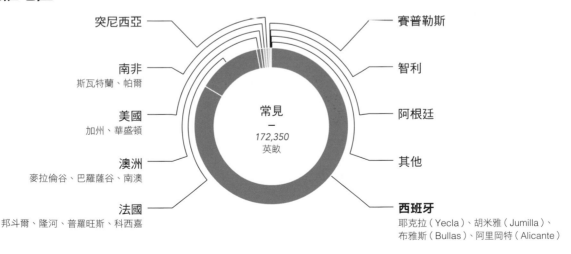

突尼西亞

南非
斯瓦特蘭、帕爾

美國
加州、華盛頓

澳洲
麥拉倫谷、巴羅薩谷、南澳

法國
邦斗爾、隆河、普羅旺斯、科西嘉

賽普勒斯

智利

阿根廷

其他

西班牙
耶克拉（Yecla）、胡米雅（Jumilla）、布雅斯（Bullas）、阿里岡特（Alicante）

常見
—
172,350
英畝

也可嘗試

🍷 小希哈　　🍷 塔那　　🍷 希哈　　🍷 小維多　　🍷 阿里岡特布榭

133

慕維得爾

更多品飲筆記

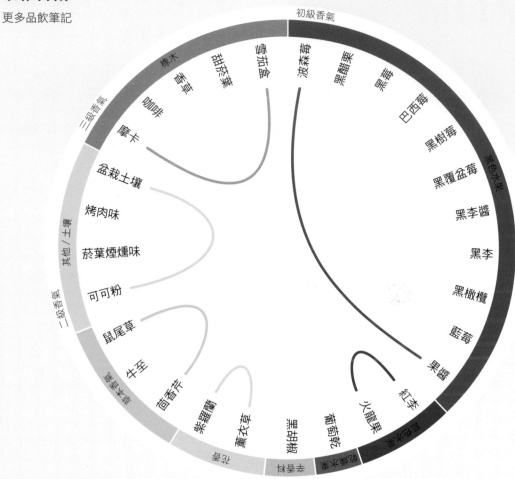

初級香氣

橡木　甜菸草　雪茄盒　波森莓　黑醋栗　黑莓　巴西莓　黑樹莓

香草　咖啡　黑覆盆莓　黑色水果

摩卡　黑李醬

三級香氣　盆栽土壤　黑李

烤肉味　黑橄欖

菸葉煙燻味　藍莓

其他 / 土壤　果醬

可可粉　黑李

二級香氣　鼠尾草　紅李

牛至　火龍果

百香芹　黑葡萄乾　乾燥水果

紫羅蘭　薰衣草　黑胡椒粒　二級香氣

花草　去梗草本

法國，邦斗爾

據稱，法國的慕維得爾（Mour-vèdre）要將頭伸進陽光、腳踏進海裡才能長得繁茂，難怪這品種在普羅旺斯面南邦斗爾坡地上能生長得如此旺盛。依法，這裡的酒需要於橡木桶中陳年至少 18 個月，因此釀成的酒款多有質樸的優雅特性。

▸ 黑李
▸ 烤肉味
▸ 黑胡椒
▸ 可可粉
▸ 普羅旺斯香草

西班牙東南部

主要見於西班牙胡米雅、耶克拉、阿里坎特與布雅斯，當地稱為 Monastrell。這裡溫暖、乾燥的氣候有助於釀出果味鮮明、甚至帶點酸澀和黑橄欖風味的紅酒！話雖如此，這裡卻有不少酒相當超值。

▸ 黑莓
▸ 黑葡萄乾
▸ 摩卡
▸ 菸葉煙燻味
▸ 黑胡椒

邦斗爾粉紅酒

慕維得爾雖能釀成色深濃郁的紅酒，卻也出乎意料地能釀出輕巧細緻並帶有草莓果味的玫瑰色澤粉紅酒；除了細緻的果味，你也能嘗到內斂的紫羅蘭調性和些許白胡椒或黑胡椒味。

▸ 草莓
▸ 白桃
▸ 白胡椒
▸ 白花香
▸ 紫羅蘭

蒙鐵布奇亞諾 Montepulciano

◀) "mon-ta-pull-chee-anno"

SP　　LW　　FW　　AW　　RS　　LR　　**MR**　　**FR**　　DS

🍷 高品質的義大利紅酒，主要見於阿布魯佐（Abruzzo），釀成的酒款若善加照顧，會帶有黑色果味與帶點煙燻和甜味的餘韻。

🍴 蒙鐵布奇亞諾最適合搭配各式各樣的香腸。煙燻安杜依勒香腸（Andouille）和佐以甜茴香芹的義大利新鮮香腸 salsiccia 都是餐搭首選。

紅李

黑莓

乾燥百里香

烘焙香料

牧豆樹

🍷 超大型酒杯　　🌡 室溫 15～20°C　　醒酒 60 分鐘以上　　💰 15 美元　　窖藏 5～15 年

種植地區

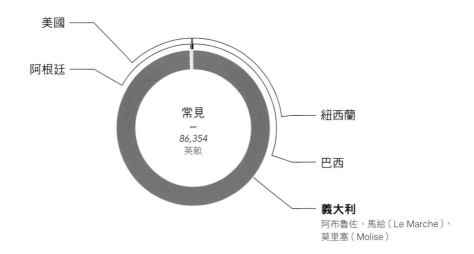

美國
阿根廷
紐西蘭
巴西

常見
—
86,354
英畝

義大利
阿布魯佐、馬給（Le Marche）、莫里塞（Molise）

也可嘗試

🍷 內格羅阿瑪羅　　🍷 梅洛　　🍷 波爾多混調　　🍷 阿優伊提可　　🍷 內羅達沃拉

135

塞巴圖爾蜜思嘉 Moscatel de Setúbal

◀ *"Mos-ka-tell de Seh-too-bal"* *Moscatel Roxo*

	SP	LW	FW	AW	RS	LR	MR	FR	DS

🍯 個性濃郁且帶有蜂蜜味的加烈甜點酒,主要以種植在葡萄牙南部的塞巴圖爾半島上的亞歷山大蜜思嘉所釀成。

🍴 塞巴圖爾蜜思嘉搭配外硬內軟的葡萄牙起司——如 Queijo de Ovelha 等——堪稱絕配。或是,它也可以搭配任何有焦糖的甜點。

椪柑	葡萄	杏桃乾	蜂蜜	焦糖

🍷 甜點酒杯　🌡 酒窖溫度 13~16°C　🍶 不須醒酒　🪙 13 美元　🍾 窖藏 1~5 年

品種與風格

亞歷山大蜜思嘉

紅蜜思嘉
(Moscatel Roxo,罕見)

優質塞巴圖爾蜜思嘉(Moscatel de Setúbal Superior)
陳年超過五年。這類酒款通常極為濃郁、甜美,帶有許多乾果和堅果風味。有時會標示超過 20、30、40 年(Años),用以表示該款混調酒所使用的最低年限陳年酒。

塞巴圖爾蜜思嘉
陳年至多五年。這類酒款通常帶有較多花香、柑橘與新鮮葡萄調性。

紅蜜思嘉
屬罕見酒款,多半以紅蜜思嘉為主或 100% 的紅蜜思嘉葡萄釀成。

也可嘗試

🍷 茶色波特　🍷 聖酒　🍷 亞歷山大蜜思嘉　🍷 麗維薩特蜜思嘉(Muscat de Rivesaltes)　🍷 薩摩斯蜜思嘉(Muscat of Samos,希臘)

莫斯可非萊諾 Moschofilero

◄) *"moosh-ko-fee-lair-oh"*

SP　LW　FW　**AW**　**RS**　LR　MR　FR　DS

濃郁多香的白酒，來自於希臘伯羅奔尼撒靠近的黎波里（Tripoli）的 Mantineia 小產區。由於該品種的果皮帶粉色，也可以釀成粉紅酒。

任何在晚茶（High tea）期間享用的餐點都能以莫斯可非萊諾搭配，包括小黃瓜三明治、燻鮭魚佐奶油起司或水果塔等，這些都能與這絕妙多香的酒形成良好的搭配。

				扁桃仁
花香	蜜香瓜	粉紅葡萄柚	檸檬	扁桃仁

白酒杯	冰涼 7~13°C	不須醒酒	14 美元	窖藏 1~3 年

種植地區

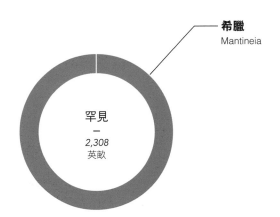

希臘
Mantineia

罕見
—
2,308
英畝

也可嘗試

🍷 費爾南皮耶斯　　🍷 多隆帝斯　　🍷 全盛（匈牙利）　　🍷 格烏茲塔明那　　🍷 米勒土高

白蜜思嘉 Muscat Blanc

◀) *"muss-kot blonk"* 💬 *Moscato Bianco, Moscatel, Muscat Blanc à Petit Grains, Muskateller*

酒體
甜度
酒精濃度
酸度
果味

| SP | LW | FW | **AW** | RS | LR | MR | FR | **DS** |

🍇 古老的多香白品種，源自希臘，可釀成的酒款多元，從干型到甜型、靜態酒到氣泡酒皆有，甚至也可以釀成加烈酒。

🍴 較不甜的白蜜思嘉酒可以搭配沙拉、壽司和新鮮水果。氣泡酒阿斯提蜜思嘉則非常適合搭配扁桃仁蛋糕。至於加烈蜜思嘉則是最適合做為起司和堅果的佐餐酒。

 橙花

 梅爾檸檬

 椪柑

 成熟西洋梨

 金銀花

🍷 白酒杯　　🌡 冰涼 7~13°C　　🫙 不須醒酒　　🪙 17 美元　　🍾 窖藏 1~5 年

種植地區

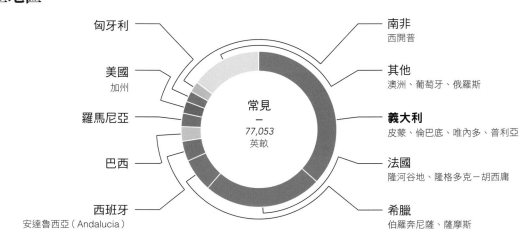

常見
－
77,053
英畝

匈牙利

美國
加州

羅馬尼亞

巴西

西班牙
安達魯西亞（Andalucia）

南非
西開普

其他
澳洲、葡萄牙、俄羅斯

義大利
皮蒙、倫巴底、唯內多、普利亞

法國
隆河谷地、隆格多克－胡西庸

希臘
伯羅奔尼薩、薩摩斯

也可嘗試

🍷 亞歷山大蜜思嘉　　🍷 慕勒土高　　🍷 格烏茲塔明那　　🍷 多隆帝斯　　🍷 全盛（匈牙利）

白蜜思嘉

更多品飲筆記

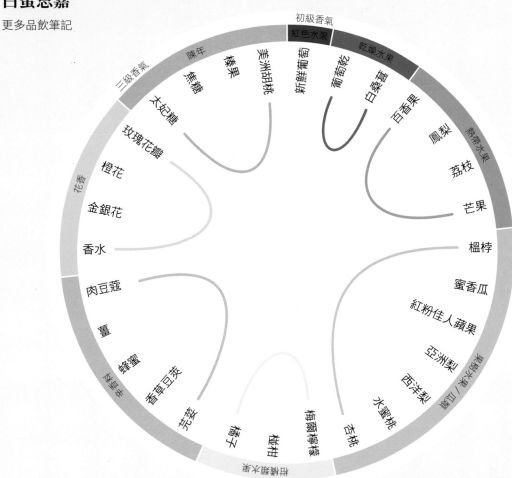

初級香氣
紅色水果
乾燥水果
陳年
榛果
美洲胡桃
新鮮葡萄
葡萄乾
白桑葚
二級香氣
焦糖
白香果
鳳梨
熱帶水果
大妃糖
荔枝
玫瑰花瓣
芒果
橙花
花香
榴槤
金銀花
蜜香瓜
香水
紅粉佳人蘋果
肉豆蔻
亞洲梨
薑
西洋梨
果類水果/豆蔻
蜂蜜
水蜜桃
香草豆莢
杏桃
草本
芫荽
梅爾檸檬
丁香
柑桔
甘草
柑橘類水果

阿斯提蜜思嘉

非常細緻且輕巧的白蜜思嘉氣泡酒，來自義大利皮蒙區的阿斯提產區。極為芬香的阿斯提蜜思嘉，堪稱所有葡萄酒中酒精濃度最低者（僅約 5.5%），釀造過程中保留了葡萄天然的甜度。

▸ 椪柑
▸ 金銀花
▸ 梅爾檸檬
▸ 玫瑰花瓣
▸ 香草豆莢

阿爾薩斯蜜思嘉

法國釀有多種風格的蜜思嘉，從酒體較為輕盈的阿爾薩斯蜜思嘉，到濃郁、加烈的甜點酒，如麗維薩特蜜思嘉與威尼斯－彭姆蜜思嘉。在阿爾薩斯，蜜思嘉通常釀成酒體輕、微甜，帶有香水、香茅和些許褐色香料等香氣的風格。

▸ 新鮮葡萄
▸ 香水
▸ 香茅
▸ 芫荽
▸ 肉豆蔻

盧瑟根蜜思嘉

來自維多利亞的盧瑟根蜜思嘉（Rutherglen Muscat），堪稱全球最甜的甜點酒之一——或是依澳洲人的說法，最黏的（Stickies）。這豐腴的酒款是以罕見的白蜜思嘉的紅色變種（Rouge）釀成。酒款帶有深琥珀至棕金色澤，並展現出焦糖裹櫻桃、咖啡、黃樟和香草調性。

▸ 焦糖
▸ 糖漬櫻桃
▸ 咖啡
▸ 黃樟
▸ 香草豆莢

亞歷山大蜜思嘉 Muscat of Alexandria

Hanepoot, Moscatel

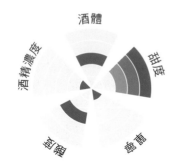

SP　LW　FW　AW　RS　LR　MR　FR　**DS**

這是另一個重要的蜜思嘉品種，主要用做甜點酒和微甜型白酒（如西班牙的蜜思嘉甜酒）。相較於白蜜思嘉，亞歷山大蜜思嘉通常能為酒款帶來些許柳橙刨皮的風味和甜美的玫瑰調性。

非常適合搭配義大利扁桃仁脆餅、法式醃製冷肉盤，或軟質多香的起司，如洛克福藍紋起司。

椪柑	蜂蜜	荔枝	水蜜桃皮	白花

甜點酒杯　│　酒窖溫度 13~16°C　│　不須醒酒　│　13 美元　│　窖藏 1~5 年

種植地區

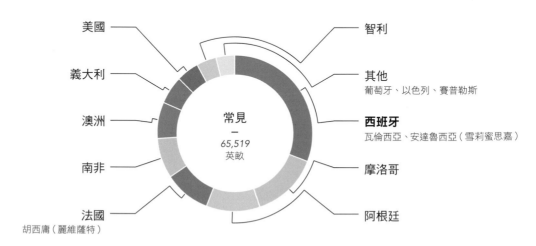

美國

義大利

澳洲

南非

法國
胡西庸（麗維薩特）

智利

其他
葡萄牙、以色列、賽普勒斯

西班牙
瓦倫西亞、安達魯西亞（雪莉蜜思嘉）

摩洛哥

阿根廷

常見
—
65,519
英畝

也可嘗試

白蜜思嘉　　塞巴圖爾蜜思嘉　　盧瑟根蜜思嘉　　黑蜜思嘉（Black Muscat）

內比歐露 Nebbiolo

"nebby-oh-low" Barolo, Barbaresco, Spanna, Chiavennasca

| SP | LW | FW | AW | RS | LR | MR | FR | DS |

義大利最頂尖的紅葡萄品種，釀成的酒最出名的要屬皮蒙的巴羅鏤產區同名酒款。這裡的內比歐露兼具細緻的風味與緊實的單寧，而這兩者正是該品種最出名的特點。

建議搭配綿密、帶有起司的料理，和極為肥美的餐點，以抵銷酒款天然的極濃單寧。義大利松露燉飯或胡桃義大利餃，會為餐酒搭配帶來全新啟發。

櫻桃

玫瑰

皮革

大茴香

花盆

聚香杯

酒窖溫度
13~16°C

醒酒 60
分鐘以上

30 美元

窖藏
5~25 年

種植地區

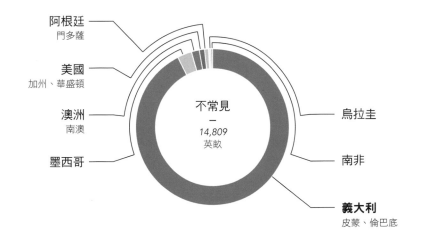

阿根廷
門多薩

美國
加州、華盛頓

澳洲
南澳

墨西哥

不常見
—
14,809
英畝

烏拉圭

南非

義大利
皮蒙、倫巴底

也可嘗試

黑喜諾　　阿里亞尼科　　田帕尼優　　山吉歐維榭

141

內比歐露

更多品飲筆記

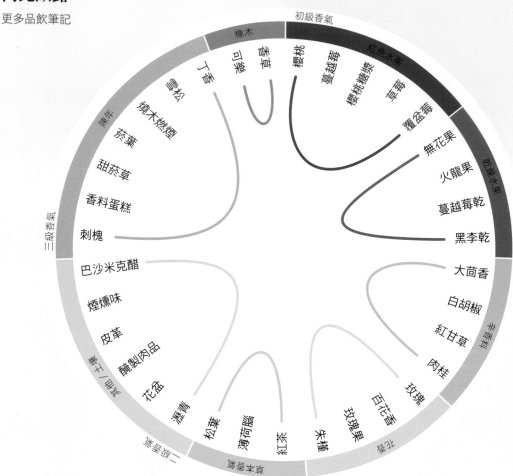

初級香氣
紅色水果
乾燥水果
辛辣草本
花朵
二級香氣
草本植物
三級香氣
陳年
橡木

櫻桃　草莓　蔓越莓　櫻桃糖漿　莓果　覆盆莓　無花果　火龍果　蔓越莓乾　黑李乾　大茴香　白胡椒　紅甘草　肉桂　玫瑰　玫瑰果　百花香　朱槿　紅茶　薄荷腦　松葉　瀝青　花盆　醃製肉品　皮革　煙燻味　巴沙米克醋　刺槐　香料蛋糕　甜菸草　菸葉　陳年　雪松　燒木燃煙　丁香　可樂　香草

皮蒙南部

內比歐露最鮮明、單寧含量也最高的表現，便是來自於巴羅鏤、巴巴瑞斯科（Barbaresco）與羅埃羅（Roero）產區。這些地區分別推出更濃郁強勁的陳年等級（Riserva）酒，是依循更嚴格的種植規範所釀成——包括延長陳年時間。巴羅鏤產區所產是其中單寧最強者。

▸ 黑櫻桃
▸ 香料蛋糕 / 瀝青
▸ 玫瑰
▸ 甘草
▸ 刺槐

皮蒙北部

包括蓋姆梅（Ghemme）與加蒂納拉（Gattinara）產區在內，以及位於巴羅鏤附近、坐向朝北的其他葡萄園——降級成朗格（Langhe）產區酒。皮蒙北部的內比歐露酒體通常較輕巧、風格更高雅，而單寧則較柔和，風格則既可能多果味也可能多草本味，端視年份而定。

▸ 酸櫻桃
▸ 玫瑰果
▸ 菸葉
▸ 皮革
▸ 紅茶

義大利，Valtellina

在鄰近的倫巴底，內比歐露多種植於偏北的高山谷地之中，坐向朝科莫湖（Lake Como）。這裡的氣溫要冷得多，因此釀成的內比歐露紅酒多半非常高雅，帶有草本和花香調性，單寧中等，近似冷氣候的黑皮諾。

▸ 蔓越莓
▸ 朱槿
▸ 芍藥
▸ 乾燥草本
▸ 丁香

內格羅阿瑪羅 Negroamaro

🔊 "neg-row-amaro"

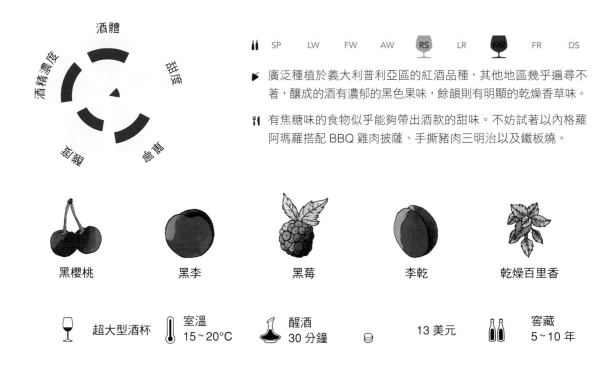

| | SP | LW | FW | AW | RS | LR | MR | FR | DS |

🍇 廣泛種植於義大利普利亞區的紅酒品種，其他地區幾乎遍尋不著，釀成的酒有濃郁的黑色果味，餘韻則有明顯的乾燥香草味。

🍴 有焦糖味的食物似乎能夠帶出酒款的甜味。不妨試著以內格羅阿瑪羅搭配 BBQ 雞肉披薩、手撕豬肉三明治以及鐵板燒。

| 黑櫻桃 | 黑李 | 黑莓 | 李乾 | 乾燥百里香 |

| 超大型酒杯 | 室溫 15~20°C | 醒酒 30 分鐘 | | 13 美元 | 窖藏 5~10 年 |

種植地區

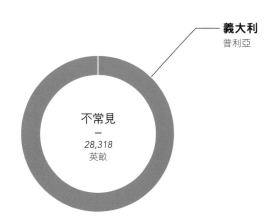

義大利
普利亞

不常見
—
28,318
英畝

也可嘗試

🍷 蒙鐵布奇亞諾　🍷 梅洛　🍷 內羅達沃拉　🍷 巴加

143

馬司卡雷切—奈萊洛 Nerello Mascalese

◀)"nair-rello mask-uh-lay-say"

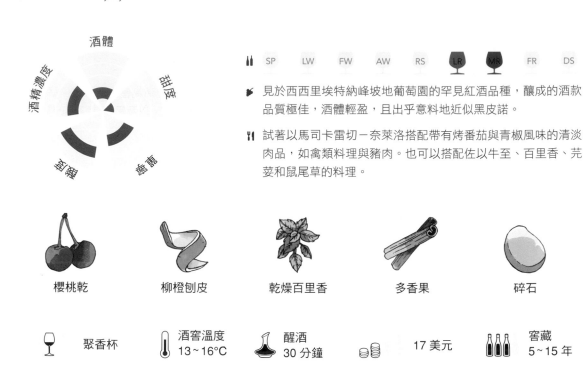

| SP | LW | FW | AW | RS | LR | MR | FR | DS |

🌿 見於西西里埃特納峰坡地葡萄園的罕見紅酒品種，釀成的酒款品質極佳，酒體輕盈，且出乎意料地近似黑皮諾。

🍴 試著以馬司卡雷切—奈萊洛搭配帶有烤番茄與青椒風味的清淡肉品，如禽類料理與豬肉。也可以搭配佐以牛至、百里香、芫荽和鼠尾草的料理。

| 櫻桃乾 | 柳橙刨皮 | 乾燥百里香 | 多香果 | 碎石 |

聚香杯　　酒窖溫度 13~16°C　　醒酒 30 分鐘　　17 美元　　窖藏 5~15 年

種植地區

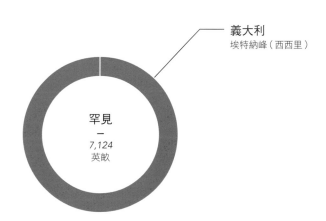

義大利
埃特納峰（西西里）

罕見
—
7,124
英畝

也可嘗試

🍷 黑皮諾　　🍷 格那希　　🍷 弗萊帕托　　🍷 卡利濃

內羅達沃拉 Nero d'Avola

◀) *"nair-oh davo-la"* 💬 *Calabrese*

SP	LW	FW	AW	RS	LR	MR	FR	DS

🥩 西西里最重要的紅酒品種，常被比喻為當地的卡本內蘇維濃，因為其釀成的酒款多有厚實的酒體，以及黑櫻桃和番茄風味。

🍴 由於內羅達沃拉鮮明的果味和質樸的單寧質地，使它成為搭配濃郁肉類料理的良伴。一些經典菜色——如牛尾湯和燉牛肉——也能搭配這款酒。

黑櫻桃	黑李	甘草	菸葉	辣椒

🍷 超大型酒杯	🌡 室溫 15～20°C	醒酒 60 分鐘以上	15 美元	窖藏 5～15 年

種植地區

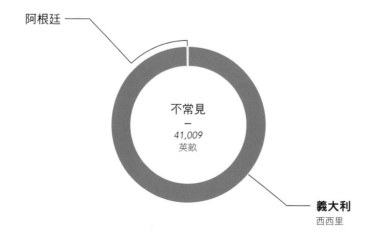

阿根廷

不常見
—
41,009
英畝

義大利
西西里

也可嘗試

🍷 波爾多混調　　🍷 卡本內蘇維濃　　🍷 蒙鐵布奇亞諾　　🍷 阿優伊提可　　🍷 門西亞

小維多 Petit Verdot

"peh-tee vur-doe"

SP　LW　FW　AW　RS　LR　MR　　DS

🍷 小維多為波爾多次要的混調品種之一,但在氣候較溫暖的產區,也可以獨當一面,釀出具潛力的單一品酒,展現出口感滑順但酒體飽滿的樣貌。

🍴 由於小維多風格鮮明、單寧明顯,但餘韻偏短,適合搭配具有奔放香氣的烤肉類料理,如古巴風格的豬肉,甚至是佐以藍紋起司的漢堡。

黑櫻桃	黑李	紫羅蘭	紫丁香	鼠尾草

🍷 超大型酒杯　　🌡️ 室溫 15~20°C　　🍶 醒酒 60 分鐘以上　　🪙 19 美元　　🍾 窖藏 5~15 年

種植地區

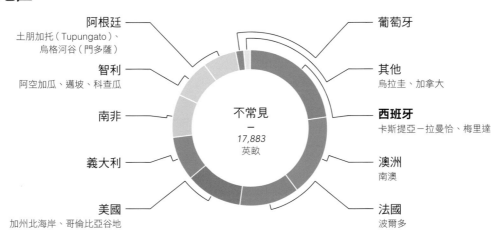

阿根廷
土朋加托(Tupungato)、烏格河谷(門多薩)

智利
阿空加瓜、邁坡、科查瓜

南非

義大利

美國
加州北海岸、哥倫比亞谷地

不常見
—
17,883
英畝

葡萄牙

其他
烏拉圭、加拿大

西班牙
卡斯提亞－拉曼恰、梅里達

澳洲
南澳

法國
波爾多

也可嘗試

🍷 杜麗佳　　🍷 小希哈　　🍷 薩甘丁諾　　🍷 塔那　　🍷 伯納達

小希哈 Petite Sirah

◀ *"peh-teet sear-ah"* 💬 *Durif, Petite Syrah*

 酒精濃度
酒體
甜度

單寧
酸度

SP LW FW AW RS LR MR **FR** DS

🍷 小希哈向來因其濃郁的酒色和濃郁的黑色果味與鮮明的單寧而備受喜愛。這品種與希哈和罕見的法國－阿爾卑斯葡萄 Peloursin 是親戚。

🍴 有鑑於小希哈有時強勁的單寧特性，這酒尤其適合與肥美、並以鮮味為主的料理搭配，不管是燒烤牛排或是一盤酸奶牛肉皆可。

蜜李糖	藍莓	黑巧克力	黑胡椒	紅茶

紅酒杯	室溫 15~20°C	醒酒 60 分鐘以上	18 美元	窖藏 5~15 年

種植地區

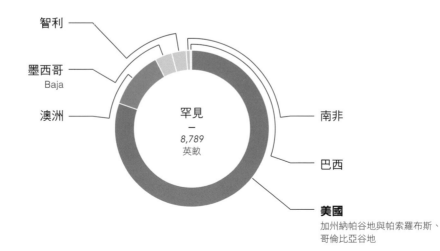

智利

墨西哥
Baja

澳洲

罕見
－
8,789
英畝

南非

巴西

美國
加州納帕谷地與帕索羅布斯、
哥倫比亞谷地

也可嘗試

🍷 希哈　🍷 多切托　🍷 杜麗佳　🍷 薩甘丁諾　🍷 塔那

白皮諾 Pinot Blanc

◀ *"pee-no blonk"*   *Weissburgunder, Klevner*

白皮諾是黑皮諾的變種，最常釀成新鮮的干型白酒。這也是法蘭西亞寇達氣泡酒的主要混調品種之一。

像白皮諾這樣的酒款，最適合搭配風味內斂的料理，如軟質起司、淋上綿密奶醬的沙拉或是魚片料理。

 西洋梨   水蜜桃   生扁桃仁   檸檬刨皮   碎石

 白酒杯   冰涼 7~13°C   不須醒酒   15 美元   窖藏 1~5 年

種植地區

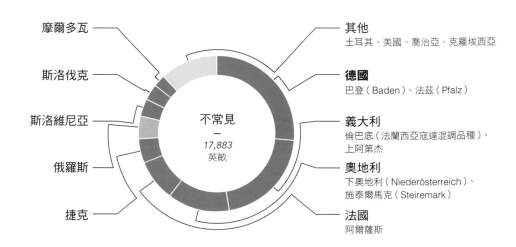

不常見
—
17,883
英畝

摩爾多瓦

斯洛伐克

斯洛維尼亞

俄羅斯

捷克

其他
土耳其、美國、喬治亞、克羅埃西亞

德國
巴登（Baden）、法茲（Pfalz）

義大利
倫巴底（法蘭西亞寇達混調品種）、
上阿第杰

奧地利
下奧地利（Niederösterreich）、
施泰爾馬克（Steiermark）

法國
阿爾薩斯

也可嘗試

灰皮諾   歐歇瓦（Auxerrois）   希爾瓦那   維爾帝奇歐   費爾南皮耶斯

灰皮諾 Pinot Gris

◀) "pee-no gree" 💬 Pinot Grigio, Grauburgunder

🍇 灰皮諾（又稱為 Pinot Grigio）是黑皮諾的粉紅皮變種，其釀成最知名的葡萄酒是新鮮爽脆的白酒，風格從干型到甜型皆有。

🍴 灰皮諾非常適合搭配白肉類料理、海鮮，和綴以果味的餐點，包括檸檬、柳橙、水蜜桃與杏桃等。

| 白桃 | 檸檬刨皮 | 哈密瓜 | 生扁桃仁 | 碎石 |

白酒杯　　冰涼 7~13℃　　不須醒酒　　15 美元　　窖藏 1~5 年

種植地區

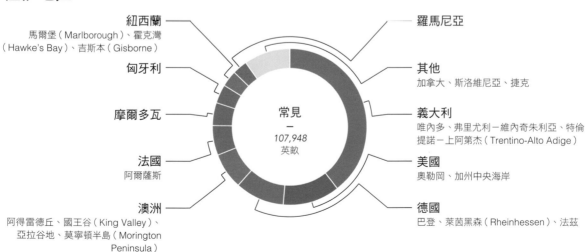

常見 — 107,948 英畝

紅西蘭
馬爾堡（Marlborough）、霍克灣（Hawke's Bay）、吉斯本（Gisborne）

匈牙利

摩爾多瓦

法國
阿爾薩斯

澳洲
阿得雷德丘、國王谷（King Valley）、亞拉谷地、莫寧頓半島（Morington Peninsula）

羅馬尼亞

其他
加拿大、斯洛維尼亞、捷克

義大利
唯內多、弗里尤利－維內奇朱利亞、特倫提諾－上阿第杰（Trentino-Alto Adige）

美國
奧勒岡、加州中央海岸

德國
巴登、萊茵黑森（Rheinhessen）、法茲

也可嘗試

白皮諾　　阿爾巴利諾　　格雷切托　　阿內斯　　弗里烏拉諾

黑皮諾 Pinot Noir

🔊 *"pee-no nwar"* 💬 *Spätburgunder*

酒體

酒精濃度

甜度

酸度

丹寧

| SP | LW | FW | AW | RS | LR | MR | FR | DS |

🍷 在全球最受歡迎的輕盈酒體紅酒中，要屬黑皮諾為最。它因紅果和辛香料調性而備受喜愛，也多有綿密、柔軟的單寧餘韻。

🍴 由於黑皮諾酸度較高、單寧較低，堪稱是能夠搭配多種料理風格的百搭紅酒。黑皮諾嘗起來就像是注定要搭配鴨肉、雞肉、豬肉和有蘑菇的料理一般。

櫻桃　　覆盆莓　　丁香　　蘑菇　　香草

🍷 聚香杯　　🌡️ 酒窖溫度 13～16°C　　🍶 醒酒 30 分鐘　　🪙 30 美元　　🍾 窖藏 5～15 年

種植地區

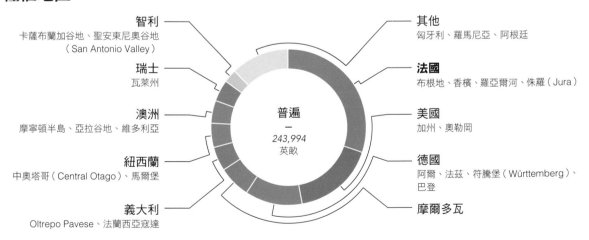

智利
卡薩布蘭加谷地、聖安東尼奧谷地
（San Antonio Valley）

瑞士
瓦萊州

澳洲
摩寧頓半島、亞拉谷地、維多利亞

紐西蘭
中奧塔哥（Central Otago）、馬爾堡

義大利
Oltrepo Pavese、法蘭西亞寇達

普遍
—
243,994
英畝

其他
匈牙利、羅馬尼亞、阿根廷

法國
布根地、香檳、羅亞爾河、侏羅（Jura）

美國
加州、奧勒岡

德國
阿爾、法茲、符騰堡（Württemberg）、
巴登

摩爾多瓦

也可嘗試

🍷 聖羅蘭（St. Laurent）　　🍷 加美　　🍷 馬司卡雷切－奈萊洛　　🍷 奇亞瓦　　🍷 茨威格

黑皮諾

更多品飲筆記

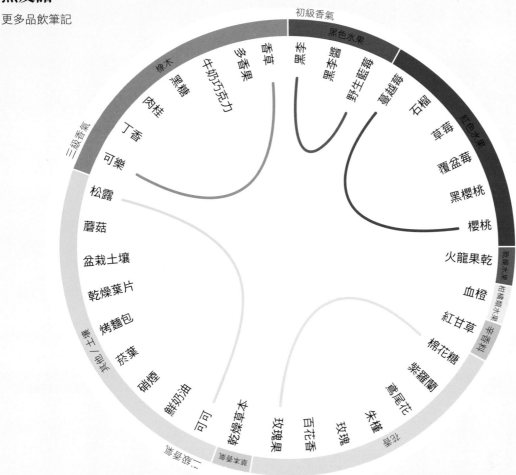

初級香氣

黑色水果

李子黑 · 黑莓 · 野生藍莓 · 蔓越莓

香草 · 多香果 · 牛奶巧克力 · 黑糖 · 橡木

肉桂 · 丁香 · 可樂

三級香氣

松露 · 蘑菇 · 盆栽土壤 · 乾燥葉片 · 烤麵包 · 菸葉 · 硝煙 · 鮮奶油 · 可可 · 乾燥李子

二級香氣

玫瑰果 · 百花香 · 玫瑰 · 朱槿 · 鳶尾花 · 紫羅蘭 · 棉花糖

花朵香

紅甘草 · 血橙 · 火龍果乾

香料

櫻桃 · 黑櫻桃 · 覆盆莓 · 草莓 · 石榴

紅色水果

法國，布根地

覆蓋金丘（Côte d'Or）的一塊狹窄產區，內有 27 個法定葡萄酒產區，包括聖夜喬治（Nuits-St-Georges）、哲維瑞－香貝丹（Gevrey-Chambertin）等；這 27 個法定產區是黑皮諾的家鄉。由於布根地氣候較冷，釀成的酒多有土壤風味，並展現出具有優異酸度的果香和花香。

▸ 蘑菇
▸ 蔓越莓
▸ 黑李醬
▸ 糖果
▸ 朱槿

加州，中央海岸

這裡理應屬於熱氣候，但由於太平洋幾乎每天都為當地帶來一層厚厚的晨霧，使得這個地區夠冷，足以讓黑皮諾生長。話雖如此，這裡的酒款依舊比其他地區的黑皮諾來得更成熟，也展現出較多甜美果味，酸度也較柔軟。

▸ 覆盆莓醬
▸ 黑李
▸ 硝煙
▸ 香草
▸ 多香果

其他地區

不妨也可以試試看其他這些產區，是否和自己胃口。

冷涼氣候的黑皮諾多有較新鮮爽脆的果味，如美國的奧勒岡、加拿大的英屬哥倫比亞、澳洲的塔斯馬尼亞島、紐西蘭的馬爾堡、義大利的 Oltrepo Pavese，以及這份名單上絕對少不了的德國。

溫暖氣候的黑皮諾展現出完熟、熱情的果味調性，如澳洲的莫寧頓半島與亞拉亞拉谷地、加州的索諾瑪、紐西蘭的中奧塔哥、智利的卡薩布蘭加谷地和阿根廷的巴塔哥尼亞。

皮諾塔吉 Pinotage

◀) *"pee-no-taj"*

酒體

甜度

酸度

香氣

酒精濃度

| SP | LW | FW | AW | RS | LR | MR | FR | DS |

🐂 南非獨有的健壯紅品種，於 1925 年以仙梭和黑皮諾同種交配而成。奇怪的是，皮諾塔吉的風味嘗起來卻遠比雙親更加鮮明！

🍴 試著以皮諾塔吉搭配燒烤肉類和蔬菜，再佐以風味滿點的醬料，如日式照燒醬料、黑李醬和 BBQ。

| 黑櫻桃 | 藍莓 | 無花果 | 薄荷腦 | 烤肉味 |

| 紅酒杯 | 室溫 15~20℃ | 醒酒 60 分鐘以上 | 15 美元 | 窖藏 5~15 年 |

種植地區

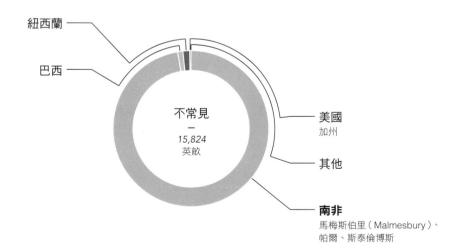

紐西蘭

巴西

不常見
—
15,824
英畝

美國
加州

其他

南非
馬梅斯伯里（Malmesbury）、
帕爾、斯泰倫博斯

也可嘗試

🍷 阿里坎特－布榭　　🍷 希哈　　🍷 小希哈　　🍷 慕維得爾　　🍷 塔那

152

皮朴爾 Picpoul

◀) *"pik-pool"*   💬 *Picpoul Blanc, Piquepoul Blanc, Picpoul de Pinet*

| SP | **LW** | FW | AW | RS | LR | MR | FR | DS |

🐛 古老的法國品種,最近開始漸受歡迎。皮朴爾一詞有「刺唇」之意,因為以這品種釀成的白酒新鮮多酸,還有一股微微的鹹味。

🍴 皮朴爾的風味儼然是為了搭配各色海鮮和壽司而生,也能與炸物開胃菜形成良好的搭配。炸魷魚很可能是皮朴爾白酒的最佳伴侶。

| 青蘋果 | 橙花 | 檸檬 | 百里香 | 鹽水 |

| 白酒杯 | 冰冷 3～7°C | 不須醒酒 | 10 美元 | 窖藏 1～3 年 |

種植地區

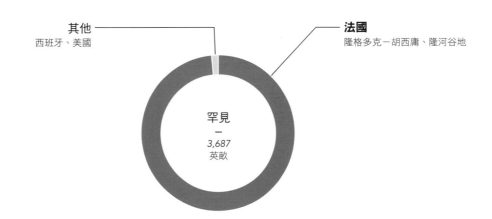

其他
西班牙、美國

法國
隆格多克－胡西庸、隆河谷地

罕見
—
3,687
英畝

也可嘗試

阿瑟提可   蜜思卡得(香瓜)   青酒   阿爾巴利諾   格里洛(西西里)

波特 Port

◀) "Port"　💬 Porto

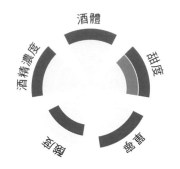

| 🍶 | SP | LW | FW | AW | RS | LR | MR | FR | DS |

🍷 來自葡萄牙的波特，大概是全球最有名的加烈酒，其釀成的酒色多元，從白、粉紅、紅到茶色皆有。每一種風格都有獨特的風味，所以別忘了每種都要品嘗看看！

🍴 如果你想知道何謂完美的餐酒搭配，不妨試著以晚裝瓶波特（Late Bottled Vintage, LBV）或年份波特搭配一大塊史帝爾頓藍紋起司吧！

黑李　　　櫻桃乾　　　巧克力　　　葡萄乾　　　肉桂

🍷 甜點酒杯　🌡 酒窖溫度 13~16℃　醒酒 30 分鐘　🪙 35 美元　🍾 窖藏 50 年以上

法蘭杜麗佳（Touriga Franca）　杜麗佳　紅巴羅卡（Tinta Barroca）　Tinta Roriz（田帕尼優）　Tinto Cão　Rabigato　和五十種以上的其他品種　Viosinho

白波特（White Port）
以白品種釀成的波特白酒，嘗來微甜，帶有水蜜桃乾、白胡椒、柳橙刨皮與燻香的調性。

粉紅波特（Rosé Port）
粉紅色的波特，帶有草莓、肉桂、蜂蜜與覆盆莓糖果的調性。

紅寶石波特（Ruby Port）
基本款的波特紅酒，帶有甜美的黑色果味、巧克力與辛香料。趁年輕享用。

晚裝瓶波特（LBV Port）
即 Late Bottled Vintage Port，這是一釋出即適飲的單一年份波特。

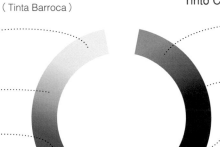

茶色波特
橡木桶陳年的波特酒，會隨著年歲增長而繼續發展得更好，價格也會水漲船高。建議品飲 20 年的茶色波特。

年份氧化波特（Colheita Port）
單一年份的桶陳氧化風格波特。

陳年波特（Crusted Port）
釀來窖藏的波特，以多年份混調而成。不常見。

年份波特（Vintage Port）
只在傑出年份釀造的單一年份波特，通常釋出後前五年會非常可口，之後可以繼續窖藏 30~50 年不等，或更久的時間。

也可嘗試

🍷 瓦波利切拉雷切多甜紅酒（Recioto）　🍷 班努斯（Banyuls，法國）　🍷 麗維薩特（法國）　🍷 義大利聖紅酒（Vin Santo Rosso）　🍷 遲摘紅酒

普賽克 Prosecco

◀) *"Por-seh-co"*

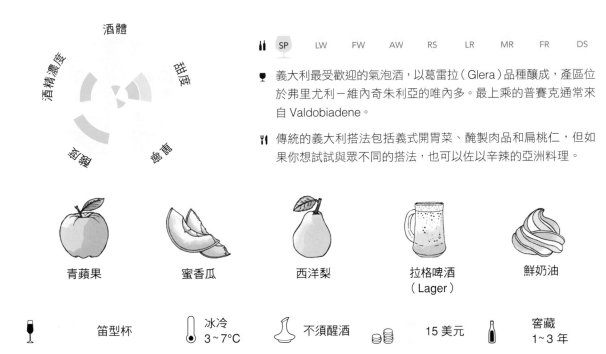

酒體
甜度
酒精濃度
酸度
果香

| SP | LW | FW | AW | RS | LR | MR | FR | DS |

🍷 義大利最受歡迎的氣泡酒，以葛雷拉（Glera）品種釀成，產區位於弗里尤利－維內奇朱利亞的唯內多。最上乘的普賽克通常來自 Valdobiadene。

🍴 傳統的義大利搭法包括義式開胃菜、醃製肉品和扁桃仁，但如果你想試試與眾不同的搭法，也可以佐以辛辣的亞洲料理。

青蘋果　　　蜜香瓜　　　西洋梨　　　拉格啤酒（Lager）　　　鮮奶油

🥂 笛型杯　🌡 冰冷 3~7℃　🍶 不須醒酒　🪙 15 美元　🍾 窖藏 1~3 年

品質層級

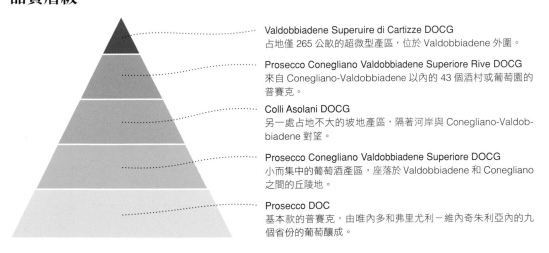

Valdobbiadene Superuire di Cartizze DOCG
占地僅 265 公畝的超微型產區，位於 Valdobbiadene 外圍。

Prosecco Conegliano Valdobbiadene Superiore Rive DOCG
來自 Conegliano-Valdobbiadene 以內的 43 個酒村或葡萄園的普賽克。

Colli Asolani DOCG
另一處占地不大的坡地產區，隔著河岸與 Conegliano-Valdob-biadene 對望。

Prosecco Conegliano Valdobbiadene Superiore DOCG
小而集中的葡萄酒產區，座落於 Valdobbiadene 和 Conegliano 之間的丘陵地。

Prosecco DOC
基本款的普賽克，由唯內多和弗里尤利－維內奇朱利亞內的九個省份的葡萄釀成。

也可嘗試

🍷 卡瓦　　🍷 法國氣泡酒　　🍷 Sekt（德奧）　　🍷 香檳　　🍷 開普經典氣泡酒（南非）

隆河與 GSM 混調 Rhône / GSM Blend

🔊 "roan" 💬 Grenache-Syrah-Mourvèdre, Côtes du Rhône

| SP | LW | FW | AW | RS | LR | MR | FR | DS |

🍖 GSM 是格那希、希哈與慕維得爾的字首縮寫。這三個品種的混調酒堪稱南法和西班牙北部最重要的混調紅酒。

🍴 GSM 混調酒可以搭配的料理眾多,但尤其適合佐以帶有地中海蔬菜和辛香料——包括以紅椒、鼠尾草、迷迭香和橄欖入菜的各色料理。

| 覆盆莓 | 黑莓 | 迷迭香 | 烘焙香料 | 薰衣草 |

| 超大型酒杯 | 室溫 15~20°C | 醒酒 30 分鐘 | 15 美元 | 窖藏 5~15 年 |

混調

一般而言,隆河與 GSM 混調可能包含以下幾種或全部的葡萄品種:

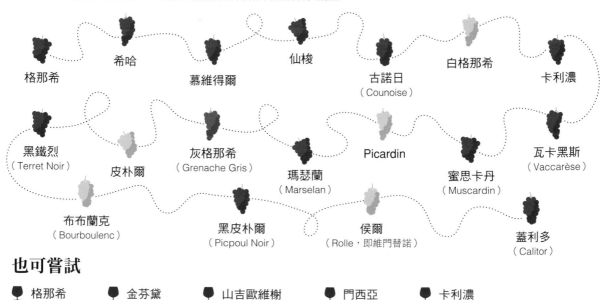

格那希　希哈　慕維得爾　仙梭　古諾日（Counoise）　白格那希　卡利濃

黑鐵烈（Terret Noir）　皮朴爾　灰格那希（Grenache Gris）　瑪瑟蘭（Marselan）　Picardin　蜜思卡丹（Muscardin）　瓦卡黑斯（Vaccarèse）

布布蘭克（Bourboulenc）　黑皮朴爾（Picpoul Noir）　侯爾（Rolle,即維門替諾）　蓋利多（Calitor）

也可嘗試

🍷 格那希　🍷 金芬黛　🍷 山吉歐維榭　🍷 門西亞　🍷 卡利濃

156

隆河與 GSM
混調

更多品飲筆記

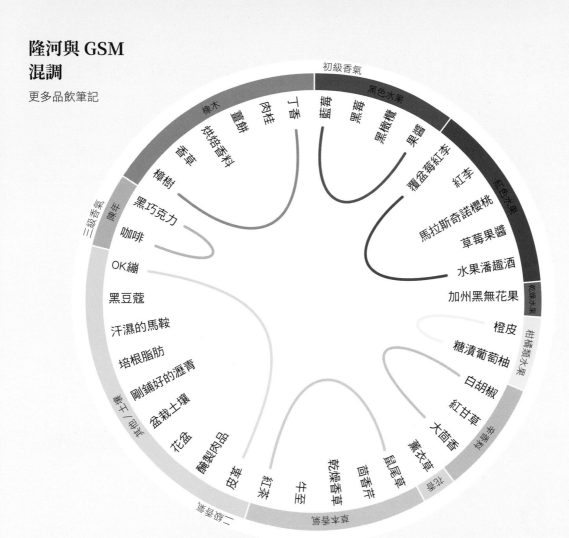

初級香氣

黑色水果
黑橄欖
莓果醬
藍莓
草莓
丁香
肉桂
薑餅
橡木
烘焙香料
香草
樟樹
黑巧克力
咖啡
OK繃
黑豆蔻
汗濕的馬鞍
培根脂肪
剛鋪好的瀝青
盆栽土壤
花盆
醃製肉品
皮革
紅茶
牛至
乾燥香草
茴香芹
鼠尾草
薰衣草
大茴香
紅甘草
白胡椒
糖漬葡萄柚
橙皮
加州黑無花果
水果潘趣酒
草莓果醬
馬拉斯奇諾櫻桃
紅李
覆盆莓紅李
果醬
紅色水果
乾燥水果
柑橘類水果
辛香料
花朵
草本香草
二級香氣
泥土/野青
陳年
三級香氣

隆河丘

隆河和南法其他地區——包括隆格
多克丘（Coteaux de Languedoc）
與普羅旺斯——是為隆河與 GSM
混調的發源地。你可以在這裡找到
一些帶有平衡樹莓和紅果風味的酒
款，並展現鹹鮮的黑胡椒、橄欖、
普羅旺斯香草與褐色烘焙香料調性
的酒。

▸ 黑橄欖
▸ 乾燥蔓越莓
▸ 乾燥香草
▸ 肉桂
▸ 皮革

加州，帕索羅布斯

帕索羅布斯是美國第一個因致力於
釀造隆河品種而獲得肯定的產區。
這裡乾熱的氣候端出了風格鮮明、
帶有煙燻風味的酒，尤其是以希哈
和慕維得爾為主要混調品種的酒
款。

▸ 黑覆盆莓
▸ 加州黑無花果
▸ 薑餅
▸ 培根脂肪
▸ 樟樹

普羅旺斯粉紅酒

隆河與 GSM 混調的另一面，無非
是其粉紅酒的樣貌，這也是普羅旺
斯和南法的特產美酒。這類混調酒
通常會添加侯爾（即維門替諾），
為酒款增添明亮的酸度和爽脆的苦
韻，以增添混調酒的活潑個性。

▸ 草莓
▸ 蜜香瓜
▸ 紅胡椒粒
▸ 芹菜
▸ 橙皮

麗絲玲 Riesling

◀) *"reese-ling"*

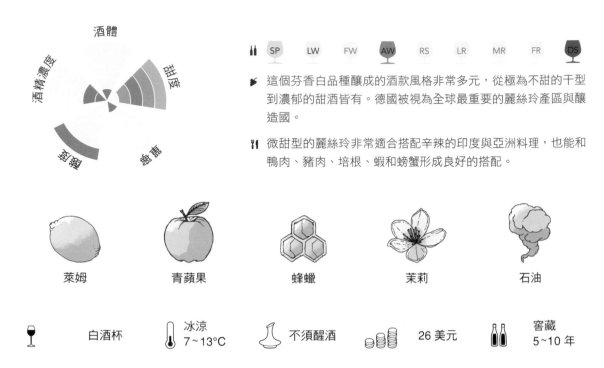

SP · LW · FW · **AW** · RS · LR · MR · FR · **DS**

🍃 這個芬香白品種釀成的酒款風格非常多元，從極為不甜的干型到濃郁的甜酒皆有。德國被視為全球最重要的麗絲玲產區與釀造國。

🍴 微甜型的麗絲玲非常適合搭配辛辣的印度與亞洲料理，也能和鴨肉、豬肉、培根、蝦和螃蟹形成良好的搭配。

萊姆	青蘋果	蜂蠟	茉莉	石油

白酒杯	冰涼 7~13°C	不須醒酒	26 美元	窖藏 5~10 年

種植地區

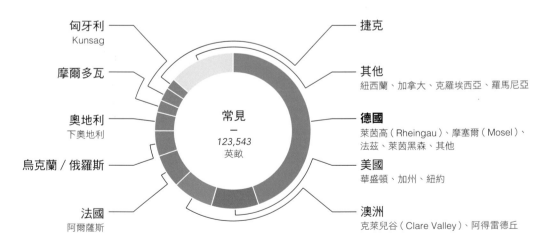

匈牙利
Kunsag

摩爾多瓦

奧地利
下奧地利

烏克蘭／俄羅斯

法國
阿爾薩斯

捷克

其他
紐西蘭、加拿大、克羅埃西亞、羅馬尼亞

德國
萊茵高（Rheingau）、摩塞爾（Mosel）、法茲、萊茵黑森、其他

美國
華盛頓、加州、紐約

澳洲
克萊兒谷（Clare Valley）、阿得雷德丘

常見
—
123,543
英畝

也可嘗試

弗明　　阿瑟提可　　洛雷羅（葡萄牙）　　慕勒土高

麗絲玲

更多品飲筆記

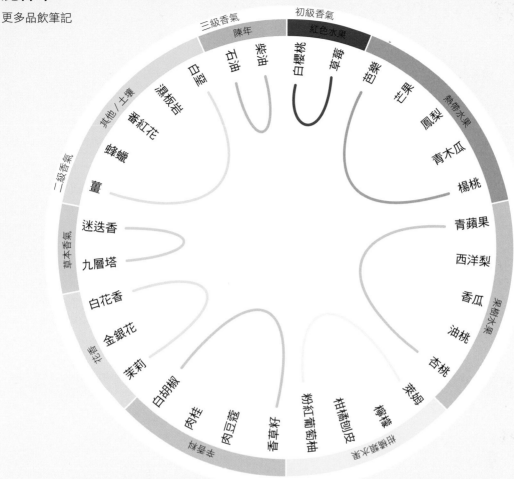

初級香氣
紅色水果
白櫻桃 草莓 色蘭莓
芒果
熱帶水果
鳳梨
青木瓜
楊桃
青蘋果
西洋梨
香瓜
油桃
杏桃
萊姆
檸檬
柑橘刨皮
粉紅葡萄柚
香草籽
肉豆蔻
肉桂
柴鹽未
白胡椒
茉莉
金銀花
白花香
九層塔
迷迭香
薑
蜂蠟
藏紅花
濕板岩
白堊
石油
柴油
三級香氣
陳年
其他／土壤
二級香氣
草本香氣

德國

麗絲玲堪稱德國特產。當地的萊茵高、法茲與摩塞爾產區紛紛端出品質極為優異的麗絲玲。德國以其麗絲玲微甜型白酒而出名，通常有飆高的酸度、濃郁的芳香、礦物味，和能夠與酸度平衡的甜味。

▸ 杏桃
▸ 梅爾檸檬
▸ 蜂蠟
▸ 石油
▸ 濕板岩

法國，阿爾薩斯

與德國接壤的阿爾薩斯，也是釀造麗絲玲的佼佼者之一。一如德國，阿爾薩斯的酒款以品種標示。這裡的麗絲玲通常清瘦、帶有礦物味，而且不甜！最佳的酒款多來自南部產區，這裡有 51 個官方認定的特級葡萄園，均座落於弗日山脈（Vosges Mountains）的緩坡上。

▸ 青蘋果
▸ 萊姆
▸ 檸檬
▸ 煙燻味
▸ 九層塔

南澳

在南澳較冷的地區──如艾登谷地（Eden Valley）、克萊兒谷地與阿得雷德丘──你可以找到風格特出且帶有明顯石油香氣的麗絲玲。這類酒款通常不甜，並展現滿滿的礦物和柑橘風味，以及熱帶水果的調性。

▸ 萊姆皮
▸ 青蘋果
▸ 青木瓜
▸ 茉莉
▸ 柴油

胡珊 Roussanne

◀) *"rooh-sahn"*　　💬 *Bergeron, Fromental*

| | SP | LW | **FW** | AW | RS | LR | MR | FR | DS |

酒體

甜度

酒精濃度

風味

酸度

🍷 罕見、有趣的白酒，酒體飽滿，多見於南法，通常與白格那希、馬珊混調，有時也會與維歐尼耶混調。

🍴 美國的釀酒業者喜歡以橡木桶陳年胡珊，釀成的酒通常適合與質地綿密的料理搭配，如龍蝦、螃蟹、肥肝與法式肉醬等。

梅爾檸檬

杏桃

蜂蠟

洋甘菊

布里歐麵包

 聚香杯　　🌡 冰涼 7~13℃　　不須醒酒　　 30 美元　　窖藏 5~7 年

種植地區

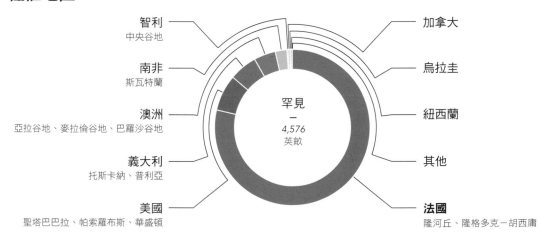

智利
中央谷地

南非
斯瓦特蘭

澳洲
亞拉谷地、麥拉倫谷地、巴羅沙谷地

義大利
托斯卡納、普利亞

美國
聖塔巴巴拉、帕索羅布斯、華盛頓

罕見
—
4,576
英畝

加拿大

烏拉圭

紐西蘭

其他

法國
隆河丘、隆格多克－胡西庸

也可嘗試

🍷 馬珊　　🍷 夏多內　　🍷 白格那希　　🍷 沙瓦提亞諾　　維歐拉

薩甘丁諾 Sagrantino

🔊 "sah-grahn-tee-no"

| SP | LW | FW | AW | RS | LR | MR | FR | DS |

🍷 罕見的中義紅酒品種，釀成的酒款酒色深濃、風格鮮明，最近開始備受矚目，主要是因為薩甘丁諾含有較其他紅酒更高的酚類物質（抗氧化劑）。

🍴 由於薩甘丁諾單寧極強，口感艱澀，建議找肥美並以鮮味為主的料理搭配，如佐以奶醬的料理、香腸、野生蘑菇和起司等。

黑李醬　　　　　甘草　　　　　　紅茶　　　　　黑橄欖　　　　　黑胡椒

| 🍷 超大型酒杯 | 🌡 室溫 15~20°C | 🍶 醒酒 60 分鐘以上 | 🪙 32 美元 | 🍾 窖藏 5~25 年 |

種植地區

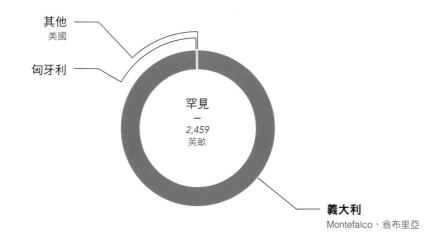

其他
美國

匈牙利

罕見
—
2,459
英畝

義大利
Montefalco、翁布里亞

也可嘗試

🍷 塔那　　🍷 小希哈　　🍷 杜麗佳　　🍷 慕維得爾　　🍷 波爾多混調

山吉歐維榭 Sangiovese

🔊 "san-jo-vay-zay" 💬 *Prugnolo Gentile, Nielluccio, Morellino, Brunello*

 SP LW FW AW **RS** LR **MR** FR DS

🍷 山吉歐維榭是義大利種植面積最廣的品種,也是托斯卡納著名的奇揚替產區中的關鍵品種。該品種生性敏感,會依種植地區的不同而釀出風格不同的酒款。

🍴 由於山吉歐維榭酸度高,適合搭配各式各樣帶有辛香料的料理。這是少數能夠搭配番茄醬料料理的酒款。

酒體 / 甜度 / 單寧 / 酸度 / 酒精濃度

 櫻桃

烤番茄

甜巴沙米克醋

 牛至

 義式濃縮咖啡

🍷 紅酒杯

🌡️ 酒窖溫度 13~16℃

醒酒 30 分鐘

💰 18 美元

窖藏 5~25 年

種植地區

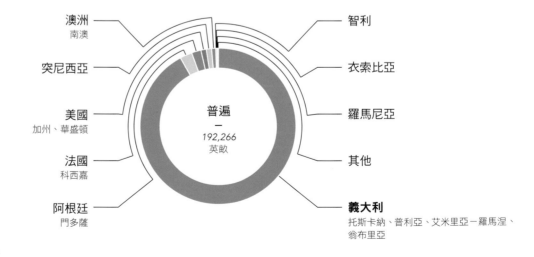

澳洲
南澳

智利

突尼西亞

衣索比亞

美國
加州、華盛頓

羅馬尼亞

法國
科西嘉

其他

阿根廷
門多薩

義大利
托斯卡納、普利亞、艾米里亞－羅馬涅、翁布里亞

普遍
—
192,266
英畝

也可嘗試

🍷 內比歐露 🍷 田帕尼優 🍷 阿優伊提可 🍷 阿里亞尼科 🍷 門西亞

山吉歐維榭

更多品飲筆記

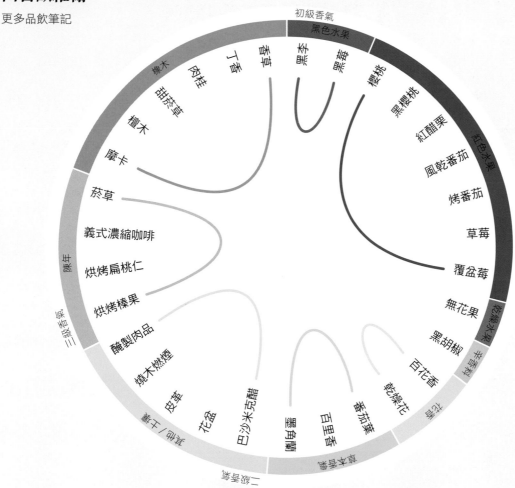

初級香氣
黑色水果
紅色水果
乾燥水果
辛香料
花卉
草本植物
礦土／泥土
二級香氣
陳年
三級香氣

櫻桃
黑櫻桃
紅醋栗
風乾番茄
烤番茄
草莓
覆盆莓
無花果
黑胡椒
百花香
乾燥花
番茄葉
百里香
墨角蘭
巴沙米克醋
花盆
皮革
燒木燃煙
醃製肉品
烘烤榛果
烘烤扁桃仁
義式濃縮咖啡
菸草
摩卡
檀木
甜菸草
肉桂
丁香
香草
黑莓
黑李
橡木

奇揚替

奇揚替（唸做 key-aunty）是托斯卡納境內、以山吉歐維榭為主要品種的產區。這裡有八個副產區，包括原始的經典奇揚替（Chianti Classico）。奇揚地的酒款以產區、品質和葡萄酒的陳年時間與方式來分級。

▸ 特選級（Gran Selezione）：兩年半
▸ 陳年級（Riserva）：兩年
▸ 優級（Superiore）：一年
▸ 經典奇揚替、Chianti Colli Fiorentini、Chianti Rufina：一年
▸ Chianti Montespertoli：九個月
▸ 一般奇揚地與其他：六個月

蒙塔奇諾

同樣位於托斯卡納的蒙塔奇諾產區，種有特殊的無性繁殖系（Clone），稱為大山吉歐維榭（Sangiovese Grosso）或布魯內洛。該產區有三款以 100% 山吉歐維榭釀成的酒：

▸ 陳年級布魯內洛蒙塔奇諾（Brunello di Montalcino Riserva）：橡木桶陳年兩年，接著瓶陳四年
▸ 布魯內洛蒙塔奇諾：橡木桶陳年兩年，接著瓶陳三年
▸ 蒙塔奇諾紅酒（Rosso di Montalcino）：橡木桶陳年一年

地區名稱

山吉歐維榭在不同地區有許多別名，而由於這些地區名聲較不響亮，通常也能找到較超值的酒款。

♦ 卡米涅諾（Carmignano）
♦ 奇揚替
♦ Montefalco 紅酒（Montefalco Rosso）
♦ Morellino di Scansano
♦ Conero 紅酒（Rosso Conero）
♦ 蒙塔奇諾紅酒
♦ Torgiano 紅酒（Torgiano Rosso）
♦ 高貴蒙鐵布奇亞諾（Vino Nobile di Montepulciano）

索甸甜白酒 Sauternais

🔊 "sow-turn-aye" 💬 Sauternes, Barsac, Cérons

SP　LW　FW　AW　RS　LR　MR　FR　DS

🍷 位於波爾多生產甜白酒的產區酒款，多以沾染上灰黴菌（Botrytis cinerea）的榭密雍、白蘇維濃和蜜思卡岱（Muscadelle）釀成。

🍴 索甸最適合搭配水洗的軟質起司，因為酒款的甜味能夠抵消起司的「臭味」。最經典的搭配莫過於索甸和洛克福藍紋起司。

 檸檬蛋黃醬　　 杏桃　　 大黃　　 蜂蜜　　 薑

 🍷 甜點酒杯　 🌡 冰涼 7~13℃　 不須醒酒　 37 美元　 窖藏 10~30 年

索甸產區

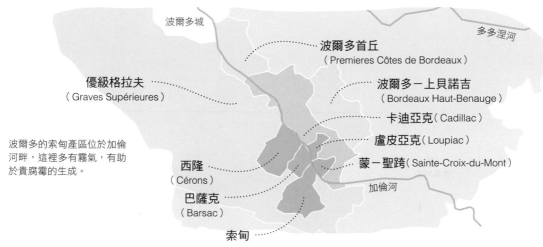

波爾多城

多多涅河

波爾多首丘
（Premieres Côtes de Bordeaux）

優級格拉夫
（Graves Supérieures）

波爾多－上貝諾吉
（Bordeaux Haut-Benauge）

卡迪亞克（Cadillac）

盧皮亞克（Loupiac）

蒙－聖跨（Sainte-Croix-du-Mont）

波爾多的索甸產區位於加倫河畔，這裡多有霧氣，有助於貴腐黴的生成。

西隆
（Cérons）

巴薩克
（Barsac）

加倫河

索甸

也可嘗試

🍷 冰酒　　🍷 遲摘白酒　　🍷 托凱貴腐酒

白蘇維濃 Sauvignon Blanc

🔊 *"saw-vin-yawn blonk"* 💬 *Fumé Blanc*

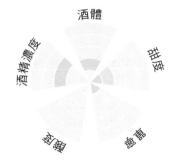

| | SP | LW | FW | AW | RS | LR | MR | FR | DS |

🍃 風味獨特的白酒，帶有強烈的草本風味，這是來自於一種稱為甲氧基吡嗪（methoxypyrazines）的分子；而這分子在青椒中也找得到。

🍴 白蘇維濃非常適合搭配以草本為主要風味的醬料、鹹味起司、清淡的肉類以及亞洲料理。

鵝莓

蜜香瓜

葡萄柚

白桃

百香果

🍷 白酒杯　　🌡️ 冰涼 7~13°C　　⚗️ 不須醒酒　　🪙 15 美元　　🍾 窖藏 1~5 年

種植地區

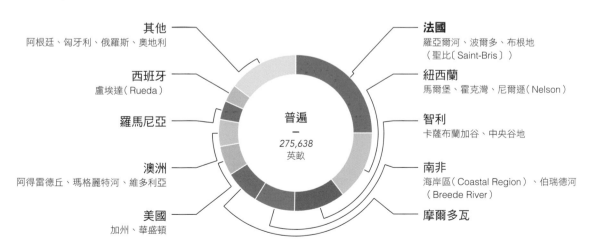

其他
阿根廷、匈牙利、俄羅斯、奧地利

西班牙
盧埃達（Rueda）

羅馬尼亞

澳洲
阿得雷德丘、瑪格麗特河、維多利亞

美國
加州、華盛頓

普遍
–
275,638
英畝

法國
羅亞爾河、波爾多、布根地
（聖比〔Saint-Bris〕）

紐西蘭
馬爾堡、霍克灣、尼爾遜（Nelson）

智利
卡薩布蘭加谷、中央谷地

南非
海岸區（Coastal Region）、伯瑞德河
（Breede River）

摩爾多瓦

也可嘗試

綠維特利納　　維門替諾　　白梢楠　　高倫巴　　維岱荷

白蘇維濃

更多品飲筆記

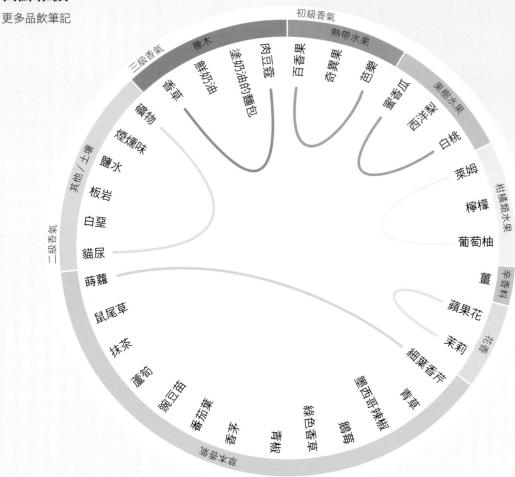

初級香氣
三級香氣
二級香氣

熱帶水果
果樹水果
柑橘類水果
辛香料
花香

橡木
鮮奶油
塗奶油的麵包
肉豆蔻
百香果
奇異果
芭樂
蜜香瓜
西洋梨
白桃
萊姆
檸檬
葡萄柚
薑
蘋果花
茉莉
細葉香芹
青草

香草
礦物
煙燻味
鹽水
板岩
白堊
貓尿
蒔蘿
鼠尾草
抹茶
蘆筍
豌豆苗
番茄葉
香茅
青椒
綠色香草
鵝莓
墨西哥辣椒

其他／土壤

嗺嗺木草

法國，羅亞爾河

白蘇維濃是為羅亞爾河特有的品種之一，多半種植於中部，位於俯瞰土罕（Touraine）產區的地塊。這裡的葡萄酒通常清瘦、爽脆，並帶有大量的草本風味、礦物味、煙燻味，但不使用橡木桶陳年。最受歡迎的羅亞爾河白蘇維濃要數松賽爾為最。

▸ 萊姆
▸ 鵝莓
▸ 葡萄柚
▸ 板岩
▸ 煙燻味

紐西蘭

白蘇維濃是紐西蘭最重要的品種，而最頂尖的產區則是馬爾堡。這裡的酒款有明顯的青色熱帶水果調性，也常帶有些許殘糖以抵消酒款的高酸度。

▸ 百香果
▸ 奇異果
▸ 豌豆苗
▸ 茉莉
▸ 成熟西洋梨

加州，北海岸

索諾瑪和納帕較冷的地塊常釀有風格較成熟的白蘇維濃，通常與榭密雍混調，以釀出波爾多白酒的風格。有些酒款會以木桶陳年，和夏多內相同。

▸ 白桃
▸ 抹茶粉
▸ 香茅
▸ 塗奶油的麵包
▸ 鹽水

沙瓦提亞諾 Savatiano

◁) *"sav-vah-tee-ahno"*

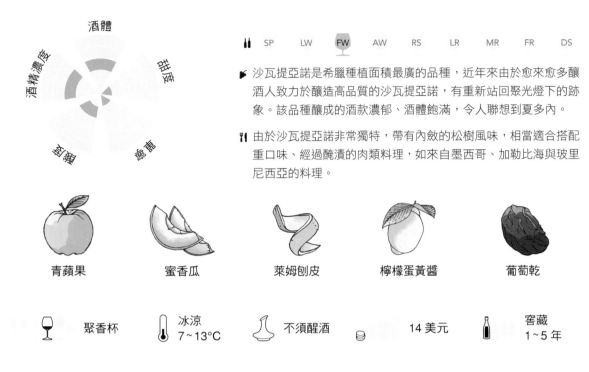

| SP | LW | FW | AW | RS | LR | MR | FR | DS |

🦐 沙瓦提亞諾是希臘種植面積最廣的品種，近年來由於愈來愈多釀酒人致力於釀造高品質的沙瓦提亞諾，有重新站回聚光燈下的跡象。該品種釀成的酒款濃郁、酒體飽滿，令人聯想到夏多內。

🍴 由於沙瓦提亞諾非常獨特，帶有內斂的松樹風味，相當適合搭配重口味、經過醃漬的肉類料理，如來自墨西哥、加勒比海與玻里尼西亞的料理。

青蘋果　　蜜香瓜　　萊姆刨皮　　檸檬蛋黃醬　　葡萄乾

聚香杯　　冰涼 7~13°C　　不須醒酒　　14 美元　　窖藏 1~5 年

種植地區

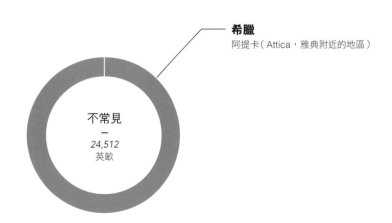

希臘
阿提卡（Attica，雅典附近的地區）

不常見
—
24,512
英畝

也可嘗試

托斯卡納－特比亞諾　　夏多內　　法蘭吉娜　　菲亞諾　　榭密雍

167

奇亞瓦 Schiava

🔊 "skee-ah-vah"   💬 Vernatsch, Trollinger, Black Hamburg

酒體 / 甜度 / 單寧 / 酸度 / 酒精濃度

| SP | LW | FW | AW | RS | LR | MR | FR | DS |

🍾 這是一整個群組的品種，其中最優者要數 Schiava Gentile。奇亞瓦釀成的酒多有甜蜜的芬芳香氣，酒體輕盈，並帶有類似櫻桃糖果的芳香。

🍴 非常適合搭配蝦、雞肉與豆腐等食材，尤其是以羅勒、薑、高良薑（Galangal）和其他香氛草本入菜的東南亞料理。

| 草莓 | 覆盆莓 | 玫瑰風味糖 | 檸檬 | 煙燻 |

| 聚香杯 | 酒窖溫度 13~16℃ | 不須醒酒 | 15 美元 | 窖藏 1~3 年 |

種植地區

義大利
上阿第杰（當地標示為 Edelvernatsch〔以 Schiava Gentile 釀成〕、Kleinvernatsch〔以 Schiava Grossa 釀成〕、Schiava 和 St. Maddelena）

不常見
—
10,593
英畝

德國
符騰堡（當地標示為「Trollinger」，主要以 Schiava Grossa 品種釀成）

也可嘗試

🍷 黑皮諾   🍷 聖羅蘭   🍷 弗萊帕托   🍷 加美   🍷 茨威格

榭密雍 Sémillon

"sem-ee-yawn" 💬 *Hunter Valley Riesling*

| SP | LW | FW | AW | RS | LR | MR | FR | DS |

索甸產區的主要品種，多釀成波爾多備受推崇的甜點酒。過桶的干型榭密雍可能會出乎意料之外地濃郁，嘗來有點類似夏多內。

榭密雍非常適合搭配較為濃郁的魚類開胃菜（如銀鱈）和白肉料理（雞肉與豬排），也可以試著以榭密雍搭配佐以新鮮茴香芹和蒔蘿的料理。

 檸檬

蜂蠟

黃桃

 洋甘菊

鹽水

🍷 白酒杯　　🌡 冰涼 7~13°C　　不須醒酒　　14 美元　　窖藏 5~10 年

種植地區

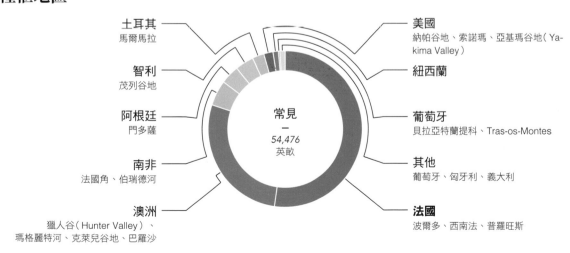

常見
—
54,476
英畝

土耳其
馬爾馬拉

智利
茂列谷地

阿根廷
門多薩

南非
法國角、伯瑞德河

澳洲
獵人谷（Hunter Valley）、
瑪格麗特河、克萊兒谷地、巴羅沙

美國
納帕谷地、索諾瑪、亞基瑪谷地（Ya-kima Valley）

紐西蘭

葡萄牙
貝拉亞特蘭提科、Tras-os-Montes

其他
葡萄牙、匈牙利、義大利

法國
波爾多、西南法、普羅旺斯

也可嘗試

葛爾戈內戈　　維歐拉　　弗里烏拉諾　　沙瓦提亞諾　　白羽

169

雪莉 Sherry

◀) *"share-ee"*　　💬 *Jerez, Xérès*

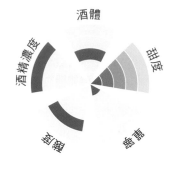

 | SP | LW | FW | AW | RS | LR | MR | FR | **DS**

🍷 雪莉是西班牙最頂級的加烈酒,主要以帕羅米諾(Palomino)品種釀造,經過氧化熟成法後釀造而成。雪莉也有許多種風格,從極為不甜的干型到濃郁的甜型均有。

🍴 建議以菲諾(Fino)或曼薩尼亞雪莉搭配煙燻肉品、炸物、烤魚或蔬菜;Amontillado 則可以搭配 BBQ;至於 PX 或 Cream 雪莉則可以做為軟質黏稠起司的佐餐酒。

波蘿蜜	鹽水	檸檬蜜餞	巴西栗	扁桃仁

甜點酒杯　　酒窖溫度 13~16℃　　不須醒酒　　25 美元　　窖藏 1~5 年

雪莉釀造過程

雪莉使用的熟成方式稱為索雷拉(Solera);這是由許多橡木桶垂直疊成,每一層都稱為一個 criadera。

三層的索雷拉系統

年輕酒注入最上層的木桶,熟成完畢欲裝瓶的酒則自最下層的木桶中汲取而出。這類酒通常會陳年至少兩年(有一些甚至會超過 50 年!)。而雪莉也有一種罕見的單一年份酒,稱為 Añada。

也可嘗試

🍷 瑟西爾馬德拉　　🍷 干型瑪薩拉

干型雪莉

菲諾 & 曼薩尼亞
來自赫雷斯(Jerez)與巴拉梅達聖地(Sanlúcar de Barrameda)產區的雪莉,是眾多雪莉中最輕盈的風格,帶有鹹味和果味。適合冰鎮飲用。

Amontillado
風味較前者更鮮明、也有更多堅果調性的雪莉,酒體濃郁程度介於菲諾和歐洛羅香(Oloroso)之間。

Palo Cordato
更濃郁的雪莉酒,通常帶有咖啡和糖蜜的烤炙風味。

歐洛羅香
屬眾多雪莉中最濃郁鮮明的酒款,這風格是於木桶中氧化熟成而來。舊的歐洛羅香木桶通常是威士忌酒廠趨之若鶩的釀酒工具。

甜型雪莉

P.X.(即佩德羅希梅內斯〔Pedro Ximénez〕)
甜度最高的雪莉酒,一般殘糖每公升可達 600 g/L。這類酒通常呈現深濃的棕色,並帶有無花果和椰棗的風味。

蜜思嘉
亞歷山大蜜思嘉釀成的芳香型雪莉,多有焦糖風味。

加甜雪莉(Sweeten Sherry)
價格最親民的一種,通常是由 PX 混調歐洛羅香而成。這類酒款多以甜度區分等級:

- 干型(Dru):殘糖介於 5~45 g/L
- 中等(Medium):殘糖介於 5~115 g/L
- Pale Cream:殘糖介於 45~115 g/L
- Cream:殘糖介於 115~140 g/L
- 甜型(Dulce):殘糖超過 160 g/L

希爾瓦那 Silvaner

◀ *"sihl-fahn-er"*　　💬 *Gruner Silvaner, Sylvaner*

酒體

甜度

酒精濃度

酸度

單寧

SP　LW　FW　AW　RS　LR　MR　FR　DS

✍ 這個被低估的白酒品種主要見於德國，能釀出帶有爆炸性般濃郁的水蜜桃香氣酒款，同又兼具內斂的草本和礦物調性。

🍴 最適合在戶外用餐時搭配以水果為主的沙拉和較清淡的肉類、豆腐與魚類料理，特別是佐以新鮮香草的料理。

水蜜桃

百香果

橙花

百里香

碎石

🍷 白酒杯	🌡 冰冷 3～7°C	⚗ 不須醒酒	🪙 18 美元	🍾 窖藏 1～5 年

種植地區

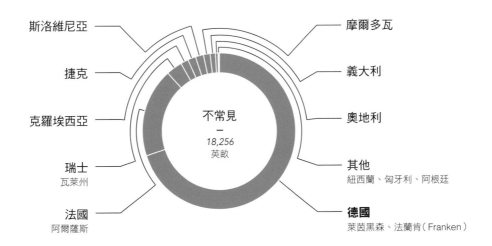

斯洛維尼亞

捷克

克羅埃西亞

瑞士
瓦萊州

法國
阿爾薩斯

不常見
—
18,256
英畝

摩爾多瓦

義大利

奧地利

其他
紐西蘭、匈牙利、阿根廷

德國
萊茵黑森、法蘭肯（Franken）

也可嘗試

● 白皮諾　　● 馬拉格西亞（希臘）　　● 灰皮諾　　● 維爾帝奇歐　　● 費爾南皮耶斯

希哈 Syrah

🔊 "sear-ah" 💬 Shiraz, Hermitage

| SP | LW | FW | AW | RS | LR | MR | FR | DS |

🏷 濃郁、有勁道，有時候更帶有肉感的紅酒，源自法國的隆河谷地。這也是澳洲種植面積最廣的葡萄品種，當地稱為 Shiraz。

🍴 紅肉料理與帶有異國辛香料的料理都能帶出希哈的果味調性。不妨試以希哈搭配中東羊肉捲餅（Lamb shawarma）、希臘旋轉烤肉（Gyros），以及亞洲的五香豬肉和印度坦都里料理（Tandoori）。

藍莓

黑李

牛奶巧克力

菸草

綠胡椒

 紅酒杯

 酒窖溫度 15～20℃

 醒酒 60 分鐘以上

 25 美元

 窖藏 5～15 年

種植地區

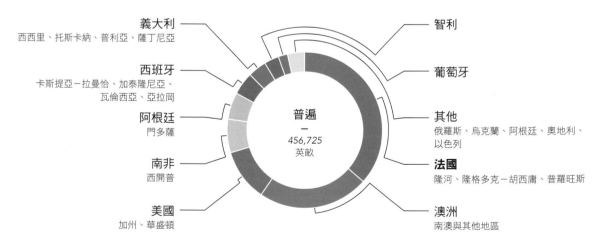

義大利
西西里、托斯卡納、普利亞、薩丁尼亞

西班牙
卡斯提亞－拉曼恰、加泰隆尼亞、瓦倫西亞、亞拉岡

阿根廷
門多薩

南非
西開普

美國
加州、華盛頓

智利

葡萄牙

其他
俄羅斯、烏克蘭、阿根廷、奧地利、以色列

法國
隆河、隆格多克－胡西庸、普羅旺斯

澳洲
南澳與其他地區

普遍
一
456,725
英畝

也可嘗試

🍷 杜麗佳　🍷 慕維得爾　🍷 小希哈　🍷 門西亞　🍷 阿里坎特－布榭

希哈

更多品飲筆記

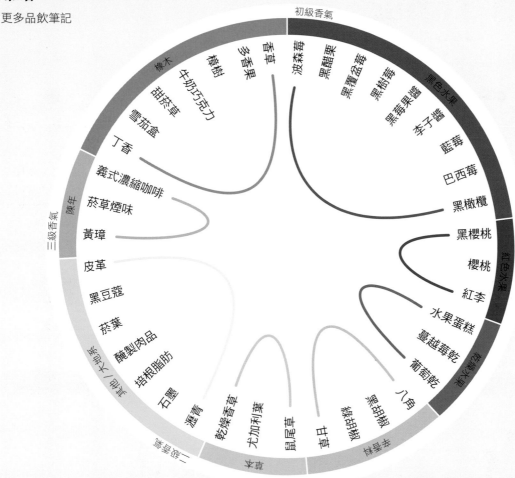

初級香氣

香草　多香果　樟樹　牛奶巧克力　甜菸草　雪茄盒　丁香　義式濃縮咖啡　菸草煙味　黃璋　皮革　黑豆蔻　菸葉　醃製肉品　培根脂肪　石墨　瀝青　乾燥香草　尤加利葉　鼠尾草　甘草　茴香籽　黑胡椒　八角　葡萄乾　蔓越莓乾　水果蛋糕　紅李　櫻桃　黑櫻桃　黑橄欖　巴西莓　藍莓　李子醬　黑莓果醬　黑樹莓　黑覆盆莓　黑醋栗　波森莓

橡木

三級香氣

陳年

木質／乾草

礦物質

木桶

胡椒／辛香料

黑色水果

紅色水果

褐色水果

南澳

鮮少有葡萄酒敵得過南澳希哈紅酒的勁道。巴羅沙谷地的葡萄過去一直用來釀成波特風格的加烈酒，如今，當地的百年老藤卻能釀出全球最令人稱羨的希哈紅酒。建議從麥拉倫谷地、巴羅沙谷地與超值的河地產區的希哈紅酒下手。

▸ 黑莓醬
▸ 水果蛋糕
▸ 黃樟
▸ 樟腦
▸ 甜菸草

法國，隆河谷地

北隆河有數個產區釀造單一品種的希哈紅酒，包括羅弟丘（Côte Rôtie）、高納斯（Cornas）、聖喬瑟夫（St.-Joseph）、克羅茲－艾米達吉（Crozes-Hermitage）以及艾米達吉（Hermitage）。這些酒款酒體中等，帶有土壤和水果風味，單寧濃郁，且有明顯易辨的黑胡椒調性。

▸ 李子
▸ 黑胡椒
▸ 番茄葉
▸ 培根脂肪
▸ 石墨

智利

由於這裡的純淨果味、高酸度以及易飲的個性，我們未來很可能會看到更多來自南美洲的希哈美酒。整體而言，這裡的希哈多有高酸至成熟的黑熱果味和不至於太濃郁的單寧。

▸ 波森莓
▸ 黑櫻桃
▸ 八角
▸ 石墨
▸ 綠胡椒

塔那 Tannat

◀) *"tahn-naht"*　　💬 *Madiran*

🐌 塔那的酚類物質（抗氧化劑）要比絕大多數的紅品種來得多。這個品種源自西南法，如今是為烏拉圭的第一大品種酒。

🍴 由於塔那的單寧如此強勁、艱澀，你可能需要搭配一些濃郁的 BBQ 烤肉，或其他脂肪肥美的肉類料理。或你也可以搭配傳統法式料理卡酥來砂鍋（Cassoulet）。

黑醋栗	黑李	甘草	煙燻味	豆蔻

超大型酒杯　　室溫 15~20℃　　醒酒 60 分鐘以上　　15 美元　　窖藏 5~25 年

種植地區

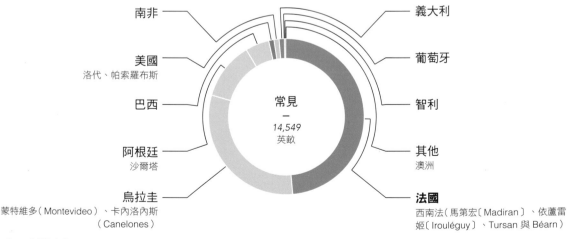

南非

美國
洛代、帕索羅布斯

巴西

阿根廷
沙爾塔

烏拉圭
蒙特維多（Montevideo）、卡內洛內斯（Canelones）

常見
—
14,549
英畝

義大利

葡萄牙

智利

其他
澳洲

法國
西南法（馬第宏〔Madiran〕、依蘆雷姬〔Irouléguy〕、Tursan 與 Béarn）

也可嘗試

🍷 薩甘丁諾　　🍷 阿里坎特－布榭　　🍷 杜麗佳　　🍷 慕維得爾　　🍷 小希哈

田帕尼優 Tempranillo

◀) *"temp-rah-nee-oh"* 💬 *Cencibel, Tinta Roriz, Aragonêz, Tinta de Toro, Ull de Llebre, Tinta del Pais*

SP　LW　FW　AW　**RS**　LR　**MR**　**FR**　DS

🏷 西班牙的頂級品種，因里奧哈葡萄酒而享譽國際。田帕尼優的酒一般以在木桶陳年的時間長短來分級。頂級的田帕尼優可以窖藏20年以上，但相對地，價格也較高。

🍴 風味鮮明的陳年田帕尼優酒很適合搭配牛排、老饕漢堡以及羊排。至於清新一些的田帕尼優，則能佐以烘焙義大利麵料理和其他以番茄為主要風味的餐點。

 櫻桃　　 無花果乾　　 雪松　　 菸草　　 蒔蘿

🍷 紅酒杯　　🌡 酒窖溫度 13~16°C　　醒酒 60 分鐘以上　　🪙 14 美元　　🍾 窖藏 10~30 年

種植地區

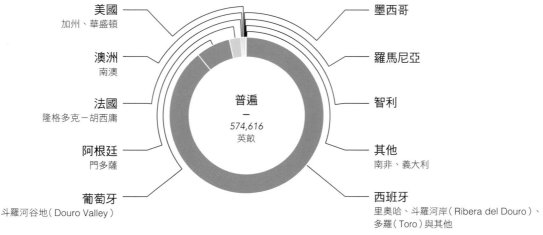

美國
加州、華盛頓

澳洲
南澳

法國
隆格多克－胡西庸

阿根廷
門多薩

葡萄牙
斗羅河谷地（Douro Valley）

普遍
－
574,616
英畝

墨西哥

羅馬尼亞

智利

其他
南非、義大利

西班牙
里奧哈、斗羅河岸（Ribera del Douro）、多羅（Toro）與其他

也可嘗試

🍷 山吉歐維榭　　🍷 內比歐露　　🍷 阿優伊提可　　🍷 蒙鐵布奇亞諾　　🍷 阿里亞尼科

175

田帕尼優

更多品飲筆記

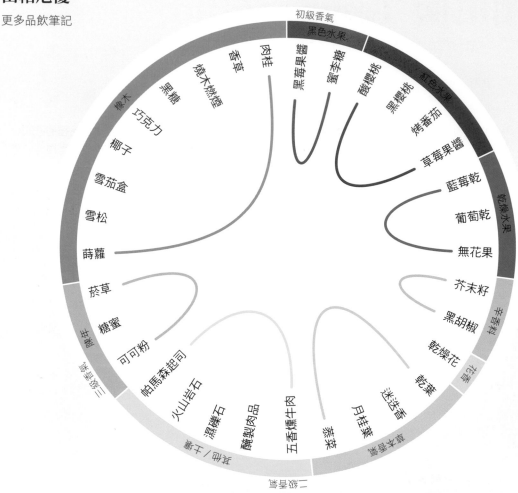

初級香氣

黑色水果

紅色水果

乾燥水果

辛香料

味道

三級香氣

二級香氣

黑色水果 · 黑莓果醬 · 蜜李糖 · 酸櫻桃

紅色水果 · 黑櫻桃 · 烤番茄 · 草莓果醬

乾燥水果 · 藍莓乾 · 葡萄乾 · 無花果

辛香料 · 芥末籽 · 黑胡椒 · 乾燥花

味道 · 乾燥 · 迷迭香 · 月桂葉 · 孜然 · 五香燻牛肉 · 醃製肉品 · 濕礫石 · 火山岩石

三級香氣 · 帕馬森起司 · 可可粉 · 糖蜜 · 菸草 · 蒔蘿 · 雪松 · 雪茄盒 · 椰子 · 巧克力 · 橡木 · 黑糖 · 燻木燃煙 · 香草 · 肉桂

西班牙北部

西班牙最經典的田帕尼優酒無非是來自里奧哈和斗羅河岸，而價位最親民的酒款，多半不經木桶陳年或不會陳年太久的時間，以求釀出較新鮮多汁的葡萄酒，並帶有該品種獨特的肉味調性。

▸ 櫻桃乾
▸ 酸櫻桃
▸ 五香燻牛肉
▸ 烤番茄
▸ 蒜菜

西班牙「陳年級」

西班牙有許多產區的田帕尼優酒款都以陳年時間分級，包括里奧哈、多羅及斗羅河岸。陳年時間最短的酒款會使用「Roble」或「Tinto」等名稱標示（指陳年時間極短或未經陳年），接著是陳年一年的「佳釀級」（Crianza）。最久的則是「陳年級」（Reserva）與「特級陳年級」（Gran Reserva），會陳年三至六年不等。

▸ 黑櫻桃
▸ 蒔蘿
▸ 雪茄盒
▸ 黑糖
▸ 無花果

田帕尼優粉紅酒

田帕尼優也可以釀出帶有較多鹹鮮風味與肉味且勁道十足的粉紅酒。這類酒款通常帶有鮭魚色澤，口感濃郁，略顯油質，展現出鮮明的紅色果味。

▸ 草莓
▸ 白胡椒
▸ 丁香
▸ 番茄
▸ 月桂葉

多隆帝斯 Torrontés

🔊 *"torr-ron-TEZ"* 💬 *Torrontés Sanjuanino, T. Mendocino, T. Riojano*

酒體
酒精濃度 甜度
單寧 酸度

SP　LW　FW　**AW**　RS　LR　MR　FR　DS

🍷 阿根廷獨一無二的白酒品種，這其實是一組三個品種的統稱，是與亞歷山大蜜思嘉自然同種交配而來，其中要數里奧哈多隆帝斯為品質最優者。

🍴 雖然多隆帝斯香氣甜美，但嘗起來多半是干型酒，使得它成為搭配異國香料、水果和香氛草本的鹹鮮料理的最佳拍檔。

梅爾檸檬　　　水蜜桃　　　玫瑰花瓣　　　天竺葵　　　柑橘刨皮

 白酒杯 　　🌡️ 冰涼 7~13°C 　　不須醒酒 　　 12 美元 　　窖藏 1~5 年

種植地區

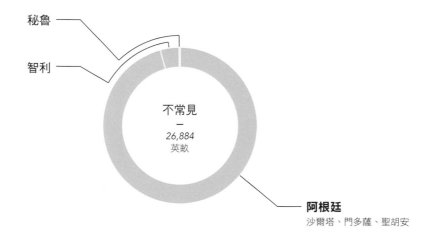

秘魯
智利

不常見
—
26,884
英畝

阿根廷
沙爾塔、門多薩、聖胡安

也可嘗試

🍷 費爾諾皮埃斯　　🍷 全盛（匈牙利）　　希爾瓦那　　格拉塞維納（克羅埃西亞）　　白皮諾

杜麗佳 Touriga Nacional

🔊 "tor-ree-guh nah-see-un-nall"   💬 Touriga de Dão, Carabruñera, Mortugua

SP　LW　FW　AW　RS　LR　MR　**FR**　**DS**

🍇 原用於波特酒的釀造，這個日益重要的葡萄牙品種如今也被釀成單一品種酒，或和同樣其他來自斗羅河產區（甚至以外）的品種混調。

🍴 杜麗佳高雅的花香和果味以及大量的單寧，會使你想要搭配肥美的厚切排餐，再佐以大量的奶油或藍紋起司。

紫羅蘭　　　　藍莓　　　　　李子　　　　　薄荷　　　　　濕板岩

🍷 超大型酒杯　　🌡 室溫 15～20℃　　🍶 醒酒60分鐘以上　　🪙 25 美元　　🍾 窖藏 5～25 年

種植地區

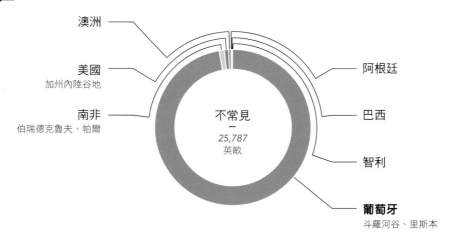

澳洲
美國
加州內陸谷地
南非
伯瑞德克魯夫、帕爾

不常見
—
25,787
英畝

阿根廷
巴西
智利
葡萄牙
斗羅河谷、里斯本

也可嘗試

🍷 希哈　　🍷 薩甘丁諾　　🍷 慕維得爾　　🍷 小維多　　🍷 小希哈

178

托斯卡納－特比亞諾 Trebbiano Toscano

Ugni Blanc ("oo-nee blonk")

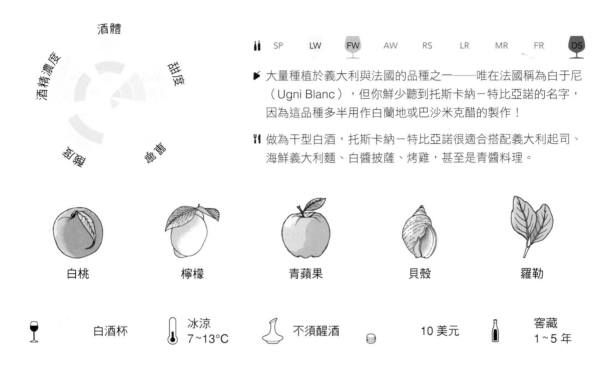

酒體
甜度
酸度
單寧
酒精濃度

| | SP | LW | FW | AW | RS | LR | MR | FR | DS |

- 大量種植於義大利與法國的品種之一——唯在法國稱為白于尼（Ugni Blanc），但你鮮少聽到托斯卡納－特比亞諾的名字，因為這品種多半用作白蘭地或巴沙米克醋的製作！

- 做為干型白酒，托斯卡納－特比亞諾很適合搭配義大利起司、海鮮義大利麵、白醬披薩、烤雞，甚至是青醬料理。

| 白桃 | 檸檬 | 青蘋果 | 貝殼 | 羅勒 |

白酒杯　　　冰涼 7~13°C　　　不須醒酒　　　10 美元　　　窖藏 1~5 年

種植地區

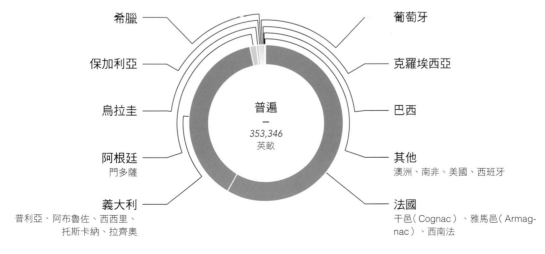

希臘

保加利亞

烏拉圭

阿根廷
門多薩

義大利
普利亞、阿布魯佐、西西里、
托斯卡納、拉齊奧

普遍
－
353,346
英畝

葡萄牙

克羅埃西亞

巴西

其他
澳洲、南非、美國、西班牙

法國
干邑（Cognac）、雅馬邑（Armagnac）、西南法

也可嘗試

夏多內　　沙瓦提亞諾　　榭密雍　　胡珊　　白格那希

179

瓦波利切拉混調 Valpolicella Blend

◀) "val-polla-chellah" 💬 Amarone della Valpolicella, Recioto della Valpolicella, Valpolicella Superiore Ripasso

酒體

甜度

酒精濃度

單寧

酸度

SP　LW　FW　AW　RS　LR　MR　FR　DS

🍷 當地最出名的酒瓦波利切拉－阿瑪羅內（Amarone della Valpolicella）是以部分風乾的葡萄（這個步驟義大利文為 appasimento）釀造而成的濃郁干型紅酒。

🍴 較簡單的瓦波利切拉紅酒可以搭配漢堡和烤雞。品質較佳的雷帕索（Ripasso）與阿瑪羅內則能佐以燴肉、排餐、蘑菇與熟成起司等。

| 酸櫻桃 | 肉桂 | 巧克力 | 綠胡椒 | 扁桃仁 |

🍷 紅酒杯　　🌡 酒窖溫度 13~16℃　　醒酒 30 分鐘　　💰 30 美元　　🍾 窖藏 5~25 年

柯維納（Corvina）　　柯維諾內（Corvinone）　　莫利納拉（Molinara）　　隆迪內拉（Rondinella）

瓦波利切拉－雷切托（Recioto della Valpolicella）
以 apassimento 方式釀成的甜點酒，即將葡萄置於稻草架上風乾，以蒸發水份、濃縮糖份。多有黑葡萄乾、黑櫻桃、巧克力、丁香和烤榛果風味。

瓦波利切拉－阿瑪羅內（Amarone della Valpolicella）
同樣是以 apassimento 方式釀成，不過是干型紅酒。酒款會經過長達 50 天的發酵時間，多有黑櫻桃、無花果、黃樟和黑巧克力的風味。

優級雷帕索瓦波利切拉（Valpolicella Superiore Ripasso）
優級瓦波利切拉酒使用阿瑪羅內釀造後剩下的葡萄漿，再次發酵而釀成，多有櫻桃醬、綠胡椒和刺槐調性。

優級瓦波利切拉（Valpolicella Superiore）
品質較優的瓦波利切拉，釀成的酒款較為濃郁，多有深色莓果和辛香料的氣息，酸度高。

經典瓦波利切拉（Valpolicella Classico）
一般品質的葡萄釀成的進階款瓦波利切拉，多有酸櫻桃和灰塵的風味。

也可嘗試

🍷 藍弗朗克　　🍷 門西亞　　🍷 茨威格　　🍷 隆河與 GSM 混調　　🍷 格那希

維岱荷 Verdejo

◀) "ver-day-ho"　　💬 Rueda, Verdeja

酒體

甜度

酒精濃度

酸度

單寧

| 🍾 | SP | LW | FW | AW | RS | LR | MR | FR | DS |

🌿 帶有草本香氣的白酒，主要種植於西班牙的盧埃達產區。別和華帝露（Verdelho）搞混了，後者是用來釀造馬德拉的葡萄牙品種。

🍴 由於酸度偏高而且帶有內斂苦味，維岱荷相當適合搭配各色餐點，做為清潔味蕾的工具酒。不妨試著搭配炸魚玉米捲餅、萊姆雞肉、墨西哥豬肉絲和素肉排。

萊姆

蜜香瓜

葡萄柚白膜

茴香芹

白桃

🍷 白酒杯　　🌡 冰冷 3~7°C　　不須醒酒　　15 美元　　窖藏 1~5 年

種植地區

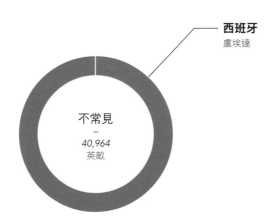

西班牙
盧埃達

不常見
–
40,964
英畝

也可嘗試

白蘇維濃　　弗里烏拉諾　　香瓜　　維門替諾　　高倫巴

維爾帝奇歐 Verdicchio

 "vair-dee-kee-yo" *Trebbiano di Lugana*

酒體
甜度
酒精濃度
苦度
酸度

| | SP | LW | FW | AW | RS | LR | MR | FR | DS |

🍃 這絕妙的白酒主要見於義大利的馬給產區。維爾帝奇歐因其甜美並帶有水蜜桃味的香氣而備受喜愛，有時也會展現略顯油質的質地。

🍴 適合用來做為開胃酒，可以搭配西班牙扁桃仁（Marcona almond）、開心果、法式鹹派、鹹塔和舒芙蕾。

水蜜桃　　檸檬蛋黃醬　　扁桃仁皮　　油味　　鹽水

🍷 白酒杯　　🌡️ 冰冷 3~7℃　　🫙 不須醒酒　　🪙 18 美元　　🍾 窖藏 1~3 年

種植地區

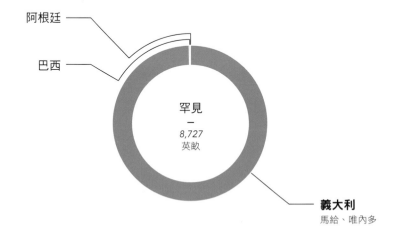

阿根廷
巴西

罕見
—
8,727
英畝

義大利
馬給、唯內多

也可嘗試

白皮諾　　希爾瓦那　　格雷切托　　 費爾南皮耶斯　　灰皮諾

182

維門替諾 Vermentino

◀) "vur-men-tino" 💬 Rolle, Favorita, Pigato

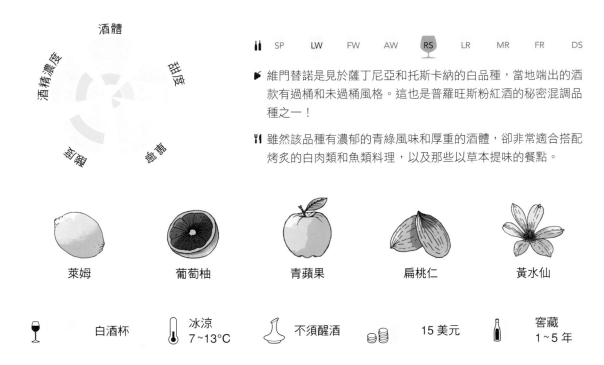

酒體
甜度
酸度
單寧
酒精濃度
酒精濃度

| SP | LW | FW | AW | RS | LR | MR | FR | DS |

🍖 維門替諾是見於薩丁尼亞和托斯卡納的白品種，當地端出的酒款有過桶和未過桶風格。這也是普羅旺斯粉紅酒的秘密混調品種之一！

🍽 雖然該品種有濃郁的青綠風味和厚重的酒體，卻非常適合搭配烤炙的白肉類和魚類料理，以及那些以草本提味的餐點。

| 萊姆 | 葡萄柚 | 青蘋果 | 扁桃仁 | 黃水仙 |

| 白酒杯 | 冰涼 7~13°C | 不須醒酒 | 15 美元 | 窖藏 1~5 年 |

種植地區

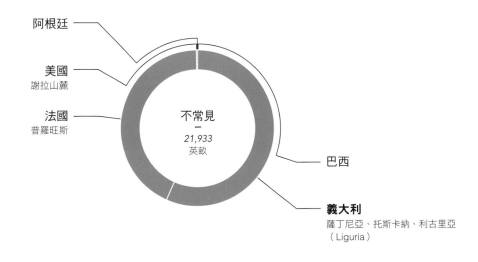

阿根廷

美國
謝拉山麓

法國
普羅旺斯

不常見
—
21,933
英畝

巴西

義大利
薩丁尼亞、托斯卡納、利古里亞
（Liguria）

也可嘗試

白梢楠　　白蘇維濃　　綠維特利納　　高倫巴　　🍷 榭密雍

青酒 Vinho Verde

 "vino verr-day" 💬 *Loureiro, Alvarinho, Trajadura, Azal*

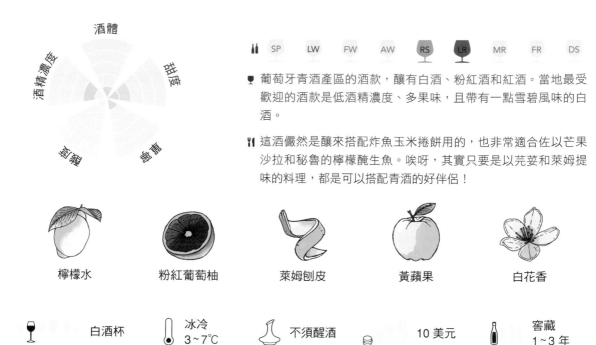

| SP | LW | FW | AW | RS | LR | MR | FR | DS |

🍷 葡萄牙青酒產區的酒款,釀有白酒、粉紅酒和紅酒。當地最受歡迎的酒款是低酒精濃度、多果味,且帶有一點雪碧風味的白酒。

🍴 這酒儼然是釀來搭配炸魚玉米捲餅用的,也非常適合佐以芒果沙拉和秘魯的檸檬醃生魚。唉呀,其實只要是以芫荽和萊姆提味的料理,都是可以搭配青酒的好伴侶!

| 檸檬水 | 粉紅葡萄柚 | 萊姆刨皮 | 黃蘋果 | 白花香 |

| 白酒杯 | 冰冷 3~7℃ | 不須醒酒 | 10 美元 | 窖藏 1~3 年 |

品種

青酒是以下列葡萄牙北部品種任一或全部的混調酒。

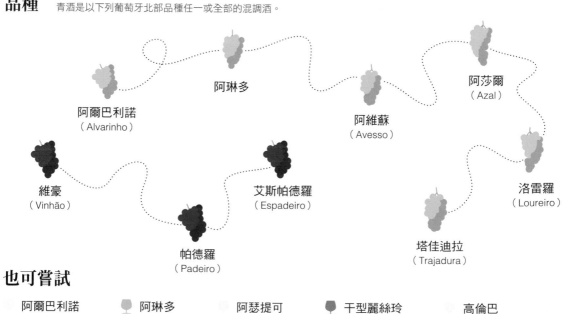

阿爾巴利諾 (Alvarinho)

阿琳多

阿維蘇 (Avesso)

阿莎爾 (Azal)

維豪 (Vinhão)

艾斯帕德羅 (Espadeiro)

帕德羅 (Padeiro)

塔佳迪拉 (Trajadura)

洛雷羅 (Loureiro)

也可嘗試

阿爾巴利諾　　阿琳多　　阿瑟提可　　干型麗絲玲　　高倫巴

聖酒 Vin Santo

"vin son-tow"

酒體

甜度

酒精濃度

酒體

收尾

香氣

🍷 聖酒是義大利罕見的甜點酒，以特比亞諾、馬爾瓦西亞和／或山吉歐維榭釀成。由於聖酒極為濃甜，酒款的發酵過程可能長達四年！

🍴 聖酒最適合搭配義大利糕餅和義式扁桃仁脆餅，也能夠成為柔軟、風味濃郁的起司（如 Taleggio）的佐餐酒。

香水

無花果

葡萄乾

扁桃仁

太妃糖

甜點酒杯

🌡 酒窖溫度 13~16℃

不須醒酒

💰 40 美元

窖藏 5~10 年

聖酒的釀造過程

採收後的葡萄會晾在草席上，或懸掛於橡架之下長達數個月，使葡萄水份蒸發，變成葡萄乾，這個過程稱為「Passito」（風乾）。接著，到了春天，釀酒人會將葡萄乾置於木桶中，使其自然開始發酵。發酵過程會隨著季節變化，時而繼續、時而停歇，可能耗時長達四年才會完成。

品質較低劣的聖酒可能透過加烈製成，稱為利口聖酒（Vin Santo Liquoroso）。

較輕盈的風格

較濃郁的風格

Gambellara 聖酒（Vin Santo di Gambellara）
以葛爾戈內戈葡萄釀成的唯內多酒。

特倫提諾聖酒（Vino Santo Trentino）
來自特倫提諾的聖酒，是以罕見的芬香品種 Nosiola 釀成，酒款多有葡萄柚和蜂蜜調性。

經典奇揚替聖酒（Vin Santo del Chianti Classico）
最受歡迎的聖酒類型。這些托斯卡納的酒款多以馬爾瓦西亞和托斯卡納－特比亞諾釀成。

歐菲達聖酒（Vin Santo di Offida）
來自馬給區的罕見聖酒類型，以 Passerina 品種釀成的干型酒，帶有梅爾檸檬和茴香芹調性。

鷓鴣之眼聖酒（Vin Santo Occhio di Pernice）
來自托斯卡納的罕見聖酒類型，主要以山吉歐維榭和馬爾瓦西亞的紅皮變種黑馬爾瓦西亞（Malvasia Nera）釀成。

希臘聖酒（Vinsanto）
完全不同於本品種的類型。來自希臘的聖托里尼，以阿瑟提可品種釀成。酒款帶有明顯的單寧和覆盆莓、杏桃乾與櫻桃蜜餞的風味。

也可嘗試

🍷 茶色波特　　🍷 塞巴圖爾蜜思嘉　　🍷 布爾馬德拉　　🍷 馬姆齊馬德拉　　🍷 Cream 雪莉

維歐尼耶 Viognier

🔊 *"vee-own-yay"* 💬 *Condrieu*

酒體

酒精濃度

甜度

酸度

單寧

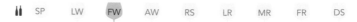

SP　LW　**FW**　AW　RS　LR　MR　FR　DS

🍃 個性濃郁且帶有油質口感的干型白酒,源自北隆河,如今備受加州、澳洲與其他地區的酒農所喜愛,釀成酒款常經過桶陳培養。

🍴 想透過餐點帶出維歐尼耶最棒的一面?試試搭配佐以扁桃仁、柑橘類水果、燉煮水果和香草(如九層塔或龍蒿)的料理。

橘子	水蜜桃	芒果	金銀花	玫瑰

🍷 白酒杯	🌡️ 冰涼 7~13℃	🫙 不須醒酒	🪙 30 美元	🍾 窖藏 1~5 年

種植地區

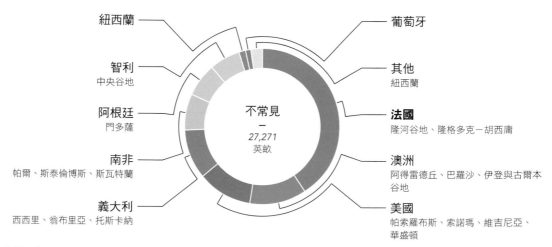

不常見
—
27,271
英畝

紐西蘭

智利
中央谷地

阿根廷
門多薩

南非
帕爾、斯泰倫博斯、斯瓦特蘭

義大利
西西里、翁布里亞、托斯卡納

葡萄牙

其他
紐西蘭

法國
隆河谷地、隆格多克－胡西庸

澳洲
阿得雷德丘、巴羅沙、伊登與古爾本谷地

美國
帕索羅布斯、索諾瑪、維吉尼亞、華盛頓

也可嘗試

🍷 馬拉格西亞(希臘)　🍷 馬珊　🍷 菲亞諾　🍷 夏多內　🍷 費爾南皮耶斯

維歐拉 Viura

◀) *"vee-yur-ah"*   💬 *Macabeo, Macabeu*

酒體

酒精濃度

甜度

酸度

單寧

| SP | LW | FW | AW | RS | LR | MR | FR | DS |

🍷 維歐拉是西班牙里奧哈白酒和卡瓦氣泡酒最常使用的主要品種；後者稱之為馬卡貝歐（Macabeo）。維歐拉白酒會隨著年歲的增長而愈漸濃郁，並發展出堅果風味。

🍴 較年輕的維歐拉適合搭配東南亞料理（椰子咖哩、越南米線）。陳年的維歐拉則可以搭配烤肉與香草。

| 蜜香瓜 | 萊姆皮 | 檸檬馬鞭草 | 龍蒿 | 榛果 |

| 白酒杯 | 冰涼 7~13°C | 不須醒酒 | 15 美元 | 窖藏 5~15 年 |

種植地區

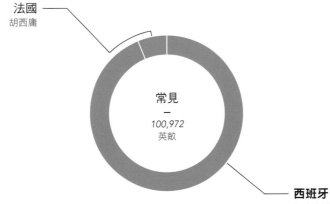

法國
胡西庸

常見
—
100,972
英畝

西班牙
加泰隆尼亞（卡瓦）、里奧哈、亞拉岡、
瓦倫西亞、艾斯垂馬杜拉

也可嘗試

🍷 白梢楠   🍷 阿琳多   托斯卡納－特比亞諾   🍷 夏多內   🍷 榭密雍

黑喜諾 Xinomavro

◀) *"ksino-mav-roh"* 💬 *Xynomavro*

酒精濃度 酒體 甜度
單寧 酸度

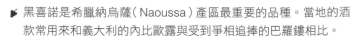
SP　LW　FW　AW　RS　LR　**MR**　**FR**　DS

🍷 黑喜諾是希臘納烏薩（Naoussa）產區最重要的品種。當地的酒款常用來和義大利的內比歐露與受到爭相追捧的巴羅鏤相比。

🍴 由於黑喜諾的單寧和酸度都非常強烈，建議可以搭配多起司的義大利麵、蘑菇義式燉飯，和質地風味均濃郁的烤肉料理。

 覆盆莓　　 李子醬　　 大茴香　　 多香果　　 菸葉

🍷 超大型酒杯　　🌡 室溫 15～20℃　　🍶 醒酒60分鐘以上　　 15 美元　　🍾 窖藏 5～15 年

種植地區

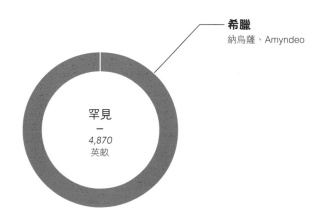

希臘
納烏薩、Amyndeo

罕見
—
4,870
英畝

也可嘗試

🍷 內比歐露　🍷 田帕尼優　🍷 門西亞　🍷 山吉歐維榭　🍷 阿里亞尼科

金芬黛 Zinfandel

🔊 *"zin-fan-dell"*　　💬 *Primitivo, Tribidrag, Crljenak Kaštelanski*

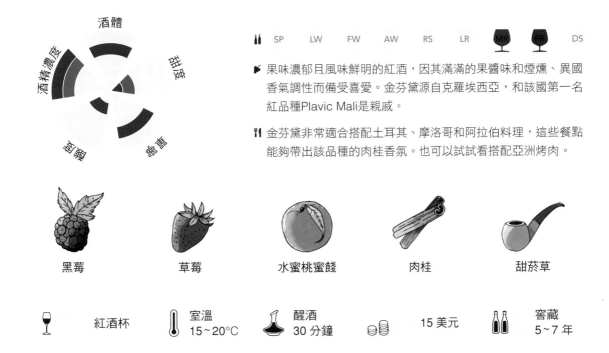

| 🍾 | SP | LW | FW | AW | RS | LR | **MR** | **FB** | DS |

🍷 果味濃郁且風味鮮明的紅酒，因其滿滿的果醬味和煙燻、異國香氣調性而備受喜愛。金芬黛源自克羅埃西亞，和該國第一名紅品種Plavic Mali是親戚。

🍴 金芬黛非常適合搭配土耳其、摩洛哥和阿拉伯料理，這些餐點能夠帶出該品種的肉桂香氛。也可以試試看搭配亞洲烤肉。

| 黑莓 | 草莓 | 水蜜桃蜜餞 | 肉桂 | 甜菸草 |

| 紅酒杯 | 室溫 15~20°C | 醒酒 30 分鐘 | 15 美元 | 窖藏 5~7 年 |

種植地區

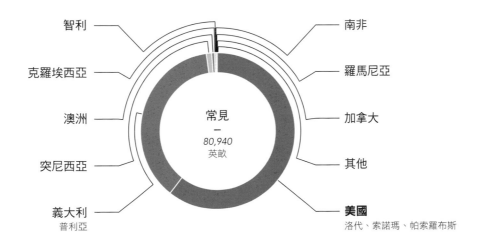

常見
—
80,940
英畝

智利　克羅埃西亞　澳洲　突尼西亞　義大利 普利亞

南非　羅馬尼亞　加拿大　其他　**美國** 洛代、索諾瑪、帕索羅布斯

也可嘗試

🍷 Plavac Mali（克羅埃西亞）　🍷 格那希　🍷 卡利濃　🍷 卡斯特勞　🍷 弗萊帕托

金芬黛

更多品飲筆記

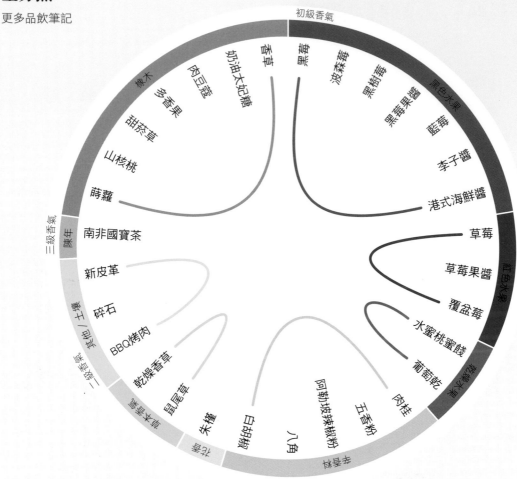

初級香氣
香草
奶油太妃糖
肉豆蔻
多香果
甜菸草
山核桃
蒔蘿
南非國寶茶
新皮革
碎石
BBQ烤肉
乾燥香草
鼠尾草
朱槿
榕樹葉
白胡椒
八角
阿勒坡辣椒粉
五香粉
肉桂
葡萄乾
水蜜桃蜜餞
覆盆莓
草莓果醬
草莓
港式海鮮醬
李子醬
藍莓
黑莓果醬
波森莓
黑樹莓
黑莓
檫木
三級香氣
陳年
其他／土壤
二級香氣
發酵
烘焙
辛香料
紅色水果
黑色水果

義大利，普利亞

普利亞的金芬黛稱為普里蜜提弗（Primitivo），該品種釀成的酒多有明亮的酸度和糖漬水果味，以及南義紅酒常見的皮革和乾燥草本調性。Primitivo di Manduria 是釀造該品種紅酒中最優的產區之一，酒款多有鮮明的個性。

▸ 草莓
▸ 皮革
▸ 糖漬醋栗
▸ 乾燥香草
▸ 香料煮柳橙

加州，洛代

靜悄悄地座落於加州中央谷地內的洛代產區，葡萄園占地達十萬英畝之多，其中有許多都用來種植金芬黛。這裡的酒款酒色淺淡，但香氣奔放，並帶有煙燻和甜美的果香，以及柔軟的單寧質地。

▸ 覆盆莓果醬
▸ 水蜜桃蜜餞
▸ 黑樹莓
▸ 山核桃
▸ 八角

加州，北海岸

索諾瑪與納帕內有許多副產區以釀造金芬黛而出名，其中包括 Rockpile、乾河谷（Dry Creek Valley）、Chiles Valley，以及豪威爾山（Howell Mountain）。由於當地多火山土壤，釀成的酒多半有濃郁的單寧和酒色，以及質樸的風味。

▸ 黑莓
▸ 黑李
▸ 碎石
▸ 多香果
▸ 白胡椒

茨威格 Zweigelt

◀) "zz-why-galt" 　　💬 Blauer Zweigelt, Rotburger

酒體

酒精濃度

甜度

單寧

酸度

| SP | LW | FW | AW | RS | LR | MR | FR | DS |

🐖 由藍弗朗克和聖羅蘭（嘗起來近似黑皮諾）同種交配而成的茨威格，是奧地利種植面積最廣的紅品種，釀成的酒通常明亮、酸度高且多果味。

🍴 茨威格堪稱終極野餐紅酒，它能夠為最乾的BBQ烤雞帶來濕潤度，更能讓市售的現成通心粉沙拉變得更加可口！

| 紅櫻桃 | 覆盆莓 | 黑胡椒 | 甘草 | 巧克力 |

| 聚香杯 | 酒窖溫度 13~16°C | 醒酒 30 分鐘 | 14 美元 | 窖藏 1~5 年 |

種植地區

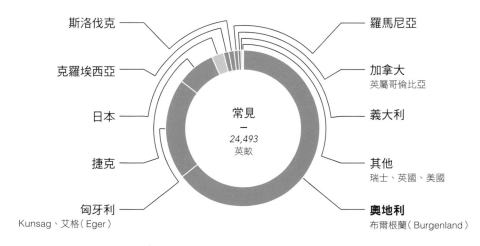

斯洛伐克

克羅埃西亞

日本

捷克

匈牙利
Kunsag、艾格（Eger）

常見
—
24,493
英畝

羅馬尼亞

加拿大
英屬哥倫比亞

義大利

其他
瑞士、英國、美國

奧地利
布爾根蘭（Burgenland）

也可嘗試

🍷 藍弗朗克　　🍷 聖羅蘭（德國）　　🍷 加美　　🍷 弗萊帕托　　🍷 奇亞瓦

葡萄酒產區

全球葡萄酒產區

義大利
法國
西班牙
美國
阿根廷
澳洲
智利
南非
中國
德國
葡萄牙
俄羅斯
羅馬尼亞
匈牙利
巴西
希臘
紐西蘭
奧地利
塞爾維亞
烏克蘭

全球產量前 20 國（占全球百分比）
資料來源：Trade Data & Analysis（2015 年）

加拿大

巴西

美國

墨西哥

秘魯

烏拉圭

阿根廷

智利

SECTION

4

塞爾維亞
匈牙利　馬其頓
斯洛伐克　保加利亞
克羅埃西亞　羅馬尼亞
奧地利　摩爾多瓦
捷克　烏克蘭
德國
瑞士
法國
西班牙
葡萄牙

俄羅斯
中國　日本

義大利
斯洛維尼亞
希臘

以色列
喬治亞
烏茲別克
哈薩克

紐西蘭

摩洛哥
阿爾及利亞
突尼西亞

南非

澳洲

各國葡萄酒產量

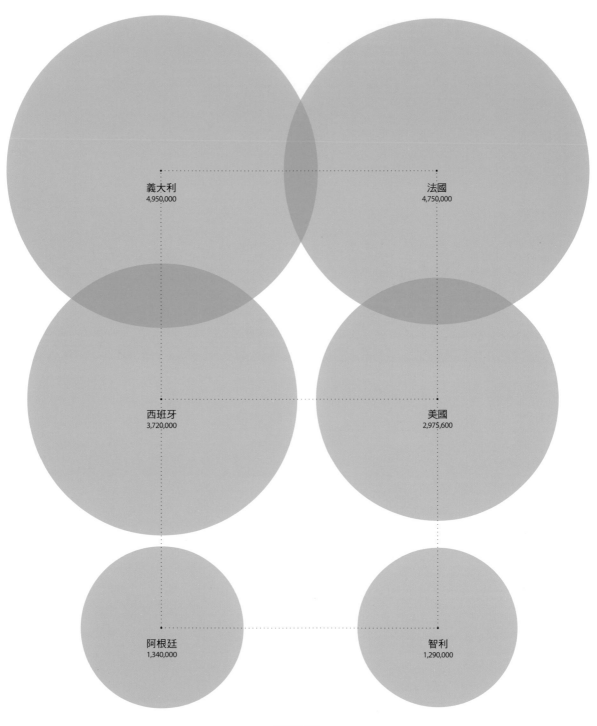

義大利
4,950,000

法國
4,750,000

西班牙
3,720,000

美國
2,975,600

阿根廷
1,340,000

智利
1,290,000

單位為公升
資料來源：Trade Data & Analysis（2015 年）

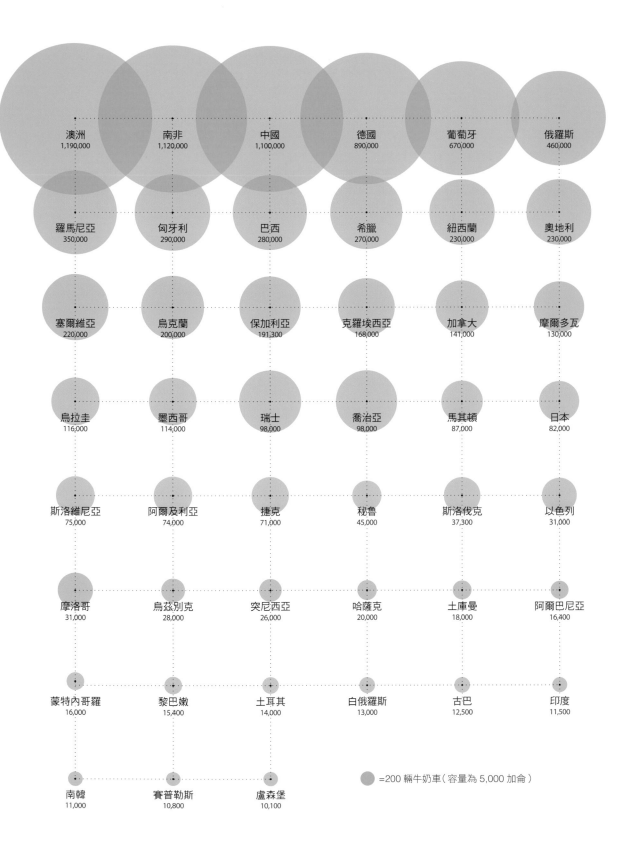

澳洲
1,190,000

南非
1,120,000

中國
1,100,000

德國
890,000

葡萄牙
670,000

俄羅斯
460,000

羅馬尼亞
350,000

匈牙利
290,000

巴西
280,000

希臘
270,000

紐西蘭
230,000

奧地利
230,000

塞爾維亞
220,000

烏克蘭
200,000

保加利亞
191,300

克羅埃西亞
168,000

加拿大
141,000

摩爾多瓦
130,000

烏拉圭
116,000

墨西哥
114,000

瑞士
98,000

喬治亞
98,000

馬其頓
87,000

日本
82,000

斯洛維尼亞
75,000

阿爾及利亞
74,000

捷克
71,000

秘魯
45,000

斯洛伐克
37,300

以色列
31,000

摩洛哥
31,000

烏茲別克
28,000

突尼西亞
26,000

哈薩克
20,000

土庫曼
18,000

阿爾巴尼亞
16,400

蒙特內哥羅
16,000

黎巴嫩
15,400

土耳其
14,000

白俄羅斯
13,000

古巴
12,500

印度
11,500

南韓
11,000

賽普勒斯
10,800

盧森堡
10,100

=200 輛牛奶車（容量為 5,000 加侖）

葡萄酒從哪兒來？

目前的研究指出，葡萄酒應源於古高加索區，即高加索山（Caucasus Mountains）和札格洛斯山脈（Zagras Mountains）一帶，包括現今的亞美尼亞、亞塞拜然、喬治亞、伊朗北部、安那托利亞（即小亞細亞）以及土耳其東部。考察證據顯示，葡萄酒約始於西元前 8000 年到 4200 年之間，證據包括亞美尼亞的一處古早酒莊、埋在喬治亞境內土中的陶罐，內含葡萄殘留物質，以及位於土耳其東部曾以人工種植葡萄品種的證據。

石器時代（即新石器時代，距今約 8000 年前左右），曾有一個稱為 Shulaveri-Shomu 的農業聚落定居於此，他們使用黑曜石製作農具、圈養牛隻與豬群，但最重要的是，他們釀酒！

從高加索山出發，釀酒葡萄必隨著人類文明腳步的延伸，一路向南和西擴展至地中海區。

考古證據顯示，腓尼基這個古老的航海文明和希臘再進而將釀酒葡萄廣泛推廣至全歐洲。

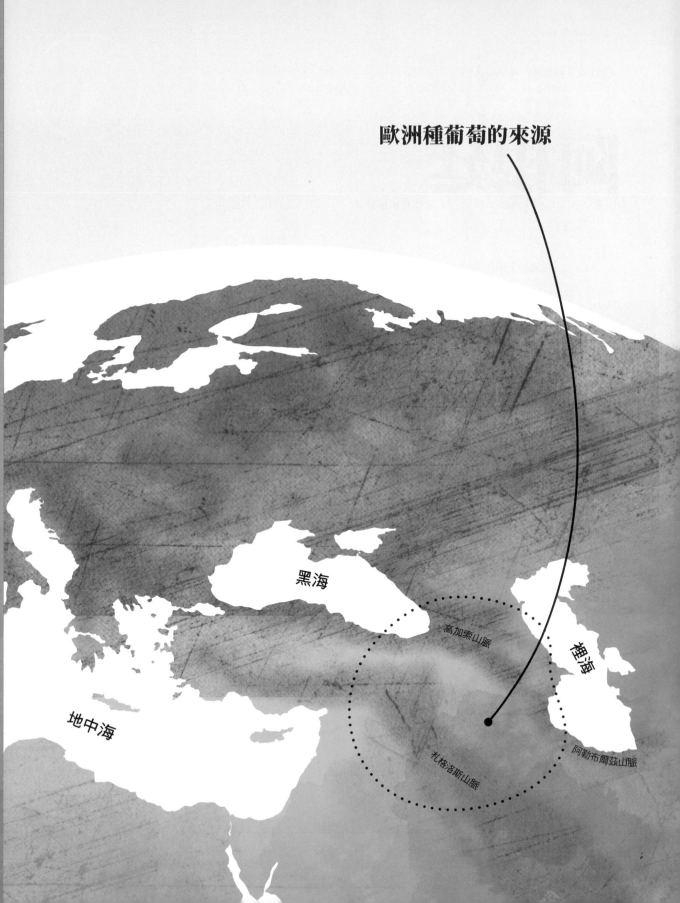

欧洲種葡萄的來源

黑海

地中海

裡海

高加索山脈

札格洛斯山脈

阿勒布爾茲山脈

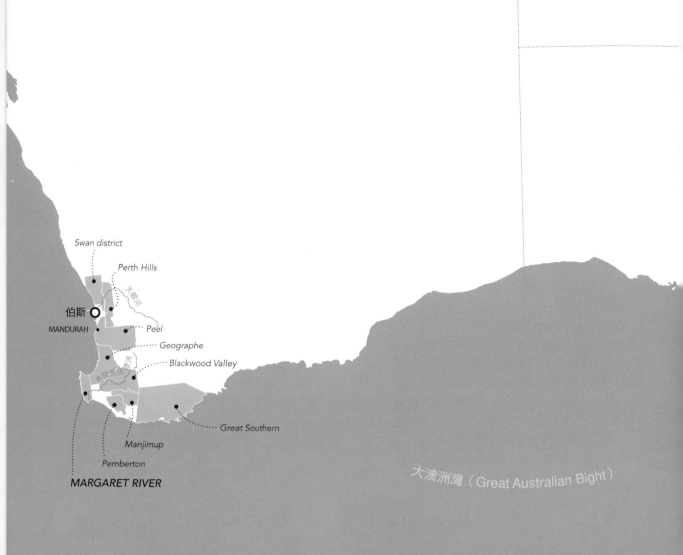

Swan district

Perth Hills

天鵝河

伯斯 O

MANDURAH • Peel

Geographe

布拉克伍德河

Blackwood Valley

Great Southern

Manjimup

Pemberton

MARGARET RIVER

大澳洲灣（Great Australian Bight）

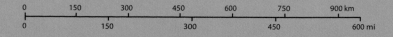

0	150	300	450	600	750	900 km
0		150	300	450		600 mi

N

班達柏

South Burnett

陽光海岸

布里斯本 ○

Granite Belt

黃金海岸 ○

New England Australia

TAMWORTH

Hastings River

麥夸利港

Southern Flinders Ranges

達令河

雪布利河

拉克蘭河

HUNTER VALLEY

Mudgee

奧倫吉

CLARE VALLEY

RIVERLAND

MURRAY DARLING

RIVERINA

Cowra

Orange

新堡 ○

BAROSSA VALLEY

Adelaide Plains

Eden Valley

Hilltops

雪梨 ○

ADELAIDE HILLS

阿得雷德

沃加瓦加

Southern Highlands

MCLAREN VALE

LANGHORNE CREEK

Swan Hill

坎培拉

Shoalhaven Coast

Kangaroo Is.

Currency Creek

Southern Fleurieu

Goulburn Valley

Pericoota

Padthaway

Heathcote

RUTHERGLEN

Canberra District

Mount Benson

Bendigo

Gundagai

Robe

Pyrenees

Tumbarumba

Wrattonbully

Grampians

COONAWARRA

Henty

Gippsland

Mount Gambier

Beechworth

Macedon Ranges

Alpine Valleys

Sunbury

墨爾本 ○

King Valley

Geelong

Glenrowan

Strathbogie Ranges

Upper Goulburn

MORNINGTON PENINSULA

YARRA VALLEY

朗塞斯頓

TASMANIA

荷巴特

值得一嘗的美酒

想一探澳洲葡萄酒的全貌，不妨挑選一些來自不同主要產區的酒款。從西澳高雅的波爾多混調，到南澳口感濃郁且多煙燻味的澳式希哈，你很快就會發現，每一個產區都有各自的風格。

南澳希哈

澳式希哈的頂尖莫過於南澳產區的酒。在這個歷史悠久的產區，許多葡萄樹已有超過百年的歲數，事實上，南澳的巴羅沙谷是全球唯一一個產區能夠標榜自家的「老藤酒」全是以 35 年以上的老藤葡萄所釀造。

 黑莓、醋栗果乾、摩卡、菸草、花盆

南澳 GSM 混調

有優秀希哈的地方，就有優秀的格那希與慕維得爾（當地稱為 Mataro）。你會發現這幾個品種全遍佈於整個南澳產區，但最優異的酒款多來自麥拉倫谷和巴羅沙谷地。

FR 覆盆莓、甘草、石墨、異國香料、燒烤肉類

庫納瓦拉卡本內

庫納瓦拉最棒的卡本內葡萄園均位於土壤以紅色塵土的黏土，這樣的土壤釀出的酒款展現出驚人的深度、有勁道的單寧和內斂的乾燥草本風味。除了庫納瓦拉（這裡比波爾多冷），蘭亨溪（Longhorne Creek）也是另一個值得一探的產區。

FR 黑莓、黑醋栗、雪松、綠薄荷、月桂葉

瑪格麗特河的波爾多混調

不同於澳洲其他產區，西澳以其帶點土壤風味的高雅波爾多混調而獨樹一格。這裡的酒款風味均衡，好的可以窖藏十年不等。該產區是想找耐久陳酒款的不二選擇。

 黑櫻桃、黑加侖、紅茶、玫瑰果、壤土

維多利亞黑皮諾

包括莫寧頓半島在內的維多利亞，堪稱全國釀出最優異黑皮諾的產區之一。這裡最優秀的酒款，通常帶有豐富的果味調性、引人入勝的橙皮與辛香料香氣，且常一路延續至餘韻。

 李子、覆盆莓、薰衣草、紅茶、多香果

亞拉谷的過桶夏多內

維多利亞是另一個可以找到澳洲夏多內的產區。這裡的亞拉谷地有許多酒質優異的未過桶夏多內，常帶有明顯的水果風味，並佐以多酸、爽脆的餘韻。

 楊桃、檸檬、西洋梨、鳳梨、白花香

小知識

▮▮ 絕大多數的澳洲酒都以旋蓋封瓶,包括具有陳年潛力的酒款,這樣的酒可以直立窖藏。

▮▮ 如果看到標示出多種品種的混調酒,這些品種名稱會依混調比例的多寡先後排序。

瑪格麗特河夏多內

這裡產出了澳洲最頂級的優質夏多內白酒,不管是過桶或未過桶。這裡的酒兼具礦物味與花香調性,而這有一部分要歸因於當地多砂質並以大理石為基石的土壤。

 FW　西洋梨、鳳梨、礦物、白花香、榛果

獵人谷榭密雍

獵人谷是澳洲歷史最悠久的葡萄酒產區,以其澳式希哈和榭密雍而出名。但當地最大的驚喜要數榭密雍白酒,風味複雜,酒體細瘦,並帶有礦物味。

LW　萊姆、紫丁香、亞洲梨、綠鳳梨、蠟

克萊兒谷麗絲玲

澳洲南部有一些較為冷涼的微氣候區,包括阿得雷得山區及克萊兒谷。阿得雷得山區生產一系列的白酒,而克萊兒谷則專注於迷人清爽的干型麗絲玲。

 AW　檸檬、蜂蠟、白桃、萊姆、石油

塔斯馬尼亞酒

塔斯馬尼亞產量不過占全國 0.5%,但這裡的氣候冷涼,夏多內、黑皮諾和氣泡酒卻非常優異,酒體凜瘦多煙燻味,常帶有內斂的蘑菇調性。

 SP　檸檬、扁桃仁、鮮奶油、煙燻味、鹽水

盧瑟根蜜思嘉

全球少見的甜酒,以白蜜思嘉的紅皮變種釀造,有時酒款也標示為「棕蜜思嘉」(Brown Muscat)。這裡的葡萄會經過長時間的掛枝,遠超過一般靜態酒的採收時間,之後才將葡萄用來釀成全澳洲最甜也最「黏稠」的酒款。

 DS　龍眼、橙皮、胡桃、異國香料、咖啡

澳洲茶色加烈酒

早在希哈干型紅酒廣受澳洲熱愛之前,當地多數酒莊釀造的都是希哈甜點酒。這種波特風格的加烈酒嘗來非常美味,尤其是茶色加烈酒,陳年後會產出更多糖漬美洲胡桃的調性。

 DS　太妃糖、燻香、櫻桃果乾、美洲胡桃、肉豆蔻

奧地利

向綠維特利納打聲招呼

許多人不知道的是，奧地利其實愛酒成癮，如果造訪首都維也納，你會發現城市邊緣就有上千英畝的葡萄園，而且已有上千年歷史之久！奧地利以其原生品種而聞名，其中綠維特利納釀成的白酒風格爽脆令人拍案叫絕，其酸度有如閃電一般直擊舌頭。當地其他酒款也擁有同樣怡人且親民的調性，滿載辛香料氣味，使得奧地利酒獨樹一格，與眾不同。

葡萄酒產區

下奧地利是奧地利最大的產區，這裡有許多最受歡迎和該國最重要的品種，包括綠維特利納和麗絲玲。在下奧地利內，另可區分其他數個副產區，諸如 Wachau、Kremstal 與 Kamptal；這些產區如今都端出品質超群的美釀。

南部因受到布爾根蘭的諾伊齊德勒湖（Neus-iedlersee）調節，氣候較暖，因此適合種植高品質的紅酒品種茨威格、藍弗蘭肯和聖羅蘭。

施泰爾馬克（又稱為 Styria）由於氣候較為冷涼，成功釀出了一些品質絕佳的白蘇維濃、多辛香料氣味的西舍爾粉紅酒（Schilcher Rosé），以及蜜思嘉（Muskateller）；後者是以白蜜思嘉釀成的多香干型白酒。

品種

36 個
官方品種

其他
綠維特利納
夏多內
藍葡萄牙人
（Blauer Portigieser）
麗絲玲
白皮諾
木勒土高
藍弗蘭肯
威爾士麗絲玲
（Graševina）
茨威格

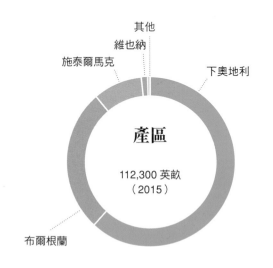

產區

112,300 英畝
（2015）

其他
維也納
施泰爾馬克
下奧地利
布爾根蘭

KAMPTAL
Kamptal DAC

KREMSTAL
Kremstal DAC

WACHAU

TRAISENTAL
Traisental DAC

WEINVIERTEL
Weinviertel DAC

WAGRAM

維也納（Wein）
🍷 維也納園內混釀法定產區
（W. Gemischter Satz DAC）
▶ 綠維特利納

維也納 ○

布拉提斯拉瓦 ○

下奧地利
（Niederösterreich）
▶ 綠維特利納
▶ 茨威格
▶ 麗絲玲
▶ 威爾士麗絲玲

CARNUNTUM

THERMENREGION

維也納新城 •

愛森斯塔特（鐵城）

施泰爾馬克（Steiermark）
▶ 白蘇維濃
▶ 灰皮諾
▶ 威爾士麗絲玲
🍷 西舍爾粉紅酒
▶ 蜜思嘉

NEUSIEDLERSEE-HÜGELLAND
Leithaberg DAC

MITTELBURGENLAND
Mittelburgenland DAC

NEUSIEDLERSEE
Neusiedlersee DAC

布爾根蘭（Burgenland）
▶ 藍弗朗克
▶ 茨威格
▶ 綠維特利納
▶ 夏多內
▶ 聖羅蘭

松波特海伊 •

格拉茲 ○

WESTSTEIERMARK
Schilcherland DAC

SÜDBURGENLAND
Eisenberg DAC

SÜDSTEIERMARK

SÜD-OSTSTEIERMARK

馬里波爾 •

0   25   50 km
0   25 mi

N

值得一嘗的美酒

奧地利的白酒——綠維特利納、麗絲玲與白蘇維濃——多半酒體細瘦且酸度凜冽，實力完全不輸法國與德國之最。該國的紅酒品種茨威格、藍弗蘭肯和聖羅蘭，則因為展現出大量的辛香料、土壤氣息和爆炸性的果香，而成為絕佳佐餐酒。

綠維特利納

奧地利的旗艦品種，可釀成風格多元的葡萄酒。酒標標示為經典（Klassik）的酒款一般較為輕盈、帶有較多胡椒香氣；標示為陳年級（Reserve）或翡翠級（Smaragd，專指來自 Wachau 的酒款），則有更濃郁、更多熱帶果味的調性。那些於橡木桶中培養的酒款值得一尋。

LW　楊桃、鵝莓、甜豌豆、白胡椒、碎岩

麗絲玲

初嘗時會發現奧地利麗絲玲和德國麗絲玲非常相似，兩者都有如水晶一般清澈的酸度，也都展現出爆炸性果香。但同時品飲兩者時，則能發現奧地利麗絲玲的酒體要比德國麗絲玲更凜瘦，也展現出更多草本調性。下奧地利是尋覓好麗絲玲的最佳產區。

 檸檬－萊姆、杏桃、西洋梨、檸檬刨皮、龍蒿

白蘇維濃

如果有機會造訪奧地利的施泰爾馬克，你會發現白蘇維濃堪稱該產區最令人驚豔的酒款。這裡的白蘇維濃酸度奇高，不但令人口頰生津，更為酒款帶來張力，平衡了成熟的水蜜桃果味、辛香料味，以及帶有薄荷氣息的草本風味。

LW　蜜香瓜、芹菜、新鮮香草、白桃、細香蔥

維也納園內混釀酒

這是傳統的維也納白酒，以至少三種來自同一個葡萄園的白葡萄品種釀造而成，其中可能包括綠維特利納、白皮諾、格烏茲塔明那、Graševina（威爾士麗絲玲），以及其他罕見的品種，如 Sämling 與 Goldburger。

 成熟蘋果、西洋梨、杏仁膏、白胡椒、柑橘刨皮

茨威格

茨威格是奧地利種植面積最廣的紅品種，由聖羅蘭（酒體較輕，類似黑皮諾）與酒風較強渾厚的藍弗朗克配種而成。多辛香料氣息的茨威格酒款，以紅色水果為主，建議冰鎮飲用，是舒緩炎夏的絕佳飲品。

LR　酸櫻桃、牛奶巧克力、胡椒、乾燥香草、盆栽土壤

藍弗朗克

奧地利的旗艦紅品種，既有深度也有優良的單寧架構（好年份時），這表示該品種也具有一定程度的陳年潛力。年輕的藍弗朗克嘗起來略帶土壤氣味和辛香料味，也有酸澀水果的味道，但其質地會隨著時間拉長而愈漸柔美。

MR　櫻桃果乾、石榴、烤肉味、多香果、甜菸草

看懂酒標

1985 年，奧地利爆出一樁驚人的醜聞，因為許多低品質的酒款被發現含有乙二醇（ethylene glycol），使得奧地利葡萄酒協會（Austrian Wine Board）重新制訂了更嚴格的釀酒規範。如今，奧地利的葡萄酒品質與法規堪稱全球最嚴謹，即便是規範合乎邏輯，還是容易令人搞混！

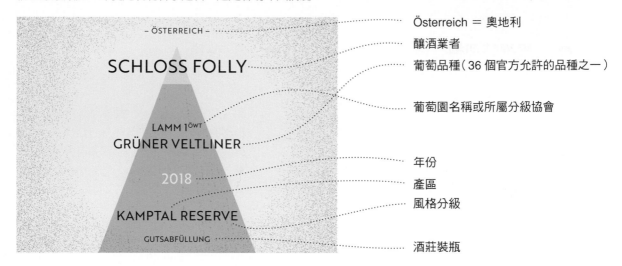

- ÖSTERREICH - .... Österreich ＝ 奧地利

釀酒業者

SCHLOSS FOLLY .... 葡萄品種（36 個官方允許的品種之一）

葡萄園名稱或所屬分級協會

LAMM 1^{ÖWT}
GRÜNER VELTLINER .... 年份

2018 .... 產區

風格分級

KAMPTAL RESERVE

GUTSABFÜLLUNG .... 酒莊裝瓶

Trocken：干型酒，殘糖約 0～9 g/L。

Halbtrocken：微甜型酒，殘糖約 10～18 g/L。

Lieblich：中等甜度型酒，殘糖至多達 45 g/L。

Sweet：甜型酒，殘糖超過 45 g/L。

Klassik：經典，酒體輕盈、多酸的酒款。

Reserve：陳年級，酒體濃郁、酒精濃度 13% 或以上的酒，葡萄為人工採收。

Wein / Austrian Sekt：酒／奧地利氣泡酒，除了產國，不用再標示其他產區名稱，這類酒多半是基本的餐酒品質。

Landwein：地酒，如果是來自 Weinland、Steirerland 或 Bergland 的地酒，表示這是比前者更上一級的酒款，只使用 36 個官方品種釀成。

Qualitätswein：優質葡萄酒，品質最頂級的奧地利酒，這類酒款的頂部會有紅白相間的標籤，用以表示酒款經過兩道檢驗手續（化學分析與品飲分析）。優質葡萄酒只能以奧地利的 36 種官方品種釀成，並只能來自於境內的 16 個葡萄酒產區或九

個州（下奧地利、布爾根蘭、施泰爾馬克、維也納等地）。

Kabinett：卡比內特，屬於優質葡萄酒，但品質、標準更嚴格。

Prädikatswein：特優產區酒，屬於優質葡萄酒，但須以更成熟的葡萄釀成，也須依循更嚴格的釀造規範，再細分為以下：

- 遲摘 **Spätlese**：葡萄含糖量超過 Brix 量表 22.4 度才行採收釀成的酒。
- 特選遲摘 **Auslese**：以受貴腐黴感染且含糖量超過 Brix 量表 24.8 度的葡萄所釀成的酒。
- 貴腐精選 **Beerenauslese**：以受貴腐黴感染且含糖量超過 Brix 量表 29.6 度的葡萄所釀成的酒。
- 冰酒 **Eiswein**：以掛枝冰凍且含糖量超過 Brix 量表 29.6 度的葡萄所釀成的酒。
- 稻草甜酒 **Strohwein**：於稻草席上風乾葡萄以達到含糖量超過 Brix 量表 29.6 度的葡萄所釀成的風乾甜酒。
- 乾葡精選 **Trockenbeerenauslese**：以受貴腐黴感染且含糖量超過 Brix 量表 35.5

度的葡萄所釀成的酒。

DAC：釀自優質葡萄酒的 16 個產區中的 10 個規範產區所釀成的酒，有官方規定的酒款風格（詳見地圖）。

Sekt g.U.：隸屬於優質葡萄酒範圍之下的氣泡酒，有三個等級：經典級（與酵母渣培養九個月）、陳年級（與酵母渣培養 18 個月），以及大陳年級（與酵母渣培養達 30 個月），非常值得一試！

Steinfeder：莠草級，多酸爽口的 Wachau 白酒，酒精濃度至多不超過 11.5%。

Federspiel：羽毛級，酒體中等的 Wachau 白酒，酒精濃度介於 11.5~12.5% 之間。

Smaragd：蜥蜴級，酒體濃郁的 Wachau 白酒，酒精濃度超過 12.5%。

1 ÖWT：列在克雷姆斯河谷、坎普河谷、特萊森河谷（Traisental）與瓦格藍等產區之後的葡萄園名稱（類似一級園的概念）。

智利

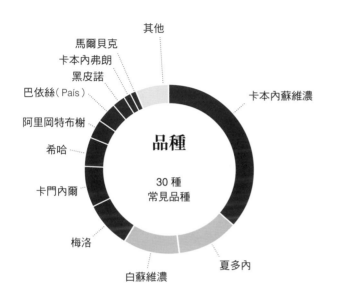

品種

30 種
常見品種

- 其他
- 馬爾貝克
- 卡本內弗朗
- 黑皮諾
- 巴依絲（País）
- 阿里岡特布榭
- 希哈
- 卡門內爾
- 梅洛
- 白蘇維濃
- 夏多內
- 卡本內蘇維濃

產區

321,300 英畝
（2015）

- 其他
- 科金博產區
- 南區
- 阿空加瓜產區
- 中央谷地

南美洲的親法產國

由於法國釀酒業者對智利種植葡萄酒的理想氣候與土壤大為驚豔，因此很早便前進該產區投資釀酒。他們的影響塑造了智利如今的葡萄酒市場，種植的品種也多以波爾多品種為主，如梅洛和卡本內，並專注於外銷市場的經營。1990 年代，科學家發現該國絕大多數的梅洛其實是在個幾乎絕種的品種，稱為卡門內爾，這也讓智利突然擁有屬於自己獨一無二的酒款。

葡萄酒產區

智利國土狹長，夾在太平洋和安地斯山脈之間，由於地理位置獨特，形成一個巨大的空調效應，大量地將冷涼的海風吸進內地。智利的葡萄酒產區可區分成三個獨特的地區：海岸區（Costas，冷涼的海岸產區）、內地區（Entre Cordilleras，即溫暖的內陸谷地），以及安地斯區（Los Andes，即山區）。

- 海岸區最適合種植偏好冷涼氣候的品種，如黑皮諾與夏多內。這裡的白蘇維濃表現也非常優異！
- 內地區是智利最溫暖的產區，以口感柔軟滑順的波爾多混調酒而聞名。
- 安地斯山脈的高海拔有助於釀出具有架構（單寧與酸度）的酒款，這裡的希哈、卡本內弗朗、馬爾貝克與卡本內蘇維濃引人入勝。

太平洋

亞他加馬 Atacama Region
- 多品種

科金博 Coquimbo Region
- 夏多內
- 希哈
- 卡本內蘇維濃
- 白蘇維濃

阿空加瓜 Aconcagur Region
- 白蘇維濃
- 夏多內
- 黑皮諾
- 梅洛
- 卡本內蘇維濃
- 希哈

中央谷地 Central Valley Region
- 卡本內蘇維濃
- 夏多內
- 梅洛
- 白蘇維濃
- 卡門內爾
- 希哈
- 阿里岡特布榭
- 巴依絲
- 卡本內弗朗

南區 South Region
- 亞歷山大蜜思嘉
- 巴依絲
- 夏多內
- 黑皮諾

極南區 Austral Region
- 黑皮諾
- 夏多內

科皮亞波
COPIAPÓ VALLEY

瓦耶納
HUASCO VALLEY

科金博　賽雷納
ELQUI VALLEY

奧瓦耶
LIMARÍ VALLEY

CHOAPA VALLEY　聖胡安

ACONCAGUA VALLEY

雷帕爾河　安地斯　門多薩

CASABLANCA VALLEY　比尼亞德爾馬

SAN ANTONIO VALLEY　聖地牙哥

聖安東尼奧
MAIPO VALLEY

蘭卡瓜
RAPEL VALLEY　聖弗南多　*CACHAPOAL VALLEY*

顧力可　*COLCHAGUA VALLEY*

塔爾卡　*CURICÓ VALLEY*

利納勒斯

MAULE VALLEY

奇廉

康塞普森　伊塔塔河　*ITATA VALLEY*
科羅內爾

安赫雷斯

安哥爾　比奧比奧河

BÍO-BÍO VALLEY

CAUTIN VALLEY　特木科

瓦爾迪維亞

OSORNO VALLEY

奧索諾

N

0　100　200　300　400 km
0　　100　　200 mi

蒙特港

值得一嘗的美酒

智利的紅酒釀造主要著重於波爾多品種，包括卡本內、梅洛與卡門內爾，這定義了智利風格高雅且具架構的酒款。波爾多品種之外，智利的白酒則普遍相當超值，而如巴依絲與卡利濃等品種也正逐漸攻占愛酒人士的心。

卡門內爾

卡門內爾與卡本內弗朗不但有同樣的基因，也多有紅色果味與草本調性。目前智利最好的卡門內爾多來自科查瓜、卡恰布與邁坡谷地，這裡的酒款較其他產區來得更加濃郁，也展現出更多的巧克力香氣。

MR 覆盆莓、李子、綠胡椒、牛奶巧克力、甜椒

卡本內蘇維濃

這是智利種植面積最廣的品種，釀成的酒多風格高雅，且具有草本調性。話雖如此，在 Apalta、邁坡與科查瓜的卡本內蘇維濃，其酒質又更加卓越，酒款濃郁，近似波爾多頂級酒。

FR 黑莓乾、黑櫻桃、綠胡椒、黑巧克力、鉛筆芯

波爾多混調

有鑑於多家法國釀酒業者進駐智利主要葡萄酒產區，也難怪波爾多混調酒成為當地最重要的葡萄酒類型。智利最好的波爾多混調多位於邁坡與科查瓜產區，釀成的酒款風味均衡且具有陳年潛力。

FR 黑醋栗、覆盆莓、鉛筆芯、可可粉、綠胡椒

梅洛

智利的梅洛酒體較細瘦，也多有草本芳香，特別是來自於中央谷地的梅洛紅酒，這裡釀造了最多的散裝酒。不過，釀自卡本內頂級產區的智利梅洛，倒是有相當超值的水準，因為這裡的梅洛常被忽略。

MR 李子、黑櫻桃、乾燥香草、可可粉

黑皮諾

海岸地區——包括響負盛名的卡薩布蘭加谷地與智利南邊的產區——都找得到相當優異的黑皮諾。智利的皮諾通常帶有新鮮和醃漬的莓果風味，以及些微的木頭調性，這是用桶得宜的表現。

LR 藍莓醬、紅李、檀香木、香草、盆栽土壤

希哈

希哈可以説是智利最精彩也最具潛力的品種之一。酒款的風格從帶有黑色果味的多汁紅酒、襯以深沉的黑巧克調性，到較高海拔、展現出更多高雅風格且帶有紅果風味和礦物味的高酸度紅酒皆有。

 FP 波森莓、李子醬、摩卡、多香果、白胡椒

小知識

❚❚ 智利首批釀酒葡萄是於 16 世紀中期由西班牙的傳教士所種下，其中也包括巴依絲品種（即 Listan Prieto）。

❚❚ 截至今日，智利的葡萄園尚不曾受根瘤蚜蟲（Phylloxera）侵襲；這是肆虐全球歐洲種釀酒葡萄品種根部的一種蚜蟲。

卡本內弗朗

卡本內弗朗大概可稱為智利波爾多混調中最不為人所知的主力品種之一，其種植產區更遍及全國各種氣候。不過，最好的卡本內弗朗大概還是來自邁坡和茂列產區。

 黑櫻桃、烤紅辣椒、雪松、燒木燃煙、乾燥香草

巴依絲

又稱為 Mission，廣泛種植於智利，在其他產國卻相當罕見。近年來，茂列與比奧比奧產區（Bio Bio）的釀酒業者開始重新發掘這個品種，釀出多汁並帶有明亮紅果香氣與爽脆單寧的酒款，有點像是智利的薄酒來。

 糖漬覆盆莓、玫瑰、紫羅蘭、櫻桃醬、肉乾

卡利濃

受到當地酒農熱烈支持的品種，因為其老藤數量之多，其中有一些以旱作經營，且只以馬犁田。卡利濃釀成的酒款兼具深沉的風味濃郁度和鮮明的高酸度，平衡了果味和炙烤肉類與草本的鹹鮮調性。

 炙烤李子、蔓越莓乾、肉豆蔻、鐵、白胡椒

夏多內

氣候較冷涼的海岸地區可以找到最好的夏多內。當地最受歡迎的風格是以橡木桶培養的奶味夏多內，多來自卡薩布蘭加和聖安東尼奧谷地。利馬里與阿空加瓜較外緣的產區也有一些展現出豐富礦物味和獨特鹹味的夏多內。

 烤蘋果、鳳梨、楊桃、奶油、水果餡餅

白蘇維濃

智利的白蘇維濃芬芳多香，並帶有爽脆的酸度。這樣的酒款之所以獨特，是因為其白桃和粉紅葡萄柚的果味與強勁的綠色草本調性——如香茅、豌豆仁——和剛被潑濕的水泥地之間的強烈對比。

LW 奇異果、青芒果、剛割下的草、細葉香芹、茴香芹

維歐尼耶

做為單一品種酒，在智利依舊相當罕見；這裡的維歐尼耶常用來與夏多內混調，以為酒款增添帶核水果的香氣，或少量添進希哈，以讓酒色更加穩定（難以置信吧），也有助於提升香氣。如果找到一款單一品種的智利維歐尼耶，你會發現它其實相當柔軟輕盈且多礦物味。

LW 蜜香瓜、茴香芹、綠扁桃仁、亞洲梨、鹽水

法國

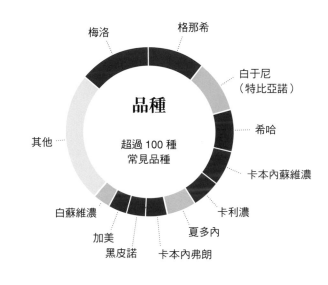

梅洛　　　　　格那希

白于尼
（特比亞諾）

希哈

卡本內蘇維濃

卡利濃

夏多內

卡本內弗朗

黑皮諾

加美

白蘇維濃

其他

品種

超過 100 種
常見品種

薄酒來　　其他
阿爾薩斯
香檳
布根地

隆格多克－胡西庸

西南法

羅亞爾河谷地

產區

2,155,000 英畝
（2014）

普羅旺斯

波爾多

隆河谷地

最具影響力的葡萄酒產國

法國葡萄酒對新世界和發展中的葡萄酒產國皆有舉足輕重的影響力。因此，就算你還沒品嘗過法國葡萄酒，肯定也已經喝過類似法國酒風格的酒款。舉例來說，卡本內蘇維濃、希哈、黑皮諾與夏多內等品種，都源自法國，也都展現出與眾不同的品種特質。品嘗法國酒無疑有助於審視現在葡萄酒的演進和發展。

葡萄酒產區

法國有 11 個主要葡萄酒產區，囊括了各種氣候與地理環境。有些產區因產量、酒款的普及程度與影響力，而較為人所熟知。法國最具影響力（也最有名）的產區大概要數波爾多、布根地、隆河谷地、羅亞爾河谷地與香檳區了。你會發現，在上述這些產區之內，都能找到受歡迎的法國葡萄酒。

如果要簡述法國葡萄酒的風格與成因，莫過於當地變化劇烈的年份表現。這大大影響了每一個年份的酒款（使每一年的酒款嘗起來都與其他年份不同）。優質酒莊的頂級酒雖不會有非常明顯的年份變異，但還是會劇烈影響酒價。因此，購買法國酒的經驗法則自然是選購好年份但超值的酒款！

香檳（Champagne）
- 香檳

阿爾薩斯（Alsace）
- 麗絲玲
- 阿爾薩斯氣泡酒
- 格烏茲塔明那
- 灰皮諾
- 黑皮諾

羅亞爾河谷地（Loire Valley）
- 白蘇維濃
- 蜜思卡得（又稱為香瓜）
- 白梢楠
- 卡本內弗朗

LORRAINE

- 香檳
- 漢斯
- 巴黎
- 史特拉斯堡
- 曼斯
- 奧略昂
- 南特
- 杜爾
- 第戎

布根地（Burgundy）
- 夏多內
- 黑皮諾

薄酒來（Beaujolais）
- 加美

JURA

BUGEY

SAVOIE

VENDÉE

波爾多（Bordeaux）
- 波爾多混調
- 白蘇維濃
- 榭密雍
- 索甸

- 波爾多
- 里昂

AUVERGNE

隆河谷地（Rhône Valley）
- 隆河與 GSM 混調
- 希哈
- 馬珊—胡珊
- 維歐尼耶

西南法（South-West）
- 貝傑哈克（波爾多混調）
- 卡奧爾（馬爾貝克）
- 馬第宏（塔那）
- 依蘆雷姬（塔那—卡本內）
- 居宏頌（Jurançon，大蒙仙）
- 白于尼（托斯卡納—特比亞諾）

- 土魯斯
- 尼斯
- 蒙佩利爾
- 馬賽

隆格多克—胡西庸（Languedoc-Roussillon）
- 隆河與 GSM 混調
- 利慕氣泡酒
- 希哈
- 卡利濃
- 皮朴爾

普羅旺斯（Provence）
- 隆河與 GSM 混調
- 邦斗爾（慕維得爾）
- 侯爾（維門替諾）

科西嘉（Corsiea）
- 隆河與 GSM 混調
- 希哈
- Nielluccio（山吉歐維榭）
- 維門替諾

0　　60　　120　　180 km
0　　60　　120 mi

值得一嘗的美酒

這裡介紹的是法國最具象徵意義的酒款，包括布根地與波爾多，每一種酒都有明顯的土壤調性與優雅個性，使得法國酒多半風味較內斂，這也使它們成為絕佳的餐搭良伴。

干型香檳

香檳是法國首個以傳統法釀造氣泡酒的產區，無年份干型香檳（Brut Champagne）可以說是這裡最受歡迎的酒種風格，通常以夏多內、黑皮諾與皮諾莫尼耶混調而成。

SP 青西洋梨、柑橘、煙燻味、奶油起司、吐司

梧雷氣泡酒

梧雷是羅亞爾河谷地內最有名的白梢楠產區。這裡的酒款從干型到甜型皆有，也有靜態酒和氣泡酒。梧雷氣泡酒可以說是探索這個多花香且美味白梢楠品種的敲門磚。

SP 西洋梨、榅桲、金銀花、薑、蜂蠟

松賽爾

松賽爾是羅亞爾河谷地中最為人熟知的白蘇維濃產區，完全展現出典型的冷涼氣候白蘇維濃：風味精準且直接、帶有礦物味、酸度明亮，並帶有草本風味，餘韻帶酸。

LW 鵝莓、白桃、龍蒿、檸檬—萊姆、白堊

夏布利

布根地北端的副產區，以夏多內為單一品種，釀成的酒款多半不經木桶培養，目的是為了帶出酒款純淨的水果香氣，以及凜冽的礦物感。專家提示：許多頂級的特級園夏布利酒款是會在木桶中培養的。

LW 楊桃、蘋果、白花、檸檬、白堊

阿爾薩斯麗絲玲

最靠近德國的法國產區擅長釀造麗絲玲，似乎一點也不令人感到意外。雖然這裡可以找到許多風格的麗絲玲，絕大多數的阿爾薩斯麗絲玲是干型，並帶有萊姆、青蘋果與葡萄柚的風味，以及些許佐以煙燻味到的礦物感和令人口頰生津的酸度。

AW 萊姆、青蘋果、葡萄柚刨皮、檸檬馬鞭草、煙燻味

布根地白酒

布根地的伯恩丘（Côte de Beaune）產區端出了一些享譽全球的夏多內之冠。這裡的酒款多經過木桶培養，透過人為掌控的氧化過程，釀出滿載堅果和香草風味，並帶有蘋果、香瓜和白花香的美酒。

FW 黃蘋果、金合歡花、蜜香瓜、香草、榛果

小知識

「風土之酒」(Vin de terroir)是為地區酒款的常見標示,意指酒款依循法定品種和規範釀造而成。

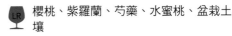絕大多數的高階法國酒都會標示出產區名(Vin de terroir),而不是以品種標示;除了阿爾薩斯產區。

普羅旺斯丘粉紅酒

最重要的粉紅酒產區之一,這裡細緻的粉紅酒常帶有淡銅色澤,一些表現尤其優異的酒款多來自普羅旺斯丘(Côtes de Provence),使用的混調品種通常少不了侯爾(維門替諾)。

 草莓、芹菜、西瓜、花盆、柳橙刨皮

薄酒來

就位於布根地以南的薄酒來,土壤以粉紅色的花崗岩為主,能夠釀出品質優秀的加美紅酒,表現最優異者通常來自十個特級葡萄園,酒款非常近似布根地紅酒,價格卻親民許多。

 櫻桃、紫羅蘭、芍藥、水蜜桃、盆栽土壤

布根地紅酒

來自夜丘(Côte de Nuits)與伯恩丘的黑皮諾堪稱全球價格最昂貴的酒款,因為這類酒款多有風格鮮明的土壤和花香。如果荷包不深,建議也可以找好年份的布根地地區級酒款品嘗。

 紅櫻桃、朱槿、蘑菇、盆栽土壤、乾枯樹葉

南隆河混調

南法產區最愛的主要品種包括格那希、希哈與慕維得爾。紅酒多半展現鮮明的燉煮覆盆莓、無花果和黑莓風味,佐以些許乾燥香草和醃製肉品的調性。

 李子醬、大茴香、石墨、薰衣草、菸草

北隆河希哈

令全球飲者為之癡狂的希哈,正是源自北隆河。這裡的葡萄園多沿著隆河河岸的坡地上(稱為丘 Côtes)種植,釀成的酒款以其鹹鮮的果味(如橄欖)和胡椒香氣著稱,通常優雅,並帶有高酸的果味與紮實的單寧口感。

 橄欖、李子、黑胡椒、黑莓、肉汁

波爾多混調紅酒

波爾多混調紅酒是令全球戀上卡本內蘇維濃與梅洛的主因。最超值的酒包括波爾多優級酒,通常帶有石墨、黑加侖、黑櫻桃與雪茄風味,佐以緊實而平衡的單寧架構。

 黑醋栗、黑櫻桃、鉛筆芯、壤土、菸草

看懂酒標

了解法國酒的秘密，莫過於知道絕大多數的法國酒地區和法定產區。每一個法定產區都有特定的標準，規範可以使用的釀酒品種。

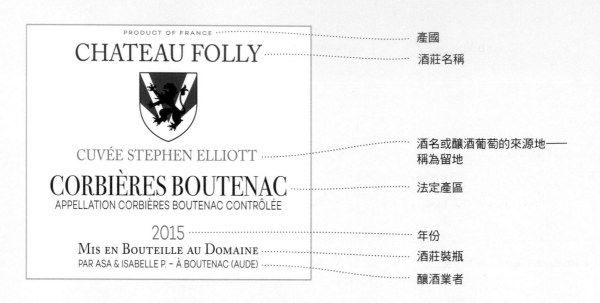

產國

酒莊名稱

酒名或釀酒葡萄的來源地——稱為留地

法定產區

年份

酒莊裝瓶

釀酒業者

法定產區管制（AOP，等同於 AOC）

法定產區管制（Appellation d'Origine Protégée/Appellation d'Origine Contrôlée）是法國嚴格的農產法規，從生產地區、使用的葡萄品種，葡萄的品質以及葡萄園的植栽方式，甚至是釀造方式與陳年，均有規範。法國目前有約 329 個法定產區，由國家法定產區管制局（French national committee for wine and alcoholic beverages, INAO）監管，以確保每個法定產區內的釀酒業者依循各自的規範。

地區餐酒（IGP，等同於 Vin de Pays）

地區餐酒（Indication Géographique Protégée）是法國最普遍的日常餐酒之一。需要依循的法規較為寬鬆，可使用的品種較 AOP 來得多，因此品質變異也較明顯。法國目前有 74 個地理區域，囊括 150 個獨特的 IGP，最知名（也最大）的包括 Comté Tolosan、歐克地區餐酒（Pays d'Oc）、卡斯康丘地區餐酒（Côtes de Gascogne），以及羅亞爾河谷地區餐酒（Val de Loire）。

普級餐酒（Vin de France）

最基本的法國普級餐酒，不限定釀造或種植地區。這類酒款是法國葡萄酒中最低階者，常會在酒標上列出品種，偶而也會有年份標示。

常見酒標詞彙

GRAND VIN de BOURGOGNE

2018

CHASSAGNE-MONTRACHET
LES BLACHOT-DESSUS

APPELLATION CHASSAGNE-MONTRACHET 1ᴱᴿ CRU CONTROLÉE

Mis en Bouteille à la Proprieté
DOMAINE FOLLY et FILS
Proprietaire-Viticulteur à Chassagne-Montrachet (CÔTE-D'OR), France

CONTAINS SULFITES

750ML

13.5% ALC./VOL

Biologique：有機，依循有機農法釀造。

Blanc de Blancs：白中白，以 100% 白葡萄品種釀成的氣泡白酒。

Blanc de Noirs：黑中白，以 100% 黑葡萄品種釀成的氣泡白酒。

Brut：干型，用來形容氣泡酒甜度的詞彙，意指酒款不甜。

Cépage：品種，用來釀造葡萄酒的品種；Encépagement 則是指酒款混調的品種比例。

Château：酒堡，即酒莊。

Clos：以矮牆包圍的葡萄園，也用來指稱一塊古老的矮牆葡萄園以內的特定地塊。常見於布根地。

Côtes：丘，以種植於連貫的坡地或山丘的葡萄所釀成的酒，通常沿著河流開展。

Coteaux：丘，來自多個坡地或山丘（不連貫的）的葡萄釀成的酒。

Cru：優質葡萄園／優質產區＆酒莊，英譯為 Growth，意指一塊或多塊因其品質而受肯定的葡萄園。

Cuvée：特釀，英譯為 Vat 或 Tank，但通常是指特定批次的（混釀）葡萄酒。

Demi-Sec：半干型，微甜型（微甜）。

Domaine：擁有葡萄園的酒莊。

Doux：甜。

Élevé en fûts de chêne：於橡木桶培養。

Grand Cru：特級園，英譯為 Great Growth，通常於布根地和香檳地區使用，用來凸顯該產區最好的葡萄園。

Grand Vin：一軍酒，波爾多釀酒業者用來形容酒莊所釀造品質最優異的酒款，英譯為 First Label。波爾多業者常會釀造一軍、二軍與三軍酒，各有不同價位。

Millésime：年份，常見於香檳產區。

Mis en bouteille au château/ domaine：酒莊內裝瓶，指酒款由酒莊自行裝瓶。

Moelleux：甜。

Mousseux：氣泡酒。

Non-filtré：無過濾，不經過濾的葡萄酒。

Pétillant：微氣泡。

Premiere Cru, 1er Cru：一級酒莊／一級園，英譯為 First Growth，意指波爾多最頂級的釀酒業者，也用來指布根地和香檳品質次好的葡萄園。

Propriétaire：自有獨立酒莊，酒莊業主。

Sec：干，即不甜。

Supérieur：優級，受法定規範的詞彙，常見於波爾多，用來形容最低酒精濃度一般酒款更高、陳年時間也比一般酒款更久的葡萄酒。

Sur Lie：酒渣培養，與死去酵母一同培養的酒款，通常會為葡萄酒帶來更綿密、更多麵包風味的調性，也會使酒體更加圓潤飽滿。常見於羅亞爾河蜜思卡得酒款的釀造。

Vendangé à la main：手工採收。

Vieille Vignes：老藤。

Vignoble：葡萄園。

Vin Doux Naturel, VDN：天然甜葡萄酒，透過加烈的方式停止發酵而釀成的酒（通常是甜點酒）。

波爾多

波爾多絕大多數的業者釀造與酒莊同名的混調紅酒，以梅洛、卡本內蘇維濃和卡本內弗朗混調而成。雖然最頂級的酒莊（通常稱為「酒堡」）所端出的酒款要價不斐，只要找對地方，消費者依舊可以買到許多物超所值的波爾多美酒。

梅多克（左岸）

梅多克以卡本內蘇維濃為主要混調品種，葡萄多半種植於礫石和黏土的土壤之上。釀成酒款多帶有土壤和水果風味，單寧緊實，酒體中等或飽滿。雖然有土壤調性，這裡的酒款風格嘗來多乾淨且洗鍊、優美。

黑醋栗、黑樹莓、木炭、大茴香、煙燻味

里布內區（右岸）

里布內區著重於梅洛混調酒，最佳的酒款多有鮮明的櫻桃和菸草風味，支撐以內斂、帶巧克力味的單寧架構。最佳的葡萄園多位於玻美侯和聖愛美濃產區，並以黏土為主要土質。

黑櫻桃、烘烤菸草、李子、大茴香、可可粉

波爾多白酒

波爾多的白酒不到全產量的 10%，主要以白蘇維濃、榭密雍和罕見的蜜思卡岱勒為主要混調品種。許多波爾多白酒都種植於以沙質和黏土為主的兩海之間產區（Entre-Deux-Mers）。

LW 葡萄柚、鵝莓、萊姆、洋甘菊、碎岩

索甸

許多副產區——包括索甸在內——受加倫河的霧氣影響，使得當地葡萄發展出一種特別的黴菌，稱為貴腐菌（Noble Rot）。這種黴菌會使當地白葡萄的果實風味更加集中，以釀出品質優異的甜白酒。

 杏桃、橘子果醬、蜂蜜、薑、熱帶水果

分級制度

列級酒莊 （Cru Classés） <small>波爾多最昂貴的酒款</small>	1855	於 1855 年所制訂的分級制度，將格拉夫與梅多克產區的 61 家釀酒業者以及索甸的 61 家釀酒業者區分為五個等級。
	聖愛美濃	聖愛美濃的頂級釀酒業者分級，每十年會重新審核一次。
	格拉夫	於 1953 年制訂的格拉夫酒莊分級制度（後又於 1959 年重新修訂）。
優質酒莊（Cru） <small>梅多克產區的酒莊聯盟</small>	布爾喬亞中級酒莊	一群梅多克的釀酒業者以品飲的方式確立各家酒莊的品質。有不少物超所值的美酒。
	藝匠中級酒莊	一小群位於梅多克、並著重於手作的釀酒業者。
波爾多地區級 <small>地區等級和品質的酒款</small>	地區級	來自特定地區的酒款——如布萊（Blaye）和格拉夫等。目前這個等級有 37 個地區級酒款。
	優質酒莊	品質較波爾多 AOP 更高的地區級酒款。
	法定產區管制	即 AOC，為波爾多最基本的地區級酒款，包括氣泡酒與粉紅酒。

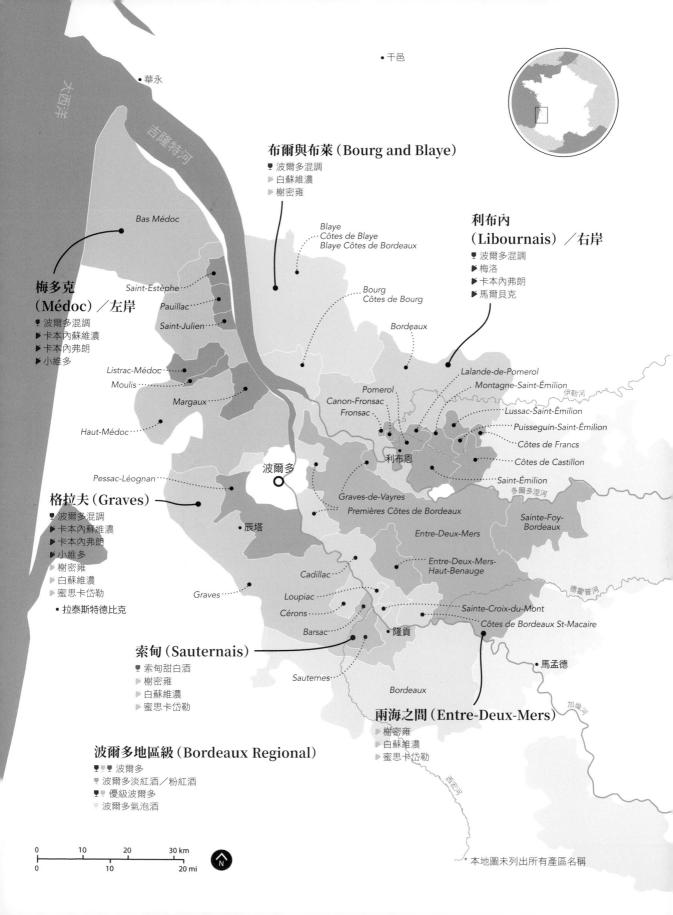

大西洋

吉隆特河

華永

干邑

布爾與布萊（Bourg and Blaye）
- 🍷 波爾多混調
- 🍇 白蘇維濃
- 🍇 榭密雍

Blaye
Côtes de Blaye
Blaye Côtes de Bordeaux

Bas Médoc

**利布內
（Libournais）／右岸**
- 🍷 波爾多混調
- 🍇 梅洛
- 🍇 卡本內弗朗
- 🍇 馬爾貝克

**梅多克
（Médoc）／左岸**
- 🍷 波爾多混調
- 🍇 卡本內蘇維濃
- 🍇 卡本內弗朗
- 🍇 小維多

Saint-Estèphe

Pauillac

Saint-Julien

Bourg
Côtes de Bourg

Bordeaux

Lalande-de-Pomerol

Montagne-Saint-Émilion

Listrac-Médoc

Moulis

Margaux

Haut-Médoc

Pomerol
Canon-Fronsac
Fronsac

利布恩

Lussac-Saint-Émilion

Puisseguin-Saint-Émilion

Côtes de Francs

Côtes de Castillon

Saint-Émilion

伊勒河

Pessac-Léognan

波爾多

格拉夫（Graves）
- 🍷 波爾多混調
- 🍇 卡本內蘇維濃
- 🍇 卡本內弗朗
- 🍇 小維多
- 🍇 榭密雍
- 🍇 白蘇維濃
- 🍇 蜜思卡岱勒

• 拉泰斯特德比克

Graves-de-Vayres

Premières Côtes de Bordeaux

多爾多涅河

Sainte-Foy-
Bordeaux

辰塔

Entre-Deux-Mers

Cadillac

Entre-Deux-Mers-
Haut-Benauge

德霍普河

Graves

Loupiac

Cérons

Barsac

Sainte-Croix-du-Mont

Côtes de Bordeaux St-Macaire

索甸（Sauternais）
- 🍷 索甸甜白酒
- 🍇 榭密雍
- 🍇 白蘇維濃
- 🍇 蜜思卡岱勒

隆貢

Sauternes

馬孟德

Bordeaux

加倫河

兩海之間（Entre-Deux-Mers）
- 🍇 榭密雍
- 🍇 白蘇維濃
- 🍇 蜜思卡岱勒

波爾多地區級（Bordeaux Regional）
- 🍷🍷 波爾多
- 🍷 波爾多淡紅酒／粉紅酒
- 🍷 優級波爾多
- 🥂 波爾多氣泡酒

西宏河

0 10 20 30 km

0   10   20 mi

N

* 本地圖未列出所有產區名稱

布根地

布根地（英文 Burgundy，法文 Bourgogne）的葡萄園歷史可上溯至中古時期，當時是由熙篤會的修士築起許多矮牆（稱為 Clos），並於其內種下釀酒葡萄，以其能趕走肆虐的瘟疫。當時修士種下的品種為何？正是夏多內與黑皮諾！這兩個品種至今已全球知名，而布根地更已成為全球高品質酒款的標竿。

黑皮諾

沿著金丘這塊狹長的坡地種植的品種，正是最受全球名家追捧的黑皮諾。好年份的黑皮諾會有非常明顯的香氣，滿載紅果、花香與內斂而獨特的蘑菇風味。

 櫻桃、朱槿、玫瑰花瓣、蘑菇、盆栽土壤

夏多內

夏多內是種植面積最廣的品種，主要釀成兩種風格的酒款。伯恩丘的夏多內較為濃郁、使用橡木桶培養以帶來黃金蘋果和榛果的風味。馬貢（Mâconnais）地區的夏多內和布根地大區級白酒，酒體則較輕，並通常僅略微過桶。

FW 黃蘋果、烤榲桲、蘋果花、香草、松露

夏布利

夏布利是布根地另一個著重於夏多內的產區，但氣候要比其他地區冷涼許多。絕大多數的夏布利酒款不經過木桶培養，酒體較細瘦並帶有礦物味。但如果找得到等級更高的酒，你會發現夏布利十個特級葡萄園的酒款通常風格要更鮮明，也常經木桶陳年。

LW 榲桲、百香果、萊姆刨皮、布利起司外皮、蘋果花

布根地氣泡酒

你會在這裡發現名為布根地氣泡酒（Crémant de Bourgogne），其釀造方式和使用的品種都與香檳如出一轍。近年來該法定產區又增加了兩個陳年等級，包括至少陳年 24 個月的 Éminent，以及陳年滿 36 個月的 Grand Éminent，後兩者應會展現出更多堅果風味。

 白桃、蘋果、起司外皮、烤麵包、生扁桃仁

分級制度

單一園 布根地品質最優異的酒款	特級園	釀自布根地最頂級的葡萄園（稱為 Climat）的酒款。布根地金丘有 33 個特級園，約占全區黑皮諾 60% 的生產量。
	一級園	釀自優異 Climat 地塊的布根地酒款。布根地有 640 個法定一級園地塊，釀成的酒款可以於酒標上標示出地塊名稱，也可省略不標，但酒款一定會標示出村莊名和一級園（Premier Cru 或 1er Cru）的字樣。
村莊級 來自特定區的優質酒款	村莊名或行政區名	來自布根地村莊的酒款。布根地共有 44 個村莊，包括夏布利、Pommard、Pouilly-Fuissé，與其他隸屬於伯恩丘村莊與馬貢區之下的副產區。
地區級 初階酒款	布根地大區級	來自整個布根地大區的酒款，標示為 Bourgogne、Bourgogne Aligoté、Crémant de Bourgogne 以及 Bourgogne Hautes Côtes de Beaune。

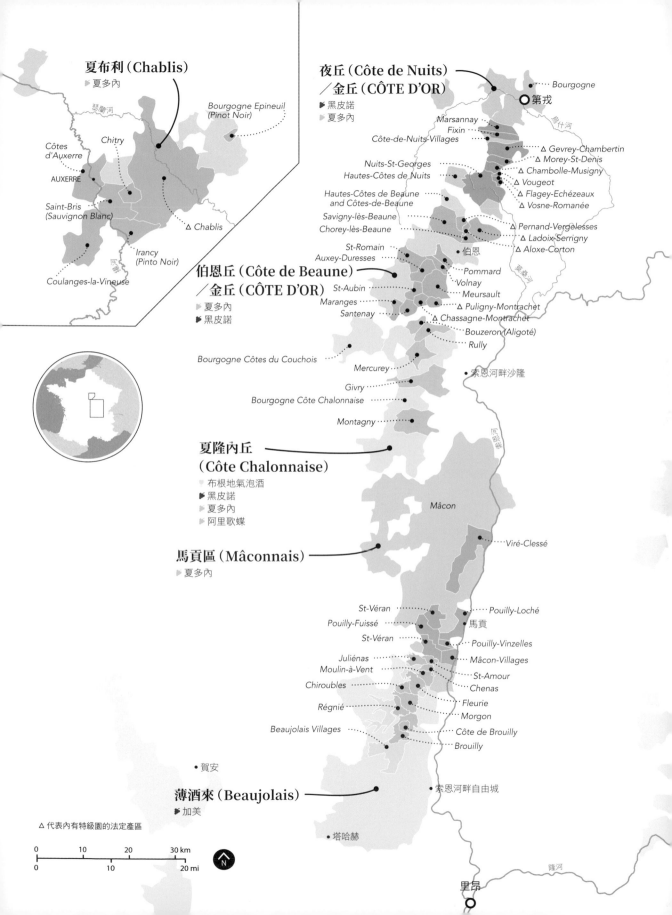

夏布利（Chablis）
▷ 夏多內

瑟蘭河

Bourgogne Epineuil
(Pinot Noir)

Chitry

Côtes
d'Auxerre

AUXERRE

Saint-Bris
(Sauvignon Blanc)

△ Chablis

Irancy
(Pinto Noir)

Coulanges-la-Vineuse

夜丘（Côte de Nuits）
／金丘（CÔTE D'OR）
▶ 黑皮諾
▷ 夏多內

Bourgogne

第戎

馬什河

Marsannay
Fixin
Côte-de-Nuits-Villages

Nuits-St-Georges
Hautes-Côtes de Nuits

Hautes-Côtes de Beaune
and Côtes-de-Beaune

Savigny-lès-Beaune
Chorey-lès-Beaune

St-Romain
Auxey-Duresses

△ Gevrey-Chambertin
△ Morey-St-Denis
△ Chambolle-Musigny
△ Vougeot
△ Flagey-Echézeaux
△ Vosne-Romanée

△ Pernand-Vergelesses
△ Ladoix-Serrigny
△ Aloxe-Corton

伯恩

杜蒙河

伯恩丘（Côte de Beaune）
／金丘（CÔTE D'OR）
▷ 夏多內
▶ 黑皮諾

St-Aubin

Maranges

Santenay

Pommard
Volnay
Meursault
△ Puligny-Montrachet
△ Chassagne-Montrachet
Bouzeron (Aligoté)
Rully

Bourgogne Côtes du Couchois

Mercurey

Givry

Bourgogne Côte Chalonnaise

Montagny

索恩河畔沙隆

夏隆內丘
（Côte Chalonnaise）
◦ 布根地氣泡酒
▶ 黑皮諾
▷ 夏多內
▷ 阿里歌蝶

馬貢區（Mâconnais）
▷ 夏多內

Mâcon

Viré-Clessé

St-Véran

Pouilly-Fuissé

St-Véran

Juliénas

Moulin-à-Vent

Chiroubles

Régnié

Beaujolais Villages

Pouilly-Loché

馬貢

Pouilly-Vinzelles

Mâcon-Villages

St-Amour

Chenas

Fleurie

Morgon

Côte de Brouilly

Brouilly

• 賀安

薄酒來（Beaujolais）
▶ 加美

索恩河畔自由城

△ 代表內有特級園的法定產區

0   10   20   30 km
0   10   20 mi

N

• 塔哈赫

隆河

里昂

香檳

香檳是全球最寒冷的葡萄酒產區之一，歷史上葡萄因過冷而難以成熟的年份層出不窮。可能正是因為如此，使得當地的酒窖總管——如唐培里儂（Dom Perignon）等——從 17 世紀開始便致力於鑽研釀酒工藝，並成功使得氣泡酒成為當地主流酒款。香檳區主要種植的三個品種為夏多內、黑皮諾與皮諾莫尼耶

無年份香檳
（Non Vintage, NV）

酒窖總管擅長於年復一年地創造出品質、風格穩定的酒莊混調酒，這是透過混調來自多年份、多個葡萄園、多個桶槽、或稱為「特釀」的酒款而得來。無年份香檳依法須經過至少 15 個月的培養時間。

SP　檸檬、西洋梨、柑橘刨皮、起司外皮、煙燻味

白中白

白中白意指「以白品種釀成的白酒」，即以白品種釀成的香檳。絕大多數的白中白是以 100% 夏多內釀成，僅有少數例外酒款會添加稀罕品種，諸如 Arbane、白皮諾和 Petit Meslier。

SP　黃蘋果、檸檬蛋黃醬、蜜香瓜、金銀花、吐司

黑中白

黑中白意指「以黑品種釀成的白酒」，即以黑（紅）品種釀成的香檳。絕大多數的黑中白是以比例不等的黑皮諾和皮諾莫尼耶所釀成，酒款多帶有金黃色澤，並展現更多紅色果香。

SP　白櫻桃、紅醋栗、檸檬刨皮、蘑菇、煙燻味

年份香檳（Vintage）

在好年份時，酒窖總管會打造單一年份的香檳。雖然每一家酒莊的年份香檳風格各異，但這類酒款多有更多陳年的風味，如堅果和烘焙水果。年份香檳依法需要培養至少 36 個月始能釋出。

SP　杏桃、白櫻桃、布里歐麵包、杏仁膏、煙燻味

分級制度

單一園	特級園	香檳區中的 17 個特級園向來被視為當地最適合種植夏多內、黑皮諾和皮諾莫尼耶的葡萄園，其酒款可能會成為年份香檳或非年份香檳的混調原料。
單一地區的香檳	一級園	香檳區目前有 42 個葡萄園因其風土優異而獲得一級園殊榮。
年份香檳	「年份」（Millesime）	依法經過至少 36 個月陳年始釋出的單一年份香檳，因陳年而展現出香檳特有的三級香氣，包括杏仁膏、布里歐麵包、吐司與堅果。
釀自單一年份葡萄的香檳		
無年份香檳	NV	釀酒人或「酒窖總管」選用來自多個年份的酒款混調而成一款具有酒莊風格的香檳，其風格每年都相同。無年份香檳依法須培養至少 15 個月始能釋出。
多年份酒款釀成的香檳		

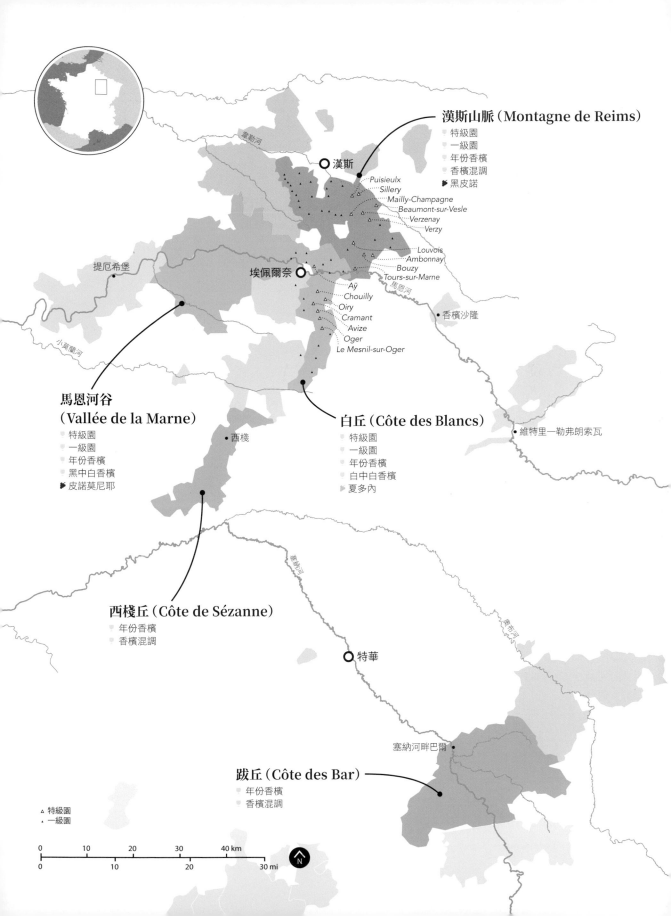

漢斯山脈 (Montagne de Reims)
- 特級園
- 一級園
- 年份香檳
- 香檳混調
- 黑皮諾

星勒河

漢斯

Puisieulx
Sillery
Mailly-Champagne
Beaumont-sur-Vesle
Verzenay
Verzy

提厄希堡

埃佩爾奈

Louvois
Ambonnay
Bouzy
Tours-sur-Marne

馬恩河

Aÿ
Chouilly
Oiry
Cramant
Avize
Oger
Le Mesnil-sur-Oger

香檳沙隆

小莫蘭河

馬恩河谷
(Vallée de la Marne)
- 特級園
- 一級園
- 年份香檳
- 黑中白香檳
- 皮諾莫尼耶

白丘 (Côte des Blancs)
- 特級園
- 一級園
- 年份香檳
- 白中白香檳
- 夏多內

維特里一勒弗朗索瓦

西棧

西棧丘 (Côte de Sézanne)
- 年份香檳
- 香檳混調

塞納河

特華

跋丘 (Côte des Bar)
- 年份香檳
- 香檳混調

塞納河畔巴爾

奧布河

△ 特級園
▲ 一級園

0   10   20   30   40 km
0   10   20   30 mi

N

隆格多克—胡西庸

隆格多克—胡西庸包括隆格多克與胡西庸地區在內，是全法最大的葡萄酒產區，也是尋找物超所值美酒的好去處。隆格多克專長混調紅酒，多以希哈、格那希、慕維得爾和卡利濃所釀造。這裡也釀有令人驚喜的絕佳氣泡利慕氣泡酒（Crémant de Limoux）、甜點酒，和爽脆多酸的白酒。

隆格多克混調紅酒

希哈、格那希、慕維得爾和卡利濃與仙梭（酒體較輕的紅酒）是為當地的主力品種，產區則包括聖西紐（Saint-Chinian）、佛傑爾（Faugères）、密內瓦（Minervois）、高比耶（Corbières）、菲杜（Fitou）和聖路峰（Pic St. Loup）。隆格多克混調紅酒品質多半相當優良，而且只要鄰居產區隆河谷地的一半價格或更低。

MR 黑橄欖、黑醋栗、胡椒、乾燥香草、碎岩

隆格多克混調白酒

南法有種類多元的白酒品種，其中最適合地中海氣候生長者，要數馬珊、胡珊、白格那希、皮朴爾、白蜜思嘉和維門替諾——另外也有稀有的克雷耶特與布布蘭克！這類酒款常以眾多品種混調而成，因此建議找不同釀酒業者才能喝到不同風味的酒款。

LW 視品種各有不同

皮內—皮朴爾

皮朴爾（又稱 Piquepoul）有「刺唇」之意，指的很可能正是該品種的天然高酸度。釀自皮內—皮朴爾（Picpoul de Pinet）的酒款多有清爽、輕盈的酒體，以及令人口頰生津的酸度。這款酒無疑是喝膩了灰皮諾和白蘇維濃的飲者的最佳選擇。

LW 蜜香瓜、檸檬蜜餞、萊姆、蘋果花、碎石

胡西庸丘等地

胡西庸座落於法西交界，素以白蜜思嘉和格那希所釀成的甜點酒而聞名。這裡如今有不少品質絕佳的干型紅酒，多來自於 Coullioure 和胡西庸丘村等地，以格那希為主力品種。

FR 覆盆莓、丁香、橄欖、可可、碎岩

利慕氣泡酒

法國史上第一款氣泡酒，其歷史可上溯至1531 年，是來自利慕 St-Hilaire 區的修道院（不是香檳！）。利慕氣泡酒以夏多內和白梢楠釀成，建議可以試試罕見的利慕—布隆給特祖傳法（Blanquette Methode Ancestrale）氣泡酒，這是以當地的莫札克品種釀成，一窺利慕的釀酒歷史。

SP 烤蘋果、檸檬、萊姆刨皮、馬斯卡彭起司、水蜜桃皮

甜點酒

胡西庸釀有數款表現傑出的甜點酒，多以格那希和白蜜思嘉釀成。釀造這類酒款的葡萄通常到成熟時才採收，接著經過部分發酵，加入天然葡萄蒸餾酒（Eau de vie）以停止發酵過程，釀成的加烈酒帶有濃郁的口感質地，並展現出葡萄本身的甜美滋味。法國人稱為天然甜葡萄酒（Vin Doux Naturel, VDN）。

- 莫瑞（Maury）　• 麗維薩特（Rivesaltes）
- 班努斯（Banyuls）

MILLAU

隆格多克（Languedoc）

- 利慕氣泡酒
- 隆河與 GSM 混調
- 卡利濃
- 仙梭
- 馬珊／胡珊
- 白梢楠
- 夏多內
- 白格那希
- 莫札克

Cabardès

Minervois La Livinière

Minervois

Terrasses du Larzac

Pic St-Loup

Faugères

Cabrières

Saint-Chinian

貝爾盧 佛傑爾 羅科布蘭

聖西紐

Pézenas

呂內爾

蒙佩利爾

佩吉納

皮內

夫隆提良

Muscat de Lunel

Malepère

卡卡松

貝吉厄赫

Muscat de Frontignan

Limoux

布特納克

那邦

Picpoul de Pinet

La Clape

隆格多克丘
（Coteaux du Languedoc）

- 隆河與 GSM 混調
- 卡利濃
- 仙梭
- 皮朴爾
- 白格那希
- 克雷耶特
- 蜜思嘉

Corbières-Boutenac

Corbières

Fitou

Maury

Côtes du Roussillon-Villages

麗維薩特

佩皮尼昂

胡西庸（Roussillon）

- 莫瑞與班努斯
- 麗維薩特蜜思嘉
- 隆河與 GSM 混調
- 格那希
- 卡利濃

Côtes du Roussillon

科利烏爾

Collioure and Banyuls

地中海

0 10 20 30 40 km

0 10 20 30 mi

N

＊本地圖未列出所有產區名稱

羅亞爾河谷地

羅亞爾河谷地幅員遼闊，沿著法國最長的河流及其支流延伸。這裡氣候較為冷涼，非常適合釀造酒體細瘦、酸度飆高的白酒，使用的品種包括白梢楠、白蘇維濃和蜜思卡得。紅品種則有卡本內弗朗、加美、鉤特（即馬爾貝克），釀成的酒多有草本香氣，個性質樸，也有充滿果味的干型粉紅酒。

白蘇維濃

羅亞爾河的土罕和中央地方（Centre）著重於白蘇維濃的釀造。而最出名的白蘇維濃產區，則屬松賽爾與普依—芙美（Pouilly Fumé）。這裡的白蘇維濃水果成熟度較高，且常帶有打火石和煙燻味。

LW 成熟鵝莓、檸檬、葡萄柚、白堊、煙燻味

白梢楠

白梢楠可以釀成種類非常多元的酒款，從干型到甜型、氣泡酒到靜態酒皆有。該品種主要種植於土罕和安茹—梭密爾產區，也可以釀成羅亞爾河氣泡酒（Crémant de Loire）。其他值得注意的產區還包括梧雷、羅亞爾河—蒙路易、莎弗尼耶（氧化風格）以及休姆—卡德（Quarts de Chaume，甜點酒）。

LW 西洋梨、金銀花、檸檬、蘋果、蜂蠟

蜜思卡得（香瓜）

離海岸不遠的南特產區（Nantais）以其令人心曠神怡且充滿礦物味的香瓜白酒聞名。當地約有 70~80% 的葡萄酒標示為蜜思卡得—塞維曼尼（Muscadet-Sèvre-et-Maine），而許多釀酒業者習慣將酒款與酵母渣浸泡（稱為 Sur lie），以增添其白酒的濃郁口感與酵母香氣。

LW 萊姆皮、貝殼、青蘋果、西洋梨、拉格啤酒

卡本內弗朗

卡本內弗朗（又稱為 Breton）種遍了羅亞爾河全區，但最知名的要數羅亞爾河中部位於希濃和布赫蓋產區一帶。這裡氣候偏冷，紅酒多半帶有辛香料的氣味和草本風味以及明顯的甜椒調性。出乎意料的是，當地的卡本內弗朗陳年潛力極佳，並常於窖藏後發展出柔軟的烤李子和菸草風味。

MR 烤甜椒、覆盆莓醬、酸櫻桃、鐵、乾燥香草

鉤特（馬爾貝克）

這和你所熟知的阿根廷馬爾貝克大相逕庭！羅亞爾河谷地的馬爾貝克稱為鉤特，常見於土罕產區。酒款以其質樸的口感風味而聞名，並帶有土生水果與草本調性。建議可以搭配鉤特和南法著名的雜燴沙鍋！

MR 綠橄欖、黑醋栗、菸草、黑樹莓、乾燥香草

羅亞爾河氣泡酒

羅亞爾河谷地釀有為數眾多的氣泡酒，包括羅亞爾河氣泡酒、梧雷和梭密爾。氣泡酒多半見於羅亞爾河中部，通常以白梢楠、夏多內和卡本內弗朗釀成；後者用於粉紅酒的釀造。羅亞爾河的氣泡酒多半帶有鮮明的酸度和新鮮的果味，標示為天然微泡（Pétillant-naturel）的酒款則是以古早法釀成，酒色混濁、帶有酵母風味和細微氣泡的葡萄酒。

南特地區（Pays Nantais）
- 蜜思卡得（香瓜）
- 大普隆（Gros Plant，即Folle Blanche）

安茹─梭密爾（Anjou-Saumur）／羅亞爾河中游
- 羅亞爾河氣泡酒
- 白梢楠
- 卡本內弗朗
- 加美

土罕（Touraine）／羅亞爾河中游
- 白梢楠
- 卡本內弗朗
- 白蘇維濃
- 夏多內
- 鉤特（馬爾貝克）
- 加美

中央地方（Centre）／羅亞爾河上游
- 白蘇維濃
- 黑皮諾
- 加美
- 夏多內

VENDÉE
- 卡本內弗朗
- 夏多內

AUVERGNE
- 黑皮諾
- 加美
- 夏多內

巴黎

曼斯

旺多姆

奧略昂

杰恩

Anjou

Savennières

Coteaux d'Ancenis

Muscadet Sèvre et Maine

Muscadet

安傑

Bourgueil

杜爾

Vouvray

布耳瓦

Cheverny and Cour-Cheverny

Coteaux du Giennois

Sancerre

南特

梭密爾

安布瓦士

Ménetou-Salon

Pouilly-Fumé

Quarts-de-Chaume

Bonnezeaux

Coteaux du Layon

Chinon

Montlouis sur Loire

Valençay

Quincy

Reuilly

Saumur

Haut-Poitou

濱海奧洛訥

Châteaumeillant

Saint-Pourçain

干邑

奧弗涅庫爾農

Côtes d'Auvergne

大西洋

波爾多

利布恩

羅亞爾河

羅瓦河

維埃恩河

多爾多涅河

Seine

0　25　50　75　100 km
0　　25　　50　　75 mi

N

* 本地圖未列出所有產區名稱

隆河谷地

格那希、希哈與慕維得爾是隆格谷地最主要的品種。南部的隆河丘混調（紅酒與粉紅酒）依法可以至多 18 個品種混調而成！至於北隆河則是以希哈單一品種酒稱王，以及少量種植的維歐尼耶。

希哈

講到希哈，許多飲者的終極酒款是北隆河產區，這裡的羅弟丘、艾米達吉和高納斯（Cornas）堪稱希哈最極致的表現。這類酒款多有鮮明的風格，單寧充沛，且帶有鹹鮮的橄欖、李子醬與培根脂肪的風味。如果想找物超所值的品項，也可以挑選好年份的聖喬瑟夫（Saint-Joseph）和克羅茲—艾米達吉（Crozes-Hermitage）產區酒款。

 鯷魚橄欖醬、李子醬、黑胡椒、培根脂肪、乾燥香草

隆河與 GSM 混調

格那希是南隆河 GSM 混調紅酒的主要品種，但該產區也是許多其他稀有品種的家鄉，包括仙梭、古諾日、黑鐵烈、蜜思卡丹與馬瑟蘭，這些品種較常見於兼具果味和質樸風格的混調紅酒之中。

 炙烤李子、菸草、覆盆莓醬、乾燥香草、香草

馬珊混調

雖然隆河產區遍地種有許多白品種，但最常見於隆格丘白酒的品種，要屬馬珊和胡珊。馬珊混調酒通常酒體濃郁，並帶有鮮明的水蜜桃果味，質地略帶油質風味，餘韻則有點近似過桶的夏多內。

 蘋果、椪柑、白桃、蜂蠟、金合歡

維歐尼耶

恭得里奧（Condrieu）與格里業堡（Château-Grillet）這兩個小產區釀造 100% 的維歐尼耶。維歐尼耶白酒通常帶有明顯甜美香氣，許多人相信這就是該品種最經典的特性。由於維歐尼耶愈來愈受歡迎，未來可能會見到更多這品種的白酒。

 水蜜桃、橘子、金銀花、玫瑰、生扁桃仁

分級制度

優質產區 隆河品質最優的 17 個葡萄酒產區	北隆河	其中八個酒村釀造希哈，另外兩個則為維歐尼耶（恭得里奧與格里業堡）。聖佩雷（St-Peray）為氣泡酒產區。
	南隆河	位於蒙特利馬（Montélimar）以南的九個酒村，釀造的酒款有紅、白、粉紅和甜酒。這些酒款可以「Cru」等級標示（見地圖）。
隆河丘村莊級 高品質的南隆河混調酒	南隆河	隆河丘村莊酒款依法需要以至少 50% 的格那希釀造。這裡共 95 個區可釀造隆河丘村莊級酒款，其中 21 個會於酒標上列出村莊名（如 Chusclan Côtes du Rhône Villages）。表現特優的村莊甚至有機會獲得升等，成為優質產區！
地區級 地區級酒款	隆河丘與其他	有 171 個地區可以釀造隆河丘酒款。除此之外，Ventoux、Luberon、Grignan les Adhémar、Costières de Nîmes、Clairette de Bellegarde 與 Côtes du Vivarais 也隸屬這個等級。

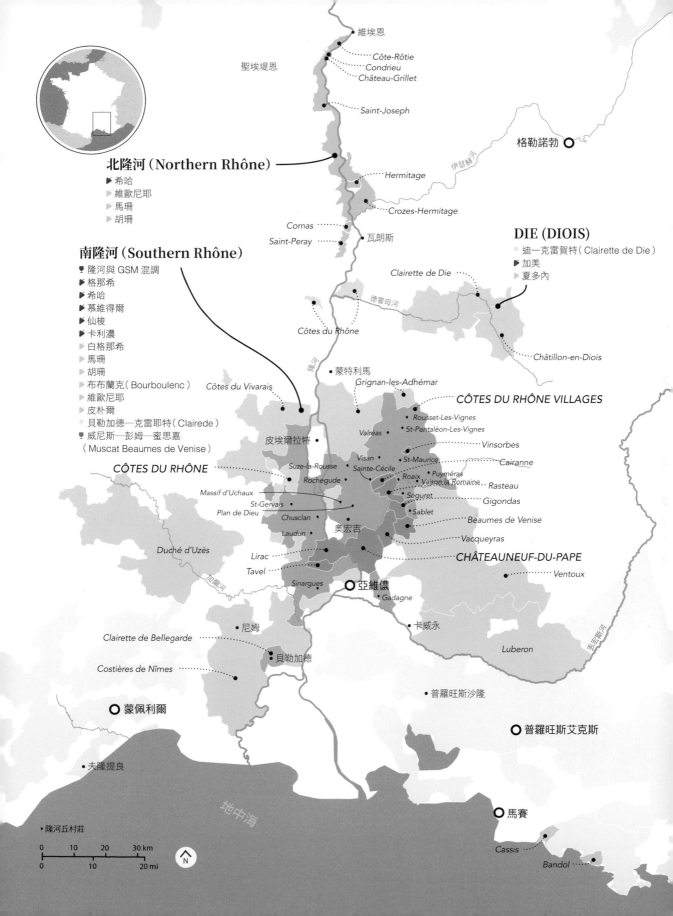

維埃恩

聖埃堤恩

Côte-Rôtie
Condrieu
Château-Grillet

Saint-Joseph

格勒諾勃

北隆河（Northern Rhône）
- 希哈
- 維歐尼耶
- 馬珊
- 胡珊

Hermitage

Crozes-Hermitage

DIE (DIOIS)
- 迪一克雷賀特（Clairette de Die）
- 加美
- 夏多內

Cornas
Saint-Peray
瓦朗斯

Clairette de Die

南隆河（Southern Rhône）
- 隆河與 GSM 混調
- 格那希
- 希哈
- 慕維得爾
- 仙梭
- 卡利濃
- 白格那希
- 馬珊
- 胡珊
- 布布蘭克（Bourboulenc）
- 維歐尼耶
- 皮朴爾
- 貝勒加德一克雷耶特（Clairede）
- 威尼斯一彭姆一蜜思嘉
  （Muscat Beaumes de Venise）

Châtillon-en-Diois

Côtes du Rhône

Côtes du Vivarais

蒙特利馬

Grignan-les-Adhémar

CÔTES DU RHÔNE VILLAGES

Rousset-Les-Vignes
Valréas
St-Pantaléon-Les-Vignes

Vinsorbes

皮埃爾拉特

Visan
Sainte-Cécile
St-Maurice
Cairanne

Suze-la-Rousse
Roaix
Puyméras
Vaison la Romaine
Rasteau

CÔTES DU RHÔNE

Rochegude
Séguret
Gigondas

Massif d'Uchaux
St-Gervais
Sablet
Beaumes de Venise

Plan de Dieu
Chusclan
奧宏吉
Vacqueyras

Laudun

CHÂTEAUNEUF-DU-PAPE

Lirac
Ventoux

Duché d'Uzès
Tavel
Sinargues
○ 亞維儂

Gadagne

Luberon

Clairette de Bellegarde
尼姆

卡威永

普羅旺斯沙隆

Costières de Nîmes
貝勒加德

○ 蒙佩利爾

○ 普羅旺斯艾克斯

夫隆提良

地中海

○ 馬賽

• 隆河丘村莊

0   10   20   30 km
0   10   20 mi

N

Cassis

Bandol

德國

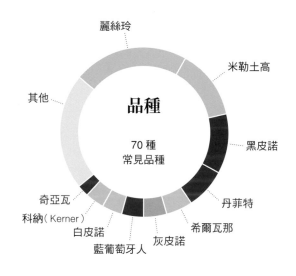

麗絲玲
米勒土高
其他
品種
70 種
常見品種
黑皮諾
奇亞瓦
丹菲特
科納（Kerner）
希爾瓦那
白皮諾
灰皮諾
藍葡萄牙人

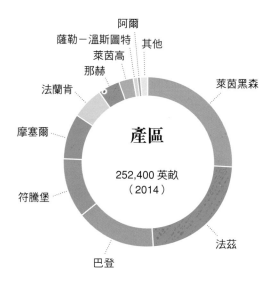

阿爾
薩勒－溫斯圖特
其他
萊茵高
那赫
法蘭肯
萊茵黑森
摩塞爾
產區
252,400 英畝
（2014）
符騰堡
法茲
巴登

麗絲玲的國度

德國自 1720 年於萊茵高產區的約翰山堡酒莊（Schloss Johannisberg）開始大量種植並釀造麗絲玲之後，便始終位居全球最頂尖的單一品種釀酒國之一，而該國也一直是麗絲玲最優秀的釀酒國。德國麗絲玲風格多元，從酒體凜瘦的干型白酒到濃郁的甜白酒均有。除了麗絲玲，這裡的冷氣候也非常適合釀造酒體輕盈的紅酒和芬香白酒。近幾年來，德國更一直以其有機和生物動力的產酒方式引領歐洲酒業。

葡萄酒產區

德國全境有 13 個產區，稱為 Anbaugebiete（唸做 ahn-bow-jeh- beet）。絕大多數的德國葡萄酒產區都位於西南邊。

- 最南邊的產區包括巴登、符騰堡和一部分的法茲產區。這裡多著重於紅酒的種植與釀造，特別是黑皮諾和藍弗朗克。
- 萊茵高、萊茵黑森、那赫（Nahe）與摩塞爾谷地則是全國釀造最多麗絲玲的產區。全球一些品質最傑出的頂級麗絲玲美酒，便是來自於萊茵高和摩塞爾谷地。
- 占地較小的阿爾（Ahr）產區，以品質優異的黑皮諾而著稱。
- 最後，則是有來自薩克森（Sachsen）和薩勒—溫斯圖特（Salle-Unstrut）的衛星產區，釀出質優的白皮諾。

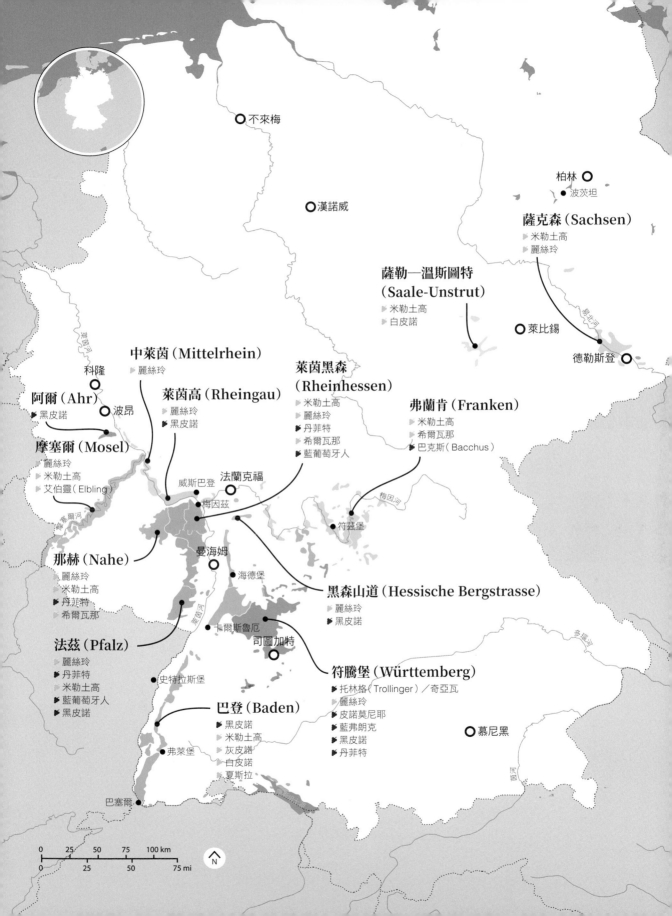

不來梅

漢諾威

柏林 ○
● 波茨坦

薩克森（Sachsen）
▷ 米勒土高
▷ 麗絲玲

**薩勒—溫斯圖特
（Saale-Unstrut）**
▷ 米勒土高
▷ 白皮諾

○ 萊比錫

德勒斯登 ○

中萊茵（Mittelrhein）
▷ 麗絲玲

科隆
○
波昂 ○

阿爾（Ahr）
▶ 黑皮諾

萊茵高（Rheingau）
▷ 麗絲玲
▶ 黑皮諾

**萊茵黑森
（Rheinhessen）**
▷ 米勒土高
▷ 麗絲玲
▶ 丹菲特
▷ 希爾瓦那
▶ 藍葡萄牙人

弗蘭肯（Franken）
▷ 米勒土高
▷ 希爾瓦那
▶ 巴克斯（Bacchus）

摩塞爾（Mosel）
▷ 麗絲玲
▷ 米勒土高
▷ 艾伯靈（Elbling）

威斯巴登
法蘭克福
梅因茲

符茲堡 ●

那赫（Nahe）
▷ 麗絲玲
▷ 米勒土高
▶ 丹菲特
▷ 希爾瓦那

曼海姆 ○
● 海德堡

黑森山道（Hessische Bergstrasse）
▷ 麗絲玲
▶ 黑皮諾

法茲（Pfalz）
▷ 麗絲玲
▶ 丹菲特
▷ 米勒土高
▶ 藍葡萄牙人
▶ 黑皮諾

● 卡爾斯魯厄
司圖加特 ○

符騰堡（Württemberg）
▶ 托林格（Trollinger）／奇亞瓦
▷ 麗絲玲
▷ 皮諾莫尼耶
▶ 藍弗朗克
▶ 黑皮諾
▶ 丹菲特

● 史特拉斯堡

巴登（Baden）
▶ 黑皮諾
▷ 米勒土高
▷ 灰皮諾
▷ 白皮諾
▷ 夏斯拉

● 弗萊堡

○ 慕尼黑

巴塞爾 ●

0　25　50　75　100 km
0　　25　　50　　75 mi

N

值得一嘗的美酒

除了麗絲玲，德國冷涼的產區也端出了一些表現同樣傑出的其他品種酒，包括如藍弗朗克和黑皮諾在內的細緻紅酒。有趣的是，無論是什麼品種，德國葡萄酒始終有股明顯的辛香料氣味，將所有德國酒串連在一起。

高級優質（Pradikat）甜型麗絲玲

這類酒款包括延遲採收的遲摘酒（Spätlese）、特選遲摘（Auslese）、貴腐精選（BA）和乾葡精選（TBA，見頁239），堪稱最受全球追捧的甜型麗絲玲白酒。這類酒款多有出乎意料的深度，甜度與酸度形成強烈對比，且帶有濃郁的杏桃、萊姆和蜂蜜香氣。

 杏桃、蜂蜜、萊姆、椰青、龍蒿

干型麗絲玲

干型麗絲玲近來日漸受到德國歡迎。一款高級優質等級的干型麗絲玲，酒標上通常會標出「干型」（Trocken）一詞，也可以從酒精濃度的多寡來判斷酒款是否帶甜。一般而言，酒精濃度較高的酒款通常甜度較低，是為偏干或或干型麗絲玲。

 LW　蜜香瓜、白桃、萊姆、茉莉、煙燻味

VDP 麗絲玲

VDP 代表的是德國頂級酒莊協會（Verband Deutscher Prädikatsweingüter e.V.），唯有受邀才能加入，會員均為全德國表現最佳的頂級酒莊。VDP 會對葡萄園做分級制度，釀自最優葡萄園者稱為特級園酒（Grosses Gewächs），其次是一級園酒（Erstes Gewächs）。

 酒風與風味各有不同

希爾瓦那

好的希爾瓦那酒多半物超所值。這個品種的主要產區包括萊茵黑森與弗蘭肯，釀成的酒多半以紮實的綠色大肚瓶（Bocksbeutel）盛裝。最好的希爾瓦那常有令人興奮不已的甜美帶核果味香氣，和打火石與礦物味形成強烈對比。

 LW　水蜜桃、百香果、橙花、百里香、白堊

灰皮諾

德國的灰皮諾（Grauburgunder）多半酒體非常輕盈，並帶有怡人的花香調性，佐以白桃、西洋梨和礦物調性。由於酸度偏高，酒款嘗來多有緊緻口感，並襯托以濃郁且帶點油味的中段口感。

LW　白桃、油味、亞洲梨、萊姆、白花香

白皮諾

灰皮諾與白皮諾（Weißburgunder）雖有非常多共通點，但後者更加細緻、風味也更內斂一些。如果要說有什麼單一品種酒是可以搭配晚茶的小黃瓜三明治的，非白皮諾莫屬。

 LW　白桃、白花香、青蘋果、萊姆、白堊

小知識

米勒土高

由 Madeleine Angevine 與麗絲玲同種交配而成的品種，較早熟，因此能在德國偏冷的產區生長，釀成的酒相較於麗絲玲有更多熱帶果香，但酸度偏低；兩者風味類似，但米勒土高的價格親民得多。

 成熟水蜜桃、橙花、油味、檸檬、杏桃乾

氣泡酒

雖然德國還是有生產一些品質低劣的氣泡酒，但這些多半不會出口。展現驚人潛力的氣泡酒多半有「傳統法釀造」（Traditionelle Flaschengärung）的表示，主要以皮諾家族的品種和夏多內釀成。建議可以嘗試法茲和萊茵高的高品質氣泡酒。

 烤蘋果、白櫻桃、蘑菇、紅唇糖（Wax Lips）、萊姆

黑皮諾

德國南部較溫暖的產區和阿爾專釀黑皮諾（Spätburgunder），這些地區的黑皮諾帶有豐沛的甜美果香，襯以內斂的土壤和葉子調性。由此可知，它們嘗來像是結合新、舊世界風格於一體。

 藍莓乾、覆盆莓、肉桂、乾樹枝、黑糖

藍弗朗克

主要釀自巴登和符騰堡產區，因這些地區的生長季較長、氣候也較暖。優良的德國藍弗朗克（Lemberger）多有濃郁的巧克力和莓果風味，單寧緊實、酸度辛辣。藍弗朗克也是最適合秋天享用的美酒。

 醋栗醬、石榴、黑糖、黑巧克力、白胡椒

丹菲特

非常受歡迎的超值德國酒，但品質參差不齊，建議小心慎選！釀得好時，丹菲特可以展現出瘋狂、甜美的烘焙莓果味以及香草香氣，佐以適中的單寧、辛辣的酸度和帶點土壤與草本調性的餘韻。

 覆盆莓派、牛至、香草、酸藍莓、胡椒、盆栽土壤

葡萄牙人

酒體輕盈的紅酒，多見於德國河其他多瑙河流經的國家，包括奧地利、匈牙利、克羅埃西亞和塞爾維亞。在德國主要種植於法茲和萊茵黑森，釀成的酒款中，最受歡迎的要屬粉紅酒與風格簡單的紅酒。

 紅莓乾、胡椒辛辣感、烘烤牛至

看懂酒標

一旦了解德國辨別葡萄酒品質與葡萄成熟度的系統之後，就能善加探索德國 13 個法定葡萄酒產區的不同。德國用來表示這些不同法定產區的詞是「Anbaugebiete」（唸做 ahn-baw-jeh-beet）。

釀酒業者協會
產區
酒莊名稱
年份
葡萄園所座落的村莊名稱。字尾的「ER」是德文所有詞的詞綴。
葡萄園
品種
成熟等級
酒莊自行裝瓶
德國葡萄酒分級制度

甜度等級

Trocken / Selection：干型，殘糖至多 9 g/L 的干型酒。Selection 一詞專用於來自萊茵高、並以手工採收的酒款。

Halbtrocken / Classic：微甜型或略帶甜感的酒款，殘糖至多 18 g/L；殘糖至多達 15 g/L 的酒款可標示為 Classic。

Feinherb：非官方詞彙，用以形容微甜型的酒款，類似「Halbtrocken」。

Lieblich：中等甜度型，甜型酒，殘糖至多 45 g/L。

Süß or Süss：甜型，殘糖超過 45 g/L 的甜型酒。

其他詞彙

Anbaugebiete：德國 13 個受保護的葡萄酒法定產區。

Bereich：位於法定產區之內的副產區。舉例來說，摩塞爾谷地有六個副產區，分別是 Moseltor, Obermosel, Saar, Ruwertal, Bernkastel 與 Burg Cochem。

Grosselage：一組葡萄園，不同於 VDP.Grosse Lage。

Einzellage：單一園，單一葡萄園。

Weingut：酒莊。

Schloss：城堡或酒堡。

Erzeugerabfüllung： 或 Gutsabfüllung，即酒款於酒莊內裝瓶。

Rotwein：紅酒。

Weißwein：白酒。

Liebfraumilch：聖母奶，一種價格低廉的甜酒（多為甜白酒）。

Sekt b.A.：法定產區氣泡酒，釀自德國 13 個法定產區之一的氣泡酒。

Winzersekt：氣泡酒，酒莊以單一品種自種自釀的高品質氣泡酒，以傳統法釀造。

Perlwein：人工打入二氧化碳的半氣泡酒。

Rotling：以混調紅酒和白酒釀成的粉紅酒。

Fruhburgunder：德國的黑皮諾變種，多見於阿爾。

Trollinger：托林格，即 Schiava Grossa 品種。

Elbling：艾伯靈，非常古老且稀有的白品種，多見於摩塞爾。

Würzgarten：意即「香料花園」，常見的德國葡萄園名稱。

Sonnenuhr：意即「日晷」，常見的德國葡萄園名稱。

Rosenberg：意即「玫瑰山丘」，常見的德國葡萄園名稱。

Honigberg：意即「蜂蜜山丘」，常見的德國葡萄園名稱。

Alte Reben：老藤。

葡萄酒分級

乾葡精選／德國冰酒
貴腐精選
特選遲摘
遲摘酒
卡比內特

特優產區酒（Prädikatswein）
葡萄酒以葡萄的成熟等級和最低酒精濃度做區分。這類酒款不允許加糖。

優質葡萄酒／法定產區氣泡酒
（Qualitätswein / Sekt B.A.）
釀自德國 13 個法定產區的許可種植並釀造的葡萄，依法可加糖。

地酒
釀自 26 個稱為 Landweingebiete、範圍較大的產區的酒款，必須釀成干型或微甜型。

德國酒（Deutscher Wein）／德國氣泡酒（D. Sekt）
沒有法定產區的規範，只要是 100% 德國釀造即可。

氣泡酒（Sekt）
非德國的氣泡酒，只要符合歐盟品質規範的最低等級即可。

德國頂級酒莊協會

VDP 特級園酒（VDP.Grosses Gewächs, GG）／ VDP 特級園（VDP.Grosse Lage）＊

VDP 一級園酒（VDP.Erste Lage）＊

VDP 地區酒（VDP.Ortswein）＊

VDP 餐酒（VDP.Gutswein）＊

＊ VDP 落在德國特優產區酒或優質葡萄酒的範疇之內。

特優產區酒

卡比內特：酒體最輕盈的麗絲玲，以 Oechsle 甜度度數介於 67~82 之間，釀成酒款的殘糖約為 148~188 g/L。酒款從干型到微甜型皆有。

遲摘酒：意即「遲摘」。葡萄甜度介於 Oechsle 甜度度數 76~90 之間，釀成酒款的殘糖約為 172~209 g/L。遲摘酒通常濃郁，比卡比內特甜。如果你在酒標上看到「Trocken」字樣，表示該款酒是干型且酒精濃度較高。

特選遲摘：意即「特選採收」，葡萄於 Oechsle 甜度度數 83~110 之間時採收，釀成的酒款殘糖約介於 191~260 g/L。葡萄以手工採收，並受貴腐菌感染。酒款通常帶甜，如果不甜，酒精濃度通常較高；後者會標示「Trocken」字樣。

貴腐精選：意即「逐粒精選」。這類酒款較為稀有，因為葡萄通常已因受到貴腐菌感染而乾縮，Oechsle 甜度度數為 110~128 之間，釀成的酒款殘糖高達 260 g/L 以上！這類珍稀的甜點酒多以半瓶裝出售。

乾葡精選：意即「逐粒精選乾縮的葡萄」。這是這組酒款中最稀有的一種，以受貴腐菌感染、並已經掛枝乾縮的葡萄釀成，一般於 Oechsle 甜度度數為 150~154 之間採收，是非常濃甜的葡萄酒。

德國冰酒：意即「冰酒」，表示葡萄於掛枝期間凍結後再行採收並壓榨所釀成的酒。釀造德國冰酒的葡萄，一般於 Oechsle 甜度度數為 110~128 之間採收，釀成的酒款殘糖可達 260 g/L 以上！非常濃甜的葡萄酒。

德國頂級酒莊協會

德國頂級酒莊協會是一個非官方的獨立協會，目前會員約有 200 家酒莊；協會也有自己的葡萄園分級制度。

VDP 餐酒：意即「餐酒」，標示有釀酒業者、酒村或地區名稱，以及掛有 VDP 的酒款。

VDP 地區酒：意即「當地村莊的酒」，釀自單一村莊的高品質葡萄園、並標示有葡萄園名稱的 VDP 酒款。

VDP 一級園酒：意即「一級地塊」，釀自表現一流的葡萄園、並依循較嚴格的種植標準所釀成的酒。所以一級園酒均通過協會的品飲小組鑑定。

VDP 特級園酒／ VDP 特級園：意即「特級地塊」／「特級園」。協會的葡萄園分級制度中等級最高的一環，種植規範也更多。特級園酒均通過協會的品飲小組鑑定。所有標示「GG」（Grosses Gewächs，即特級園酒）的 VDP 酒款都是干型酒。

希臘

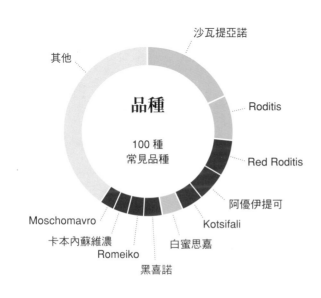

品種

100 種
常見品種

沙瓦提亞諾
其他
Roditis
Red Roditis
阿優伊提可
Kotsifali
白蜜思嘉
黑喜諾
Romeiko
卡本內蘇維濃
Moschomavro

產區

134,400 英畝
（2011）

馬其頓省
希臘南部
愛琴海諸島
希臘中部

種類多元的佐餐酒

想了解希臘葡萄酒，勢必要先能欣賞希臘料理風味的濃郁程度——因為這樣濃郁的風味正是希臘葡萄酒的一大重點！

葡萄酒產區

希臘北部：以高雅、鹹鮮的紅酒而著稱，另有新鮮多果味的白酒。來自納烏薩的黑喜諾因極高的單寧與酸度，常被譽為「希臘的巴羅鏤」。阿瑟提可、馬拉格西亞、Debina（來自 Zitsa），甚至是白蘇維濃，都值得找來品嘗一番。

希臘中部：由於這裡氣候較熱，釀出來的黑喜諾混調酒風格要比北部更柔和。這裡也包括奧林帕斯峰（Mount Olympus）坡地上的拉希尼（Rapsani）產區。除了紅酒，這裡也有個性鮮明、風格近似夏多內的沙瓦提亞諾品種白酒，以及添加了地中海白松（Aleppo pine）松脂所釀成的傳統松脂酒（Retsina）。

希臘南部：炎熱的氣候釀出的多果味紅酒和撲香白酒，以及濃郁的甜點酒；內梅亞的阿優伊提可有時會令人聯想到多果味的卡本內；Mantineia 的莫斯可非萊諾宛如酒杯中的香水；凱法利尼亞島（Kefalonia）的黑月桂（Mavrodaphne）是為典型的濃郁甜紅酒；而克里特島（Crete）則是以希臘特有的 GSM 混調酒而出名。

愛琴海諸島：最知名的葡萄酒島嶼要屬聖托里尼（Santorini），這裡是希臘最重要的白酒品種阿瑟提可的家鄉。其他島嶼則有一些難得一見的葡萄酒。林諾斯島（Lemnos）產有滿載草本香氣的紅酒，稱為 Limnio；這酒可能早在亞里斯多德的文字中已有記載。

值得一嘗的美酒

除了以下列出的酒，希臘還有許多葡萄酒珍寶值得一尋。但如果你是第一次品嘗這個熱情葡萄酒國度的美釀，以下的酒款大概可以說是希臘目前所端出最令人興奮不已的代表作。

阿瑟提可（Assyrtiko）

唸做 Ah-seer-tee-ko。這個堪稱希臘的旗艦白葡萄品種源於聖托里尼火山島，釀成的酒多半極不甜，酒體細瘦，並帶有內斂的鹹味。標示為「Nykteri」（唸做 nith-terry）的阿瑟提可是為過桶白酒，多有檸檬烤布蕾、鳳梨、茴香芹、鮮奶油和烤派皮的調性。

LW　萊姆、百香果、蜂蠟、白堊、鹽水

薩瓦提諾（Savatiano）

唸做 Sav-ah-tee-anno。薩瓦提諾過去向來被大量釀成散裝酒，直到最近，才出現少數幾家業者認真對待該品種，以釀出酒體濃郁、經橡木桶培養，並帶有類似法國夏多內一般綿密質地的美酒。

FW　檸檬蛋黃醬、羊毛脂、青蘋果、發酵鮮奶油、檸檬蛋糕

馬拉格西亞（Malagousia）

唸做 Mala-goo-zya。這個風格濃郁的白酒常展現非常多果香，並帶點油質口感，有點類似法國的維歐尼耶。該品種原本已經快要絕種，多虧希臘北部的 Ktima Gerovassiliou 酒莊拯救（「Ktima」有「酒莊」之意），如今多種於希臘北部與中部地區。

FW　水蜜桃、萊姆、橙花、檸檬油、柳橙皮

松脂酒（Retsina）

唸做 Ret-see-nuh。這是希臘特有的傳統白酒，由葡萄酒加入地中海白松的松脂釀成。釀得好的松脂酒會帶有一股松木風味，結合帶點樹液和蜂蜜的餘韻。薩瓦提諾品種可釀成較濃郁的松脂酒，而 Roditis 與阿瑟提可品種會釀出酒體較細瘦的風格。

FW　檸檬、松屑、黃蘋果、蜂蠟、青蘋果皮

莫斯可非萊諾（Moschofilero）

唸做 Mosh-co-fill-air-oh。這個可口多汁又多香的白酒源於伯羅奔尼撒中部的 Man-tineia 地區。以莫斯可非萊諾釀成的酒種類多元，從氣泡酒到酒體較細瘦並帶有花香的干型白酒皆有，也可釀成口感濃郁、帶有堅果香氣的桶陳白酒；後者禁得起十年或以上的窖藏期。

AW　百花香、蜜香瓜、粉紅葡萄柚、檸檬、扁桃仁

阿優伊提可（Agiorgitiko）

唸做 Ah-your-yee-tee-ko，可釀成酒體濃郁多果味的紅酒與粉紅酒，常令人聯想到梅洛。阿優伊提可是希臘種植面積最廣的紅品種，其中又以伯羅奔尼撒的內梅亞為最出名；據說當地最好的阿優伊提可多來自靠近 Koutsi 村的山丘上。

MP　覆盆莓、黑醋栗、李子醬、肉豆蔻、牛至

小知識

🍴 希臘最受歡迎的釀酒業者包括 Boutari, D. Kourtakis, Domaine Sigalas, Tselepos, Alpha Estate, Hatzidakis 與 Kir Yianni。

🍴 「Ktima」（唸做 tee-mah）常見於希臘葡萄酒的酒標上，意指「酒莊」，如 Gerovassiliou 酒莊（Ktima Gerovassiliou）。

黑喜諾（Xino mavro）

唸做 Keh-see-no-mav-roh。黑喜諾被譽為「希臘的巴羅鏤」，主要種植於納烏薩與 Amyndeo，釀成酒款的花香、高酸度與高單寧，確實神似內比歐露。黑喜諾是熱愛新潮酒款的藏家的另一個絕佳選擇。

(MR) 覆盆莓、李子醬、大茴香、多香果、菸草

拉希尼混調（Rapsani Blends）

拉希尼產區位於奧林帕斯峰的坡地之上，這裡種有數種紅品種，包括黑喜諾、Krasato 與 Stavroto，其土質多以片岩為主，釀成的酒帶有濃郁的紅色果香、番茄和辛香料的氣息，口中並會感受到明顯開展的單寧。

(MR) 覆盆莓、卡宴辣椒、大茴香、風乾番茄、茴香芹

克里特 GSM 混調（Crete GSM Blends）

克里特是希臘最南端的島嶼，也該國的葡萄酒產區中氣候最溫暖的一區。當地原生品種 Kotsifali 和 Mandilaria 常用來與希哈混調，釀出風味鮮明、果味直接的紅酒，並帶有柔軟、怡人的餘韻。

(MR) 黑莓、覆盆莓醬、肉桂、多香果、醬油

黑月桂（Mavrodaphne）

唸做 Mav-roh-daf-nee，多用於帕特雷（Patras）黑月桂甜酒的釀造，這是一種遲摘的甜型紅酒，嘗來有黑葡萄乾與 Hershey's 水滴牛奶巧克力的味道。但近來也有少數釀酒業者開始釀出風味濃郁、酒體飽滿的干型紅酒，令人聯想到希哈。

(FR) 藍莓、黑櫻桃、可可粉、黏土灰、黑甘草

希臘聖酒（Vinsanto）

來自聖托里尼島的風乾甜酒，貌似紅酒，卻是以白葡萄釀成，包括阿瑟提可、Athiri 與 Aidani。希臘聖酒揮發酸極高，如果太用嗅聞可能會有燒灼味，但這樣的酒是苦與甜最均衡的表現。

(DS) 覆盆莓、葡萄乾、杏桃乾、馬拉斯奇諾櫻桃、去光水

薩摩斯蜜思嘉（Muscat of Samos）

希臘的薩摩斯島一直被視為白蜜思嘉的出生地！這裡有許多種類型的蜜思嘉酒，從干型到甜型皆有。其中一種最受歡迎的風格是為 Mistelle ——混調新鮮的蜜思嘉果汁與蜜思嘉蒸餾酒而成的酒款，稱為 Vin Doux。

(DS) 土耳其軟糖、荔枝、甜橘子醬、椪柑、乾稻草

匈牙利

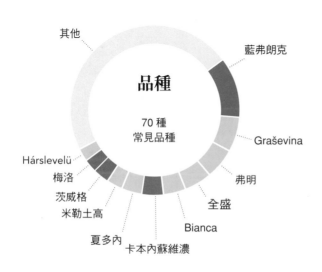

品種

70 種
常見品種

- 其他
- 藍弗朗克
- Graševina
- 弗明
- 全盛
- Bianca
- 卡本內蘇維濃
- 夏多內
- 米勒土高
- 茨威格
- 梅洛
- Hárslevelü

產區

173,000 英畝
（2010）

- 馬特勞（Mátra）
- 托凱
- 艾格
- Balatonboglár
- 維拉尼
- 塞克薩德（Szekszárd）
- Balatonfüred-Csopak
- 蕭普朗（Sopron）
- Etyek-Buda
- 潘諾恩哈爾姆（Pannonhalma）
- 納吉－松樓（Nagy-Somló）
- 其他

讓甜酒躍上歷史

18 世紀的匈牙利所端出的甜白酒，讓全世界見證了好酒的真諦，廣受眾人好評，其中又以托凱貴腐酒為最受全球飲者追捧的甜點酒。時至今日，你還是可以找得到這種酸度鮮明且具有陳年潛力的白酒，但這只是匈牙利眾多酒款中的一種。

匈牙利目前正經歷葡萄酒復興時期，結合了傳統的釀酒技藝與當代的鑑賞力。該國有 22 個葡萄酒產區、上百種釀酒品種，有許多待深究。本書先從匈牙利的四個頂級葡萄酒產區開始做介紹。

葡萄酒產區

艾格：以公牛血（Bull's Blood）而聞名；這是一種帶有粗獷單寧質地和莓果果醬風味的混調紅酒。

托凱（Tokaj）：這是全世界歷史最悠久的葡萄酒產區，也是聯合國世界遺產組織認定的歷史地區，更是全球最知名的金黃甜白酒托凱貴腐酒的家鄉。托凱區最重要的品種當屬弗明，除了釀成甜型酒，近來也愈來愈多業者釀成干型白酒，風味近似干型麗絲玲！

維拉尼：位於匈牙利南部的維拉尼釀有非常傑出的紅酒，包括 Kékfrankos（藍弗朗克）、卡本內弗朗與梅洛。這裡的卡本內弗朗表現優異。

松樓（Somló）：以火山土壤為主要土質的小產區，多以稀有品種 Juhfark（唸為 Yoo-fark）釀成風格高雅並帶有煙燻氣味的白酒。

克拉科夫

托凱（Tokaj）
弗明
Hárslevelü
Sárgamuskotály（白蜜思嘉）
托凱貴腐酒
Szamorodni（籟貴腐酒）

艾格（Eger）
艾格公牛血（Egri Bikavér）
Kadarka
Kékfrankos（藍弗朗克）
Egri Csillag（艾格之星）
Leányka
Királyleányka

艾傑克─布達
（Etyek-Buda）
白蘇維濃
夏多內
Zöldveltelíni（綠維特利納）

松樓（Sopron）
Kékfrankos（藍弗朗克）
卡本內蘇維濃
茨威格

潘諾恩哈爾姆
（Pannonhalma）
夏多內
Olaszrizling（Graševina）

維也納

布拉提斯拉瓦

布爾諾

烏日霍羅德

米斯科爾次

德布勒森

瓦次

艾格

布達佩斯

馬特勞（Mátra）
Rizlingszilváni（米勒土高）
Kékfrankos（藍弗朗克）
Szürkebarát（灰皮諾）

Nagy-Somló
Juhfark

松波特海伊

維斯普雷姆

塞克什白堡

巴達索尼（Badacsony）
Kéknyelű
Olaszrizling（Graševiva）
Szürkebarát（灰皮諾）

巴拉頓菲賴德─喬保克（Balatonfüred-Csopak）
夏多內
Olaszrizling（Graševina）
Szürkebarát（灰皮諾）
卡本內蘇維濃

考波什堡

塞克薩德

塞革德

巴拉頓波格臘（Balatonboglár）
Kékfrankos（藍弗朗克）

札格雷布

塞克薩德（Szekszárd）
Kékfrankos（藍弗朗克）
Kadarka
卡本內蘇維濃
梅洛
Szekszárdi Bikavér

維拉尼（Villány）
Villányi Franc（卡本內弗朗）
卡本內蘇維濃
Kékfrankos（藍弗朗克）
梅洛

貝爾格勒

0   60   120 km
0   60 mi

N

* 本地圖未列出所有產區名稱

值得一嘗的美酒

匈牙利北部地區擅長釀造白酒與高雅、多單寧的紅酒。一路往南，你會發現當地的紅酒風格更加飽滿、多果味，多使用如卡本內弗朗和藍弗朗克（當地稱為 Kékfrankos）等品種釀造，當中不乏表現優異的酒款。以下列出少數幾款你不知不可的匈牙利美釀：

弗明（Furmint）

唸做 foor-meent。這是托凱產區最重要的品種，近年來愈來愈常被釀成干型白酒。托凱的冷氣候與黏土質土壤有助於弗明發展成濃郁且帶點膩質地的酒款。該品種酸度極高，因此即便釀成的酒款有每公升九克的殘糖，嘗來還是極為不甜。

LW　鳳梨、金銀花、萊姆皮、蜂蠟、鹽水

納吉—松樓

這個罕見的白品種 Juhfark（唸做 you-fark）有「綿羊尾巴」之意，多種植於 Balaton 湖畔的死火山區。當地過去深信，只要女人喝了這種帶有煙燻味的白酒，就能生出男性繼承人。納吉—松樓兼具濃郁的煙燻氣味與果味，餘韻並帶有內斂的苦感。

LW　楊桃、青鳳梨、檸檬、火山岩石、煙燻味

艾格之星（Egri Csillag）

艾格之星（唸做 egg-ree chee-log）是以至少四個不同的品種釀成的超級撲香混調白酒，其中包括原生品種弗明、Hárslevelü（唸做 harsh-level-ooo）、Leányka（唸做 lay-anka），與Királyleányka（唸做 key-rai lay-anka），非常物超所值。

AW　熱帶水果、荔枝、柑橘刨皮、金銀花、扁桃仁

托凱貴腐酒

表現優異的甜白酒，以來自托凱產區、沾染上貴腐菌的葡萄釀成，可使用的品種有六種，包括弗明、Hárslevelü、Kabar、Kövérszőlő、Zéta 與 Sárga Muskotály（唸做 shar-guh-moose-koh-tie）。這個葡萄酒產區極具歷史意義，足以在世界葡萄酒歷史中占有一席之地。

 DS　蜂蜜、鳳梨、蜂蠟、薑、橘子、丁香

艾格公牛血（Egri Bikavér）

唸做 egg-ree BEE-kah-vaer，也稱為公牛血，來自艾格產區，多有明顯的火山調性和高單寧，並帶有甜美的香料糖漬李香氣。公牛血主要使用的品種包括 Kardarka（為酒款帶來李子和果醬味）、Kékfrankos（藍弗朗克）與卡本內弗朗。

MR　李子、覆盆莓、紅茶、亞洲五香粉、醃製肉品

維拉尼混調紅酒

這個較溫暖的產區主要釀造以卡本內弗朗、梅洛、卡本內蘇維濃和當地品種 Kékfrankos（藍弗朗克）釀成的波爾多混調酒。酒款多有李子香氣、辛香料莓果與水果蛋糕的調性，酒款常在匈牙利橡木桶中培養較長的時間。

MR　糖漬加侖、黑莓水果蛋糕、李子醬、火山岩石

托凱

18世紀的托凱曾是全世界最重要的葡萄酒產區之一。托凱的葡萄酒仰賴一種壞死性的水果真菌，稱為貴腐黴（學名 Botrytis cinerea）。這種黴菌會在潮濕的環境中生成，並依附於果實之上，直到太陽露臉，才會將黴菌曬乾。這個發霉之後又乾燥的過程，使得葡萄果實逐漸萎縮、水份消逝、糖份集中。匈牙利人稱這樣受貴腐菌侵襲的果實為 Aszú 葡萄。

品種

- 弗明
- Hárslevelü（唸做 harsh-level-lou）
- Sárga Muskotály（即白蜜思嘉）
- Kövérszőlő（唸做 kuh-vaer-sue-lou）
- Zéta（唸做 zay-tuh）
- Kabar（唸做 kah-bar）

風格

貴腐甜酒（Aszú）

以貴腐葡萄和一般健康未受黴菌沾染的葡萄漿釀製而成。依法需要經過至少 18 個月的桶陳，潛在酒精濃度需要至少達 19%（這會讓釀成的葡萄酒有 9% 的酒精濃度，其餘則為殘糖）。

- 貴腐甜酒＝殘糖至少 120 g/L
- 6 Puttonyos ＝殘糖至少 150 g/L

白釀貴腐酒（Szamorodni）

以整串葡萄釀造而成的酒款──不另行區分貴腐或健康葡萄。「Szamorodni」可譯為「自己釀成」的酒。

- Édes ＝甜型，殘糖至少 45 g/L
- Száraz ＝干型，殘糖等於或小於 9 g/L，常被釀成帶有堅果味的氧化風格酒

精粹貴腐甜酒（Eszencia）

（罕見）這是只以貴腐葡萄釀成的飲品，酒精濃度鮮少超過 3%，精粹貴腐甜酒由於極為濃甜（殘糖超過 450 g/L），傳統以來都只以湯匙極少量飲用。

Fordítás

（罕見）這是透過混調貴腐甜酒發酵過後的酒渣（Pomace，即果皮、果籽等）和健康葡萄釀成的酒款。

Máslás

（罕見）以貴腐甜酒的葡萄漿、酒渣或混調後剩餘的酵母渣（死去的酵母和剩下的酒）釀成的酒款。

義大利

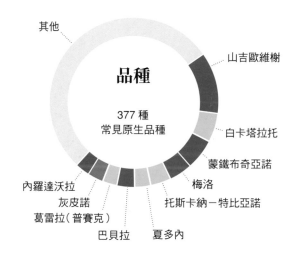

品種

377 種
常見原生品種

- 其他
- 山吉歐維榭
- 白卡塔拉托
- 蒙鐵布奇亞諾
- 梅洛
- 托斯卡納－特比亞諾
- 夏多內
- 巴貝拉
- 葛雷拉（普賽克）
- 灰皮諾
- 內羅達沃拉

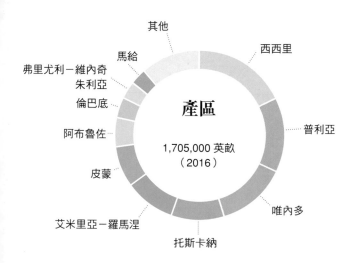

產區

1,705,000 英畝
（2016）

- 其他
- 西西里
- 馬給
- 普利亞
- 弗里尤利－維內奇朱利亞
- 倫巴底
- 阿布魯佐
- 唯內多
- 皮蒙
- 托斯卡納
- 艾米里亞－羅馬涅

遍地葡萄酒的國度

義大利有超過 500 種原生品種，其中至少有 175 種是義大利如今常見的釀酒品種。也難怪義大利成為全球最難理解的釀酒國家之一！雖然極其複雜，但如果你有機會品嚐義大利各大區所端出最具代表性的酒款，就會發現，要了解這個遍地葡萄酒的國度不會太難；更重要的是，你也能夠因此更知道自己想探索哪個產區！

葡萄酒產區

西北部： 包含倫巴底、皮蒙、利古里亞（Luguria）與奧斯塔谷地（Aosta Valley）。當地多以中偏冷的氣候為主，這表示生長季較短，因此釀成的紅酒多半較為高雅多香，風格多有土壤調性。氣泡白酒則有大量的酸度支撐。

東北部： 包括唯內多、艾米里亞－羅馬涅、特倫提諾－上阿第杰和弗里尤利－維內奇朱利亞地區。當地氣候普遍偏冷，氣候較溫暖的地區，則是受到亞得里亞海的影響。義大利東北部的紅酒展現較多水果風味（雖然依舊維持高雅調性），而最好的白酒則常見於坡地葡萄園，如釀造蘇雅維白酒的品種：葛爾戈內戈。

中部： 托斯卡納、翁布里亞、馬給、拉齊奧和阿布魯佐產區以地中海型氣候為主，這裡以紅酒品種表現最優異，包括山吉歐維榭和蒙鐵布奇亞諾。

南部與島嶼： 南部是全義最溫暖的地區，包括了莫里塞（Molise）、坎帕尼亞（Campania）、巴西里卡達（Basilicata）、普利亞（Puglia）、卡拉布里亞（Calabria），以及西西里和薩丁尼亞島。這裡的紅酒多有成熟的果香風味，白酒則通常展現出較飽滿的酒體。

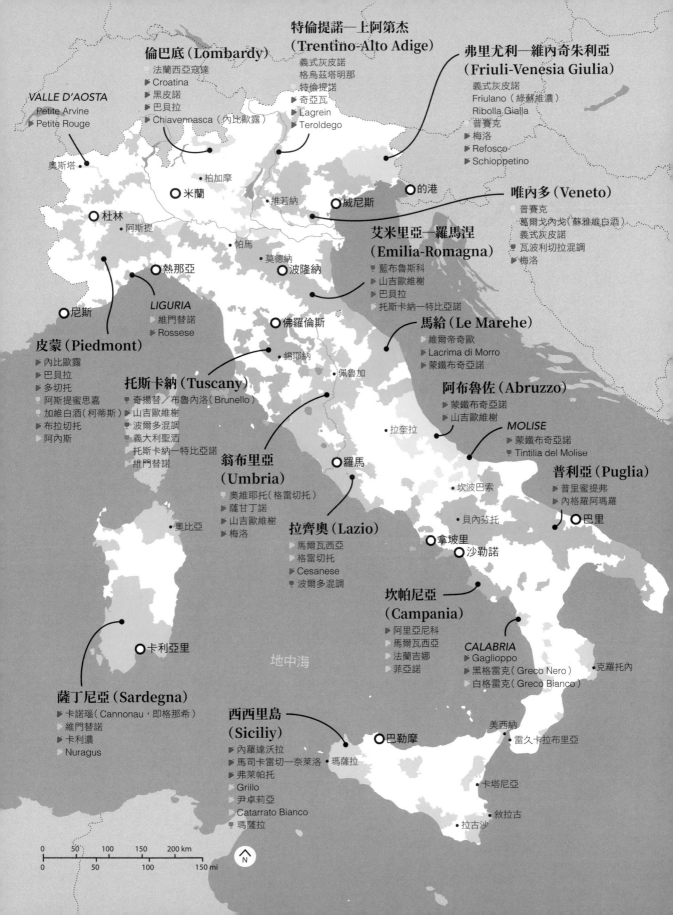

倫巴底 (Lombardy)
法蘭西亞寇達
▷ Croatina
▷ 黑皮諾
▷ 巴貝拉
▷ Chiavennasca（內比歐露）

特倫提諾—上阿第杰 (Trentino-Alto Adige)
義式灰皮諾
格烏茲塔明那
特倫提諾
▷ 奇亞瓦
▷ Lagrein
▷ Teroldego

弗里尤利—維內奇朱利亞 (Friuli-Venesia Giulia)
義式灰皮諾
Friulano（綠蘇維濃）
Ribolla Gialla
普賽克
▷ 梅洛
▷ Refosco
▷ Schioppetino

VALLE D'AOSTA
Petite Arvine
▷ Petite Rouge

唯內多 (Veneto)
普賽克
葛爾戈內戈（蘇雅維白酒）
義式灰皮諾
▷ 瓦波利切拉混調
▷ 梅洛

艾米里亞—羅馬涅 (Emilia-Romagna)
▷ 藍布魯斯科
▷ 山吉歐維樹
▷ 巴貝拉
▷ 托斯卡納—特比亞諾

馬給 (Le Marehe)
維爾帝奇歐
▷ Lacrima di Morro
▷ 蒙鐵布奇亞諾

LIGURIA
維門替諾
▷ Rossese

皮蒙 (Piedmont)
▷ 內比歐露
▷ 巴貝拉
▷ 多切托
阿斯提蜜思嘉
加維白酒（柯蒂斯）
布拉切托
阿內斯

托斯卡納 (Tuscany)
▷ 奇揚替／布魯內洛（Brunello）
▷ 山吉歐維樹
▷ 波爾多混調
義大利聖酒
托斯卡納—特比亞諾
維門替諾

阿布魯佐 (Abruzzo)
▷ 蒙鐵布奇亞諾
▷ 山吉歐維樹

MOLISE
▷ 蒙鐵布奇亞諾
▷ Tintilia del Molise

翁布里亞 (Umbria)
奧維耶托（格雷切托）
▷ 薩甘丁諾
▷ 山吉歐維樹
▷ 梅洛

普利亞 (Puglia)
▷ 普里蜜提弗
▷ 內格羅阿瑪羅

拉齊奧 (Lazio)
馬爾瓦西亞
格雷切托
▷ Cesanese
▷ 波爾多混調

坎帕尼亞 (Campania)
▷ 阿里亞尼科
馬爾瓦西亞
法蘭吉娜
菲亞諾

CALABRIA
Gaglioppo
黑格雷克（Greco Nero）
白格雷克（Greco Bianco）

薩丁尼亞 (Sardegna)
▷ 卡諾瑙（Cannonau，即格那希）
維門替諾
▷ 卡利濃
Nuragus

西西里島 (Siciliy)
▷ 內羅達沃拉
▷ 馬司卡雷切—奈萊洛
▷ 弗萊帕托
Grillo
尹卓莉亞
Catarrato Bianco
▷ 瑪薩拉

奧斯塔
杜林
· 阿斯提
· 尼斯
· 柏加摩
· 米蘭
· 維若納
· 威尼斯
· 的港
· 熱那亞
· 帕馬
· 莫德納
· 波隆納
· 佛羅倫斯
· 錫耶納
· 佩魯加
· 拉奎拉
· 羅馬
· 坎波巴索
· 貝內芬托
· 拿坡里
· 沙勒諾
· 巴里
· 克羅托內
· 奧比亞
· 卡利亞里
· 巴勒摩
· 瑪薩拉
· 美西納
· 雷久卡拉布里亞
· 卡塔尼亞
· 敘拉古
· 拉古沙

地中海

0 50 100 150 200 km
0   50   100   150 mi

N

值得一嘗的美酒

許多人相信義大利葡萄酒是絕佳的佐餐酒，因為義大利酒通常會展現出明顯的鹹鮮風味與多香的酸度。這些特性為義大利酒帶來優良的架構，使其能夠與各種風格的食物餐點搭配。由於義大利有上百種原生葡萄品種，建議將以下這 12 款酒做為探索這個絕妙葡萄酒國度的敲門磚。

經典奇揚替

經典（Classico）意指酒款來自奇揚替最古老的產區內。酒款主要以山吉歐維榭釀成，但也可以添加 Canaiolo、Colorino、卡本內與梅洛。陳年級（Riserva）與特選級（Gran Selezione）是產區內最優良的酒，可以窖藏二至二年半不等。

 櫻桃蜜餞、陳年巴沙米克醋、義式濃縮咖啡、乾式義式火腿

阿布魯佐蒙鐵布奇亞諾

阿布魯佐地區有全義大利最優良的蒙鐵布奇亞諾，這也是全義種植面積第二廣的紅酒品種。最優秀的阿布魯佐蒙鐵布奇亞諾多於木桶中培養，並能展現出深色黑莓風味，單寧緊實，因此建議尋找酒齡四年或以上的酒款飲用。

甜李、波森莓、菸草、灰燼、乾燥墨角蘭

內羅達沃拉

西西里的旗艦紅酒品種，風格出乎意料地近似於卡本內蘇維濃，但酒體飽滿，滿載黑色與紅色果味，單寧架構極優，適合陳年。當然，西西里內羅達沃拉的品質也因不同釀酒業者而異，建議小心選擇。

烤炙香草、黑醋栗、乾燥香草

普里蜜提弗

雖然普里蜜提弗即是金芬黛，但你會發現普利亞的普里蜜提弗通常比金芬黛多了更多土壤調性，足以平衡該品種超級甜美的果味。Primitivo di Manduria 產區可以找到全義最好的普里蜜提弗。

李子醬、皮革、草莓乾、橙皮、丁香

內比歐露

這品種是全球最知名的產區——皮蒙的巴羅鏤——的旗艦品種，釀成的酒無論是外觀或香氣都像是酒體清淡的紅酒，直到你一嘗，才發現大量濃郁且咬口的單寧。出了巴羅鏤，內比歐露紅酒的單寧會稍微輕盈一些，也是認識這個品種最佳的入門酒款。

 櫻桃、玫瑰、皮革、大茴香、黏土粉

阿里亞尼科

這個罕見品種主要種植於坎帕尼亞和巴西里卡達的火山土壤，釀成的酒帶有鮮明、鹹鮮的口感，單寧緊緻咬口，能透過窖藏十年或更久的時間，逐漸軟化，最終展現出柔軟、醃製肉品與菸草的風味。

白胡椒、皮革、香料糖漬李、櫻桃、灰燼

250

小知識

瓦波利切拉—雷帕索

許多人聽過該產區的明星酒款阿瑪羅內，卻不知同產區的雷帕索；後者風味與阿瑪羅內相似，同樣帶有櫻桃、巧克力調性，但酒價遠低於前者。最好的瓦波利切拉—雷帕索通常有比例更高的柯維納與 Corvinone ——即該產區表現最好的葡萄。

MR 酸櫻桃蜜餞、黑巧克力、乾燥香草、黑糖、白胡椒

維門替諾

廣泛種植於法國、義大利里維耶拉（Rivie-ria）與薩丁尼亞島的高產量品種，釀成的酒多有飽滿的酒體，以及介於成熟水果與青澀草本之間的風味。建議可以找酒體飽滿、經桶陳並展現出堅果調性的維門替諾。

LW 成熟西洋梨、粉紅葡萄柚、鹽水、碎岩、青扁桃仁

義式灰皮諾

義大利北部可以找到全國表現最優秀的義式灰皮諾（灰皮諾）。義式灰皮諾通常有內斂的水果酸味風格，支撐以怡人、刺爽的高酸度。最優良的義式灰皮諾產區包括弗里尤利—維內奇朱利亞內的上阿第杰與 Collio 產區。

LW 青蘋果、未熟的水蜜桃、百里香、萊姆刨皮、榅桲

蘇雅維

葛爾戈內戈品種是蘇雅維（唸做 Swah-vay）和 Gambellara 白酒最主要的品種，釀成的酒年輕時嘗來輕盈，並帶有礦物味，窖藏四至六年之後會逐漸展現出水蜜桃、杏仁膏與橘子的香氣。

LW 蜜香瓜、橘子刨皮、新鮮墨角蘭、青扁桃仁、鹽水

優級普賽克

義大利最受歡迎的氣泡酒，以葛雷拉品種釀成。雖然絕大多數的普賽克是大量生產的酒款，帶有如同啤酒一般的氣泡，但你可以在 Colli Asolani 與 Valdobbiadene 酒村找到品質最佳的優級普賽克（Prosecco Superiore），包括 Rive 與 Cartizze 副產區。

SP 白桃、西洋梨、橙花、香草鮮奶油、拉格啤酒

阿斯提蜜思嘉

來自皮蒙的微氣泡白酒（Frizzante），多香且帶甜，酒精濃度僅 5.5%，堪稱所有葡萄酒中酒精濃度最低者。這類酒款因奔放優異的香氣和令人吮指回味的甜美口感而備受喜愛，非常適合搭配以水果為主的甜點和蛋糕。

 糖漬檸檬、椪柑、亞洲梨、橙花、金銀花

看懂酒標

義大利葡萄酒標大概是全世界最難懂也最具挑戰性的一種，因為缺乏法定規範酒標格式。除此之外，義大利酒的分級系統也沒能跟上義大利葡萄酒革新的腳步或新出現的優質酒風格。幸運的是，我們還是能透過以下內容了解！

酒莊

命名方式（依循不同產區的規範）

官方地區分級制度（DOCG）

品質分級

年份

命名方式

義大利葡萄酒的標示主要可以區分為以下三種：

- **依品種命名**，如「薩丁尼亞的維門替諾」（Vermentino di Sardinia）或「Montefalco 的薩甘丁諾」（Sagrantino di Montefalco）
- **依地區命名**，如「奇揚替」或「巴羅鏤」。
- **依酒莊自取名稱命名**，如一款來自托斯卡納的 IGT 等級酒「Sassicaia」（唸做 sass-ah-kye-yuh）。

酒標詞彙

Secco：干型／不甜。

Abboccato：微甜型。

Amabile：中等甜度型。

Dolce：甜型。

Poggio：丘，丘陵或地勢較高處。

Azienda Agricola：酒莊。

Azienda Vinicola：酒商酒莊，多以外購葡萄釀酒的酒莊。

Castello：城堡或酒堡。

Cascina：酒莊（農莊）。

Cantina：酒莊（酒窖）。

Colli：丘。

Fattoria：種酒農場，葡萄酒農場。

Podere：農村種酒農場，鄉間葡萄酒農場。

Tenuta：莊園。

Vigneto：葡萄園。

Vecchio：老。

Uvaggio：混調，葡萄酒混調。

Produttori：產品，通常指釀酒合作社。

Superiore：優級，通常與產區分級有關，意指品質比一般酒更高一階的酒款，如優級普賽克 Prosecco Valdobbiadene Superiore。

Classico：經典，在一個大產區內的經典或傳統葡萄酒產區範圍。舉例來說，經典蘇雅維和經典奇揚替便是釀自蘇雅維與奇揚替產區內最原始的產區範圍內的酒款。

Riserva：陳年級，比一般法定產區酒款經歷更久的培養時間的酒款，可稱為陳年級。法定培養時間依不同產區而異，但一般而言是一年或更久的時間。

義大利葡萄酒分級制度

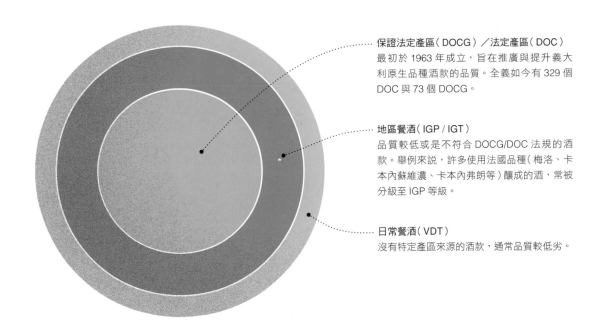

保證法定產區（DOCG）／法定產區（DOC）
最初於 1963 年成立，旨在推廣與提升義大利原生品種酒款的品質。全義如今有 329 個 DOC 與 73 個 DOCG。

地區餐酒（IGP / IGT）
品質較低或是不符合 DOCG/DOC 法規的酒款。舉例來說，許多使用法國品種（梅洛、卡本內蘇維濃、卡本內弗朗等）釀成的酒，常被分級至 IGP 等級。

日常餐酒（VDT）
沒有特定產區來源的酒款，通常品質較低劣。

DOCG/DOC
33%

(2014)

VDT
26%

IGP
35%

DOCG — Denominazione di Origine Controllata e Garantita

目前義大利有 73 個產區屬於全義最高葡萄酒等級的 DOCG。這類酒款在符合 DOC 的標準之外，還有更嚴格的葡萄種植規範、陳年方式與時間，更符合由各個產區所立下的品質標準。

DOC — Denominazione di Origine Controllata

全義目前有 329 個 DOC，這類酒款必須使用官方允許的品種釀酒，並達到各別產區所設下的品質要求。絕大多數的 DOC 酒款品質都相當不錯。

IGP / IGT — Indicazione di Geografica Tipica

絕大多數的 IGP 酒款都來自較大的地理產區，但你會發現這類酒款多半不是以義大利原生品種釀成，包括法國品種梅洛、卡本內弗朗和希哈。這類無分級的葡萄酒有一些品質其實相當優異，也常以酒莊自取的名字標示，最好的例子便是來自托斯卡納寶格利產區的「超級托斯卡納」（Super Tuscans）。有一些 IGP 酒款相超值。

VdT — Vino da Tavola

沒有規範產區的日常餐酒，是義大利法定葡萄酒產區的最基本等級。

義大利西北部

義大利西北部包括皮蒙、倫巴底、利古里亞和奧斯塔谷地。對葡萄酒藏家而言，這個地區的酒款多以強健、高單寧的內比歐露紅酒為最受追捧；這類酒款多要經過數十年的窖藏才會來到適飲高峰。對每天品飲葡萄酒的飲者而言，你可能會發現大量多土壤風味的紅酒，以及滿載礦物味的高雅白酒，是最完美的義大利料理餐搭酒。

內比歐露

內比歐露有許多別名，Valtellina 地區稱其為 Chiavennasca，釀成的酒款多較為清爽多酸。皮蒙北部也有風格類似的內比歐露，當地稱為 Spanna。到了皮蒙南部，則有許多風格最鮮明的內比歐露，滿載濃郁的果味和緊緻咬口的單寧。

 黑櫻桃、玫瑰、皮革、大茴香、花盆

巴貝拉

做為日常紅酒，巴貝拉堪稱最完美的義大利臘腸比薩餐搭酒。表現最優良的巴貝拉，則會有更多辛香料和酸櫻桃的風味，並佐以巴貝拉獨特的融化甘草香氣。建議可以探索阿爾巴巴貝拉（Barbera d'Alba）、阿斯提巴貝拉、Barbera del Monferrato Superiore，這些酒款品質最優。

 酸櫻桃、甘草、乾燥香草、黑胡椒、義式濃縮咖啡

多切托

多切托因柔軟的黑莓和李子風味和類似黑巧克力風味的緊實單寧而備受喜愛。由於多切托酸度偏低，建議酒款出廠後五年內享用完畢。在眾多釀造多切托的產區中，Dogliani DOCG 是唯一一個不會於酒標上標示品種的產區。

 李子、黑莓、黑巧克力、黑胡椒、乾燥香草

白蜜思嘉

這個極為多香的品種可以用來釀成各種不同的風格和甜度的酒款。阿斯提蜜思嘉（Moscati d'Asti）屬於細緻的微氣泡酒；阿斯提氣泡酒（Asti Spumente）則是屬於全氣泡酒，另外在 Strevi 則可以找得到風乾蜜思嘉釀成的 Passito 酒款。建議可以品嘗阿斯提、Loazzolo、Strevi 與 Colli Tortonesi 產區的白蜜思嘉酒款。

 橙花、椪柑、完熟西洋梨、荔枝、金銀花

法蘭西亞寇達

義大利最佳的氣泡酒，以和香檳相同的傳統法釀造而成——標示為傳統法（Metodo Classico）。法蘭西亞寇達產區以冰河時期的黏土一壤土為主，種植的品種以夏多內、白皮諾和黑皮諾為主要品種，釀成的酒多有濃郁的果味和鮮奶油一般的綿密氣泡質地。

檸檬、水蜜桃、白櫻桃、生扁桃仁、吐司

布拉切托

皮蒙最怡人多果味的甜美紅酒，多有草莓糊、櫻桃醬、牛奶巧克力和糖漬橙皮的風味。口感則多汁且常帶有鮮奶油一般的氣泡酒滋味，為酒款帶來甜美的風味。這是極少數能夠完美地與巧克力搭配的紅酒之一。

黑李、覆盆莓、橄欖、紅椒片、可可

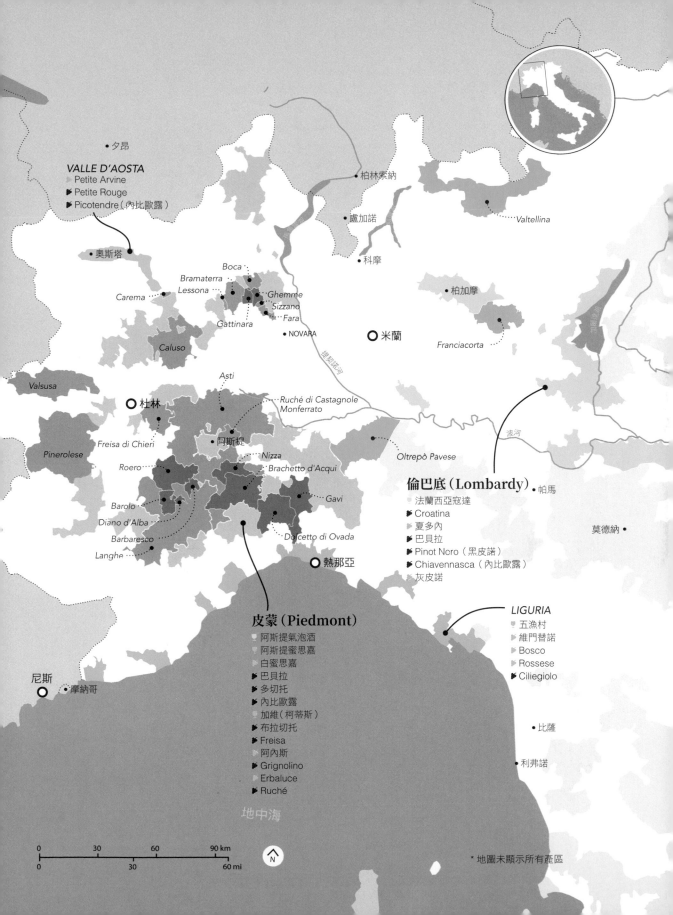

夕昂

VALLE D'AOSTA
- Petite Arvine
- Petite Rouge
- Picotendre（內比歐露）

奧斯塔

柏林索納

盧加諾

柏加摩

Valtellina

Boca
Bramaterra
Lessona
Carema
Ghemme
Sizzano
Gattinara
Fara

Caluso

NOVARA

米蘭

Franciacorta

Asti

杜林

Ruché di Castagnole
Monferrato

阿斯提

Freisa di Chieri

Nizza

Pinerolese

Roero

Brachetto d'Acqui

Oltrepò Pavese

波河

Barolo

Diano d'Alba

Gavi

Barbaresco

Langhe

Dolcetto di Ovada

熱那亞

倫巴底（Lombardy）
- 法蘭西亞寇達
- Croatina
- 夏多內
- 巴貝拉
- Pinot Nero（黑皮諾）
- Chiavennasca（內比歐露）
- 灰皮諾

帕馬

莫德納

皮蒙（Piedmont）
- 阿斯提氣泡酒
- 阿斯提蜜思嘉
- 白蜜思嘉
- 巴貝拉
- 多切托
- 內比歐露
- 加維（柯蒂斯）
- 布拉切托
- Freisa
- 阿內斯
- Grignolino
- Erbaluce
- Ruché

LIGURIA
- 五漁村
- 維門替諾
- Bosco
- Rossese
- Ciliegiolo

尼斯

摩納哥

比薩

利弗諾

地中海

| 0 | 30 | 60 | 90 km |
| 0 | | 30 | 60 mi |

N

* 地圖未顯示所有產區

義大利東北部

義大利東北部包括唯內多、特倫提諾—上阿第杰、弗里尤利—維內奇朱利亞與艾米里亞—羅馬涅。這裡可以找到普賽克、藍布魯斯科以及義大利最優質的義式灰皮諾，還有負享盛名的瓦坡利切拉紅酒。除此之外，這裡還有許多以法國常見品種梅洛和白蘇維濃釀成的怡人酒款，等待內行人發掘。

瓦波利切拉

你可以在維若納附近找到全義最有名的紅酒：瓦坡利切拉—阿瑪羅內。瓦坡利切拉有許多品種，但最受歡迎者要屬科維納與 Corvinone。以阿瑪羅內來說，葡萄一般會風乾至失去 40% 左右的重量後才用來釀酒，以增添釀成酒款的濃郁度。

MR 櫻桃、肉桂、巧克力、綠胡椒、扁桃仁

蘇雅維

蘇雅維（唸做 Swa-vay）產區和鄰居 Gambellara 以葛爾戈內戈品種釀成的白酒而聞名。經典蘇雅維（Soave Classico）產區的葡萄園以多粉狀的火山 Tufa 土質為主，釀成的干型白酒多有礦物味，極似夏布利。經陳年約莫四年或更久之後，會發展出更多質地，並展現出橘子調性。

LW 檸檬、青西洋梨、青扁桃仁、細葉香芹、白桃

義式灰皮諾

上阿第杰和弗里尤利兩個產區以義式灰皮諾而聞名。這裡屬於阿爾卑斯山區，上阿第杰的酒款多有花香，酸度高亢。弗里尤利的酒款則展現較多水蜜桃和白堊的質地。想品嘗最優質的義式灰皮諾，建議可以找 Colli Orientali 和 Collio 產區。

LW 檸檬、白桃、碎岩、鹽水、萊姆刨皮

普賽克

以大槽法釀成的多果味氣泡酒，釀來年輕飲用。在普賽克產區，你可以發現最好的酒多來自於 Treviso 附近的 Valdobbiadene 與 Colli Asolani 產區，這裡的葡萄樹能結出風味最集中的果實。想品嘗普賽克，建議可以從微干型（Extra Dry）風格開始。

SP 西洋梨、蜜香瓜、金銀花、鮮奶油、酵母

特倫提諾氣泡酒

特倫提諾是近來因夏多內氣泡酒快速崛起的產區。這裡的葡萄多以超過頭的藤架式（Pergola）引枝方式種植，如此有助於葡萄在氣候較冷的阿爾卑斯谷地內成熟。特倫提諾氣泡酒以濃郁的香氣和鮮奶油一般的質地而聞名。

SP 黃蘋果、碎石、蜂蠟、鮮奶油、烤扁桃仁

藍布魯斯科

這是全義大利和艾米里亞—羅馬涅最出名的氣泡紅酒，主要品種藍布魯斯科其實是一個至少八種品種的統稱。也因為如此，藍布魯斯科氣泡酒風格多元，從細緻多香的 Lambrusco di Sorbara 粉紅氣泡酒，到帶有濃郁李子味與明顯單寧感的 Lambrusco Grasparossa 皆有。建議所有類型都可以找來嘗試。

SP 櫻桃、黑莓、紫羅蘭、大黃、鮮奶油

**上阿第杰
（Alto Adige）**
▶ 奇亞瓦
▷ 義式灰皮諾
▷ 格烏茲塔明那
▷ 夏多內
▶ Lagrein

**弗里尤利—維內奇朱利亞
（Friuli-Venezia Giulia）**
▷ 義式灰皮諾
▷ Friulano（綠蘇維濃）
▷ 白蘇維濃
▷ Ribolla Gialla
▷ Verduzzo
▶ 梅洛
▶ Refosco
▶ Schioppetino

**特倫提諾
（Trento）**
▷ 特倫提諾
▷ 夏多內
▷ Nosiola
▶ Teroldego
▶ 黑皮諾
▶ 奇亞瓦

伊沙科河

波爾察諾

特倫提諾

Ramandolo

*Prosecco Conegliano
Valdobbiadene*

Friuli Grave

Colli Orientali del Friuli

烏第內

Bardolino

Valpolicella

Gambellara

Colli Asolani

Lison

Collio

Soave

維若納

特雷維索

Lison

Lugana

Colli Euganei

威尼斯

Carso

的港

Bagnoli

唯內多（Veneto）
▫ 普賽克
▫ 蘇雅維（葛爾戈內戈）
▫ Lugana（維爾帝奇歐）
🍷 瓦波利切拉混調
🍷 Bagnoli（Raboso）
▶ 梅洛

*Lambrusco Salamino
di Santa Croce*

帕馬

莫德納

Lambrusco di Sorbara

非拉拉

波河

阿第杰河

明橋河

普拉

波隆納

*Lambrusco Grasparossa
di Castelvetro*

拉芬納

艾米里亞—羅馬涅（Emilia-Romagna）
▶ 山吉歐維榭
🍷 藍布魯斯科品種
▶ 巴貝拉
▶ Croatina
▫ Pignoletto

亞得里亞海

佛羅倫斯

聖馬利諾

* 地圖未顯示所有產區

0   25   50   75 km

0   25   50 mi

N

義大利中部

義大利中部包括托斯卡納、馬給、翁布里亞、阿布魯佐與拉齊奧省的一部分。這裡是紅酒的國度，但由於各個產區與酒款名稱複雜，想了解義大利中部，可謂頗具挑戰性。舉例來說，高貴蒙鐵布奇亞諾（Vino Nobile di Montelpulciano）是以山吉歐維樹、而非蒙鐵布奇亞諾品種所釀成。

山吉歐維樹

山吉歐維樹是托斯卡納的奇揚替與蒙塔奇諾產區的旗艦紅品種，該品種釀成的酒從多土壤味到多果味均有，但普遍帶有標誌性的辛香料氣味與內斂的巴沙米克醋調性。建議品嘗 Montecucco、Carmignano、Morellino di Scansano，與翁布里亞的 Montefalco Rosso 的山吉歐維樹，這裡有一些物美價廉的好酒。

 黑李、覆盆莓、橄欖、紅椒片、可可

超級托斯卡納

這個名詞是用來形容以法國品種釀成的紅酒，包括卡本內蘇維濃、梅洛、卡本內弗朗與希哈。這類酒款因不依循 DOC 的法規，只能以 IGT 等級標示。然而，托斯卡納省有許多最貴的酒，都是 IGT 等級的超級托斯卡納。

 黑櫻桃、皮革、石墨、香草、摩卡

蒙鐵布奇亞諾

雖然絕大多數的蒙鐵布奇亞諾是釀成早飲的餐搭酒，該品種其實有更多潛力待發掘。在阿布魯佐，釀得好的蒙鐵布奇亞諾兼具鮮明和充沛的單寧，更遊走於果味與鹹鮮風味之間。想品嘗高品質的蒙鐵布奇亞諾，建議找 Colline Teramane。

 黑莓乾、煙燻培根、紫羅蘭、甘草、墨角蘭

維門替諾

來自托斯卡納與利古里亞（當然還有薩丁尼亞）沿岸產區的絕佳白品種。維門替諾的酒款風格濃郁，質地帶有油質觸感，風味則介於成熟水果和青綠的草本味之間，餘韻帶點苦味，嘗起來類似青扁桃仁。

LW 葡萄柚、檸檬蜜餞、剛割下的青草、生扁桃仁、黃水仙

格雷切托

主要見於翁布里亞和拉齊奧北部等內陸地區。盲飲時，這個酒體中等的白品種常被誤認為干型粉紅酒。該地區最知名的格雷切托產區要屬 Orvieto，但你也可以找到只標示出品種名稱的格雷切托白酒。

LW 白桃、蜜香瓜、草莓、野花香、貝殼

維爾帝奇歐

怡人、細緻的白酒品種，其最出名的產區要屬馬給的 Verdicchio dei Castelli di Jesi。維爾帝奇歐常展現出小巧可愛的花香，佐以柑橘和些許帶核水果的風味。想品嘗酒體較濃郁的維爾帝奇歐，建議可以找來自唯內多的 Lugana 酒款。

LW 水蜜桃、檸檬蛋黃醬、扁桃仁外皮、油脂、鹽水

托斯卡納（Tuscany）
- 🍷 山吉歐維榭
- 🏆 奇揚替
- 🏆 蒙塔奇諾布魯內洛
- 🏆 波爾多混調
- ▶ 特比亞諾
- ▶ 維門替諾
- ▶ Vernaccia
- 🍷 聖酒

莫德納 •

費拉拉 •

◎ 波隆納

拉芬納 •

Chianti Colline Pisane

盧卡

比薩

亞諾河

LIVORNO

Chianti Montespertoli

San Gimignano

佛羅倫斯

Montalbano
Carmignano

Chianti Ruffina

Chianti Classico

Chianti Colli Aretini

馬給（Le Marche）
- ▷ 維爾帝奇歐
- 🍷 蒙鐵布奇亞諾
- 🍷 Lacrima di Morro
- 🍷 Vernaccia Nera
- 🍷 Ciliegiolo

聖馬利諾 •

Verdicchio dei Castelli di Jesi

Bolgheri

Suvereto

錫耶納 •

阿雷佐 •

Chianti Colli Senesi

Lacrima di Morro d'Alba

安科納 •

Conero

Montecucco

Montalcino
Montepulciano

PERUGIA

Torgiano

Vernaccia di Matelica

Morellino di Scansano

Offida

Montefalco

翁布里亞（Umbria）
- 🍷 山吉歐維榭
- 🍷 薩甘丁諾
- ▶ 特比亞諾
- ▶ 格雷切托

Aleatico di Gradoli

Est! Est!! Est!!! di Montefiascone

Orvieto

Orvieto

Tiber

拉奎拉 •

Montepulciano d'Abruzzo Colline Teramane

佩斯卡拉 •

奇維塔韋基亞 •

拉齊奧（Lazio）
- ▷ 馬爾瓦西亞
- ▷ 特比亞諾
- ▷ 格雷切托
- 🍷 Cesanese
- 🍷 山吉歐維榭
- 🍷 梅洛

◎ 羅馬

Frascati

阿布魯佐（Abruzzo）
- 🍷 蒙鐵布奇亞諾
- ▷ 特比亞諾

Castelli di Romani

Cesanese del Piglio

坎波巴索 •

* 地圖未顯示所有產區

0　　　25　　　50　　　75 km

0　　　　25　　　　　50 mi

義大利南部／島嶼

想到義大利酒，首先映入眼簾的可能是托斯卡納，但其實西西里島和普利亞才是全義產量最大的兩個省份。紅品種在南義炎熱的氣候中生長良好，釀成的酒多有鮮明、豐沛的果味以及高酒精濃度。白酒則通常釀成極為濃郁的甜點酒。有一件事是可以確定的：南義充滿了物超所值的好酒。

普里蜜提弗

（金芬黛）全義只有普利亞有種。普里蜜提弗的酒款多有鮮明的果味和烘烤莓果香氣，佐以義大利特有的灰燼與皮革和礦物味。在這裡，高品質的酒理應有較高的酒精濃度（近乎 15%）。想品嘗經典的風格，建議可以試試 Primitivo di Manduria。

MR　烘烤藍莓、無花果、皮革、黑樹莓、花盆

內格羅阿瑪羅

該品種直譯為「黑苦」，但內格羅阿瑪羅其實出乎意料之外地多果味，而且沒有太苦澀的單寧。普利亞的 Salice Salento、Squinzano、Lizzano 與 Brindisi 都以酒體濃郁的內格羅阿瑪羅紅酒而著稱，釀成的酒多有成熟的烘烤李子與覆盆莓風味，以及些許烘焙辛香料和草本香氣。

MR　李子醬、烘烤覆盆莓、多香果、草本、肉桂

卡諾瑙

雖然這品種其實就是格那希，但卡諾瑙其實和絕大多數的格那希截然不同。卡諾瑙酒體強健，多有皮革、菸草和烤香草的調性，緊接其後的則是烘烤水果與多香果的風味。酒中的辛香料和果味宛如在提醒你，杯中的無非就是格那希，但除此之外，這完全就是一款流著義大利血統的酒。

MR　菸草、皮革、覆盆莓乾、石墨、多香果

阿里亞尼科

極具陳年潛力的紅酒，最適合生長於火山土壤。阿里亞尼科紅酒風格強勁，不是每個人都能接受，酒體強健，帶有肉味，單寧充沛，有時甚至需要窖藏十年才能軟化。想品嘗高品質的阿里亞尼科，可以找 Aglianico del Vulture、Taurasi、Aglianico del Taburno 與 Irpinia 產區。

FR　白胡椒、黑櫻桃、煙燻味、野味、香料糖漬李

內羅達沃拉

內羅達沃拉是於 1990 年代晚期才重新被發掘的品種，自此成為西西里最旗艦的紅酒品種。高品質的內羅達沃拉酒無論是風格或濃郁的程度都可以與卡本內蘇維濃媲美，但要比後者展現出更多紅果調性。這品種相當耐旱，因此能以旱作農耕（Dry-farm）種植。

FR　黑櫻桃、黑李、甘草、菸草、辣椒

馬司卡雷切—奈萊洛

雖然瑪薩拉在西西里島的種植面積遠超過馬司卡雷切—奈萊洛，但這個潛力紅品種實在不能不提。馬司卡雷切—奈萊洛風格與黑皮諾極為相近，最適合種植於埃特納峰以火山土壤為主的葡萄園。

LR　櫻桃乾、柳橙刨皮、乾燥百里香、多香果、碎石

MOLISE
- 蒙鐵布奇亞諾
- Tintilia del Molise

佩斯卡拉

拉奎拉

Biferno

San Severo

坎波巴索

福賈

Falanghina del Sannio

● BENEVENTO

Aglianico del Taburno

Fiano del Avellino

拿坡里

沙勒諾

Taurasi

Greco di Tufo

● POTENZA

Aglianico del Vulture

坎帕尼亞
（Campania）
- 阿里亞尼科
- 法蘭吉娜
- 菲亞諾
- 白格雷克
- 馬爾瓦西亞

普利亞（Puglia）
- 普里蜜提弗（金芬黛）
- 內格羅阿瑪羅
- 山吉歐維榭
- 蒙鐵布奇亞諾
- 特比亞諾
- Nero di Troia

巴勒塔

○ 巴里

Brindisi

Salice Salento

布林底希

Squinzano

塔蘭托

雷科

Lizzano

Primitivo di Manduria

巴西利卡（Basilicata）
- 阿里亞尼科

Cirò

克羅托內

卡拉布里亞
（Calabria）
- Gaglioppo
- 黑格雷克
- Magliocco
- 白格雷克

卡坦札羅

維波瓦倫提亞

Greco di Bianco

美西納

雷久卡拉布里亞

第勒尼安海（Tyrrhenian Sea）

西西里島（Sicily）
- 瑪薩拉
- Catarrato Bianco
- 格里洛
- 尹卓莉亞
- 夏多內
- 內羅達沃拉
- 馬司卡雷切一奈萊洛
- 弗萊帕托
- 希哈

巴勒摩

瑪薩拉

Cerasuolo di Vittoria

Etna

卡塔尼亞

敘拉古

拉古沙

薩丁尼亞
（Sardinia）
- 維門替諾
- 卡諾瑙（格那希）
- Monica Nera
- Nuragus

Vermentino di Gallura

奧比亞

薩沙里

卡利亞里

* 地圖未顯示所有產區

| 0 | 50 | 100 | 150 km |

| 0 | 50 | 100 mi |

N

紐西蘭

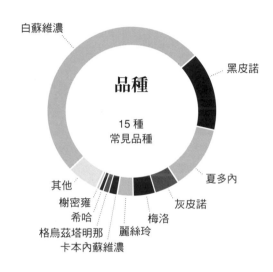

白蘇維濃

品種

15 種
常見品種

黑皮諾

夏多內

灰皮諾

其他
榭密雍
希哈
格烏茲塔明那
卡本內蘇維濃
麗絲玲
梅洛

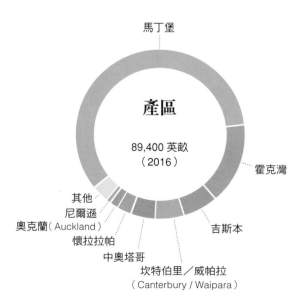

馬丁堡

產區

89,400 英畝
（2016）

霍克灣

其他
尼爾遜
奧克蘭（Auckland）
懷拉拉帕
中奧塔哥
坎特伯里／威帕拉
（Canterbury / Waipara）

吉斯本

綠色國度

紐西蘭素有「世界白蘇維濃首都」的名聲，境內有將近 5 萬英畝的葡萄園用來種植白蘇維濃。整體來看，紐西蘭釀造了不少品質絕佳的冷氣候品種，包括白蘇維濃、夏多內、麗絲玲、黑皮諾與灰皮諾。但這個國家還有另一個值得稱道之處，即致力於永續性發展的努力。該國至今有 98% 的葡萄園都已經在 ISO 14001 永續性發展的標準之上，另外有 7% 的葡萄園已轉為有機生產。這是相當不簡單的成就，有鑑於冷涼氣候要比熱氣候更難以轉為有機生產。

葡萄酒產區

馬爾堡、尼爾遜與懷拉拉帕（Wairarapa）產區所端出的白蘇維濃，多有百香果香氣和極高的酸度，由於酸度極高，就算酒中常帶有殘糖可能也喝不太出來。馬爾堡的黑皮諾內斂而多草本風味，麗絲玲與灰皮諾也值得一嘗。

雖然中奧塔哥緯度極南，但由於當地陽光普照、氣候乾燥，因此非常適合黑皮諾的生長。你會發現中奧塔哥的黑皮諾一般都帶有甜美的黑色果味調性，並支撐以帶有礫石味的礦物味，以及如丁香一般的香料氣息。可口極了！

至於北島，從霍克灣以北，一路端出許多令人驚豔的紅酒，包括高雅的希哈，以及多有李子風味的梅洛。吉斯本以酒體濃郁、口感綿密的夏多內聞名，釀得好時，通常具有能夠窖藏 5～10 年不等的充沛酸度。這裡的格烏茲塔明那與白梢楠也出乎意料地優。

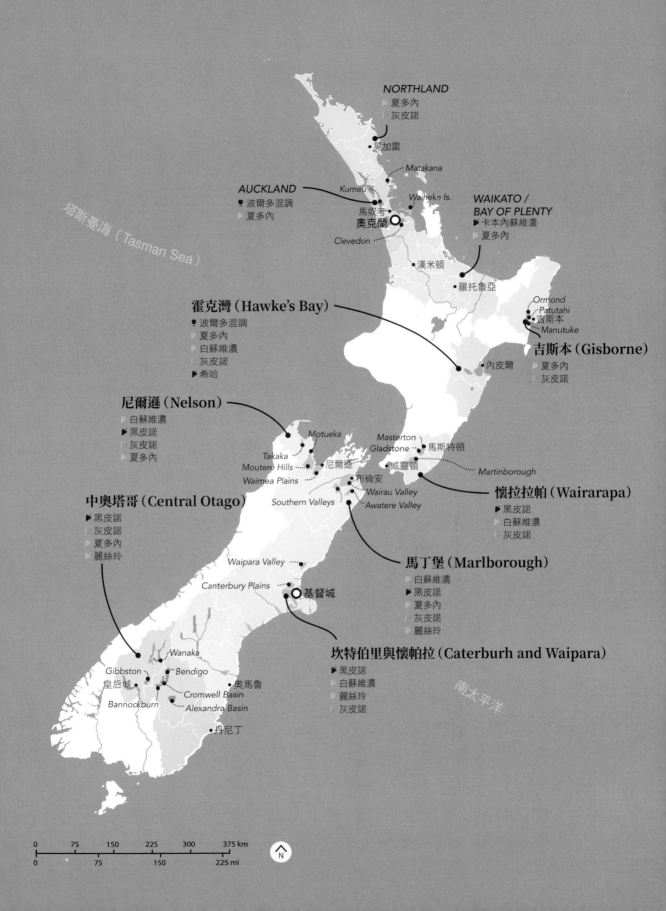

NORTHLAND
- 🍇 夏多內
- 🍇 灰皮諾

● 昂加雷

Matakana

AUCKLAND
- 🍷 波爾多混調
- 🍇 夏多內

Kumeu
馬奴考
● *Waiheke Is.*
○ 奧克蘭
Clevedon

**WAIKATO /
BAY OF PLENTY**
- 🍇 卡本內蘇維濃
- 🍇 夏多內

● 漢米頓

● 羅托魯亞

Ormond
Patutahi
● 吉斯本
Manutuke

吉斯本 (Gisborne)
- 🍇 夏多內
- 🍇 灰皮諾

霍克灣 (Hawke's Bay)
- 🍷 波爾多混調
- 🍇 夏多內
- 🍇 白蘇維濃
- 🍇 灰皮諾
- 🍷 希哈

● 內皮爾

尼爾遜 (Nelson)
- 🍇 白蘇維濃
- 🍷 黑皮諾
- 🍇 灰皮諾
- 🍇 夏多內

Motueka
Masterton
Gladstone
● 馬斯特頓
Takaka
Moutere Hills
尼爾遜
威靈頓
Waimea Plains
● 布倫安
Martinborough
Southern Valleys
Wairau Valley
Awatere Valley

懷拉拉帕 (Wairarapa)
- 🍷 黑皮諾
- 🍇 白蘇維濃
- 🍇 灰皮諾

中奧塔哥 (Central Otago)
- 🍷 黑皮諾
- 🍇 灰皮諾
- 🍇 夏多內
- 🍇 麗絲玲

Waipara Valley
Canterbury Plains
○ 基督城

馬丁堡 (Marlborough)
- 🍇 白蘇維濃
- 🍷 黑皮諾
- 🍇 夏多內
- 🍇 灰皮諾
- 🍇 麗絲玲

Wanaka
Gibbston
皇后城
● 奧馬魯
Bendigo
Cromwell Basin
Bannockburn
Alexandra Basin

坎特伯里與懷帕拉 (Caterburh and Waipara)
- 🍷 黑皮諾
- 🍇 白蘇維濃
- 🍇 麗絲玲
- 🍇 灰皮諾

● 丹尼丁

塔斯曼海（Tasman Sea）

南太平洋

0	75	150	225	300	375 km
0		75		150	225 mi

N

葡萄牙

品種

77 種
常見品種

Tinta Roriz（田帕尼優）
法蘭杜麗佳
卡斯特勞
杜麗佳
費爾南皮耶斯
特林加岱拉
Síria（Roupeiro）
Tinta Barroca
阿琳多
巴加
其他

產區

470,000 英畝
（2016）

其他
巴拉達
塞圖巴爾（Setúbal）
特如
唐（Dão）
阿連特如
里斯本
貝拉（Beira Interior）
斗羅河谷
青酒

豐富的原生品種

葡萄牙是個擁有許多獨特酒款與品種的寶庫，而且鮮少為葡萄牙以外的人所知。然而，這個國家過去其實曾是釀酒科技的領先國度，更規劃出全球第一個法定產區：波特酒產區（1757年）。結合了歷史悠久的葡萄酒文化與豐饒多元的原生品種，讓葡萄牙成為全球葡萄酒飲者最趨之若鶩的釀酒國度，紛紛前來尋找當地高品質又超值的美酒。

葡萄酒產區

葡萄牙全境氣候變化劇烈，因此葡萄酒風格相當多元。

西北部的青酒產區氣候較為涼爽，適合種植多酸、低酒精濃度的白酒。往內陸走，你會發現許多酒體飽滿且濃郁的紅酒，和來自世界知名的斗羅河谷所端出以杜麗佳為主要品種釀成的波特酒。葡萄牙中部與南部則擁有相當多元的釀酒品種。白酒包括具陳年潛力的阿琳多與多香的費爾南皮耶斯。紅酒則有風格較高雅的特林加岱拉（Trincadera）與 Alfrocheiro，以及個性鮮明的巴加、阿里岡特布樹，以及 Jaen（門西亞）。

最後，馬德拉島和亞述群島（Azores）則端出令人印象深刻、帶有鹹味的甜點酒，包括獨一無二的馬德拉酒；後者堪稱全球最具窖藏潛力的葡萄酒。

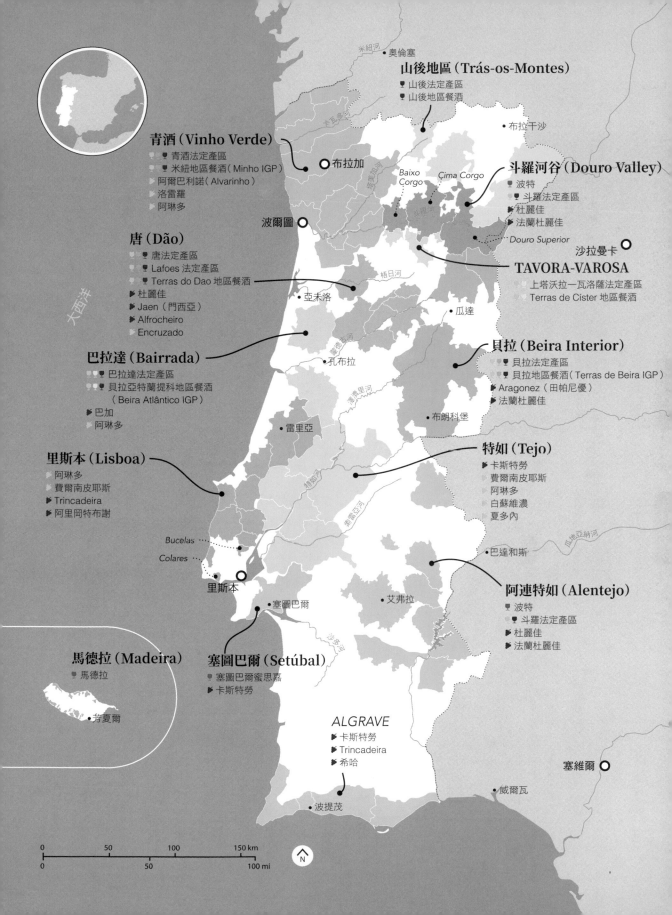

值得一嘗的美酒

由於葡萄牙氣候極端，端出的酒款從凜瘦多礦物味的白酒到強健高單寧的紅酒皆有。在上百個可以深入探究的原生品種中，可以從杜麗佳開始了解。這個品種從波特酒的混調品種，到如今更進一步釀成干型的單一品種紅酒。

斗羅紅酒

斗羅是數十種原生品種的家鄉，包括法蘭杜麗佳、杜麗佳、Tinta Barroca、Tinta Roriz（田帕尼優）以及 Tinta Cão。如今，干型的 Tinto（紅）品種酒正逐漸崛起，釀成的酒款多有濃郁的果味和巧克力香氣，並支撐以健壯的單寧架構。

FR 藍莓、覆盆莓、火龍果乾、黑巧克力、碎岩

唐產區紅酒

唐產區因多山，釀成的酒款多有辛香料風味和明顯的單寧質地。當地釀酒業者偏好 Jaen（門西亞）、杜麗佳、田帕尼優、Alfrocheiro 與 Trincadeira。這裡有許多混調酒，但當地最受盛讚的還是高品質的單一品種酒。

MR 櫻桃醬、黑樹莓、薑汁蛋糕、可可粉、乾燥香草

杜麗佳

源於斗羅河谷的杜麗佳，向來被視為葡萄牙最旗艦的品種之一，種植區域遍佈全國，釀成的酒多有緊覆口腔的濃郁風味與明顯特出的紫羅蘭花香，也常有鮮明的果味、高單寧和綿長的餘韻。

FR 藍莓、紅李、紫羅蘭、石墨、香草

阿里岡特布榭

阿連特如與里斯本附近常見的一種紅肉葡萄品種（Tenturier），果皮與果肉皆為紅色。雖然源自法國，但葡萄牙卻有該品種最理想的種植氣候，使得釀成的紅酒風味鮮明，帶有煙燻味，近似希哈。

FR 蜜李糖、黑樹莓、黑糖、丁香、花崗岩

阿琳多

頂級葡萄牙白品種，種植面積遍佈全國，但要屬特如和阿連特如產區的酒款表現最具潛力。阿琳多酒款上市時可能極為輕盈，多礦石風味，但窖藏 5~10 年後，可能發展出複雜與濃郁的調性，令人聯想到陳年麗絲玲。

LW 榲桲、檸檬、蜂蠟、金銀花、石油

Antão Vaz

非常罕見的白品種，源於阿連特如的 Vidigueira 產區，過去不受重視，直到引進當代法國釀酒技藝之後才有所改變。Antão Vaz 很快展現出宛如巨星般的潛力，釀出近似夏多內的白酒。

FW 黃蘋果、白花香、檸檬油、蜂蠟、榛果

小知識

▍▍ 波特釀酒業者需要先向有關單位宣佈年份，釀成的酒也需要經過波特葡萄酒機構審核後才能釋出。

▍▍ 茶色波特是一種刻意於木桶中培養多年以期達到氧化效果的波特酒。

華帝露

種植於亞述群島和馬德拉島的白品種，可以釀成濃郁並帶有鹹鮮滋味的甜點酒，也常在伊比利半島（甚至是加州和澳洲）釀成凜冽的白酒。喜愛白蘇維濃的飲者，一定要試試看華帝露美酒。

LW　鵝莓、鳳梨、白桃、薑、萊姆

Alvarinho

即阿爾巴利諾。葡萄牙的青酒產區和西班牙的下海灣產區有許多共同點。阿爾巴利諾常釀成低酒精濃度、帶有些微氣泡感的綠酒（Vinho Verde），但也可以釀成較嚴肅的酒款，後者多有濃郁的特性，並帶有油質的中段口感，兼具複雜度與深度。

LW　葡萄柚、萊姆花、金銀花、萊姆、小黃瓜皮

費爾南皮耶斯

葡萄牙有一半的人稱之為費爾南皮耶斯，另一半的人則稱之為 Maria Gomez。這品種之所以特出，是因為釀成的酒多能展現出甜美的花香、輕盈酒體，以及不帶甜的風味。

 AW　亞洲梨、新鮮葡萄、荔枝、檸檬—萊姆、百花香

馬德拉

馬德拉的單一品種酒包括以下列品種釀成的酒款：Sercial、華帝露、Malmsey 以及布爾（Boal）；這些是馬德拉表現最優異的酒款（從干型到甜型皆有）。布爾是最經典也是最甜的馬德拉酒，兼具酸、甜、鹹味，焦糖和脂味。

DS　黑胡桃、成熟水蜜桃、胡桃油、焦化糖、醬油

波特

波特酒的種款多元，但最不能錯過的當屬年份波特與晚裝瓶波特（LBV）。整體而言，波特酒通常強健且帶有甜美的紅色莓果風味，佐以如石墨一般的細緻單寧質地。最完美的餐酒搭配要屬藍紋起司。

 DS　糖漬覆盆莓、黑莓果醬、肉桂、焦糖、牛奶巧克力

塞圖巴爾蜜思嘉

這是以兩種蜜思嘉——亞歷山大蜜思嘉和紅蜜思嘉——釀成的金黃加烈甜酒，透過氧化熟成，獲得濃郁的焦糖和堅果風味。培養超過十年以上的塞圖巴爾蜜思嘉，是值得一試的美釀。

 DS　蔓越莓乾、無花果、焦糖、肉桂、香草

南非

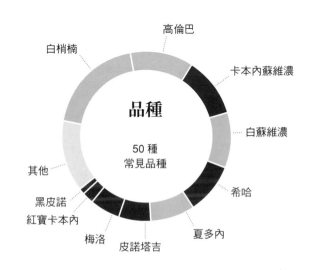

品種

50 種
常見品種

高倫巴
卡本內蘇維濃
白梢楠
白蘇維濃
希哈
其他
夏多內
黑皮諾
皮諾塔吉
紅寶卡本內
梅洛

產區

237,000 英畝
（2016）

橘河谷
其他
伍斯特（Worcester）
斯泰倫博斯
奧利凡茲河谷
帕爾
伯瑞德克魯夫
斯瓦特蘭
羅伯遜

當舊世界遇上新世界

南非的釀酒葡萄品種最初是由荷蘭東印度東司帶來。截至 18 世紀中期時，南非的白梢楠甜點酒康斯坦提亞（Constantia），名聲曾享譽歐洲。南非之所以獨特，是因其有溫暖的氣候和古老的花崗岩土質（可上溯至六億年前），使得這裡能夠釀出個性鮮明、多香且濃郁的紅、白酒。

葡萄酒產區

除了位於開普北部的低橘河（Lower Orange River）與道格拉斯（Douglas），南非幾乎所有的葡萄酒都產自西開普。

海岸地區氣候炎熱，成為釀造風格鮮明紅酒的絕佳地點，包括卡本內、皮諾塔吉與希哈，其他數個較冷涼的微型氣候，則端出濃郁的夏多內與樹密雍。南非的亮點包括來自斯泰倫博斯、帕爾與斯瓦特蘭產區的酒款。

伯瑞德與奧利凡茲河谷依舊被認為是南非最超值的兩個葡萄酒產區。你會發現這裡有上千英畝的白葡萄品種，包括大量用來釀造白蘭地的白梢楠。

開普南部海岸（Cape South Coast）占地不大，卻端出許多極具潛力的超優質冷涼氣候酒款，包括黑皮諾、夏多內，甚至是來自艾爾金的氣泡酒。這裡的產區散得很開，釀酒業者也普遍非常獨立且特殊。

奧利凡茲河谷
（Olifants River）
▶ 高倫巴
▶ 白梢楠
▶ 亞歷山大蜜思嘉

• 凡倫斯多普

Orange River
Douglas

開普北部（Northern Cape）
▶ 白梢楠
▶ 高倫巴
▶ 夏多內
▶ 卡本內蘇維濃

Sutherland-Karoo

Lamberts Bay

Citrusdale Mtn &
Valley

Cederberg

海岸區（Coastal Region）
▶ 卡本內蘇維濃
▶ 白梢楠
▶ 希哈
▶ 白蘇維濃
▶ 梅洛
▶ 皮諾塔吉
▶ 開普傳統法氣泡酒

SWARTLAND
▶ 隆河／GSM 混調
▶ 維歐尼耶
▶ 白梢楠

Ceres Plateau

伯瑞德河谷地（Breede River Valley）
▶ 白梢楠
▶ 高倫巴
▶ 夏多內
▶ 卡本內蘇維濃

• 沙達涅

Worcester

克萊卡魯
（Klein Karoo）
▶ 高倫巴
▶ 白梢楠
▶ 亞歷山大蜜思嘉

Darling

Breedekloof 伍斯特
• 伍斯特

PAARL
Tygerberg
• 帕爾

STELLENBOSCH
開普敦 ○

Franschhoek
• 斯泰倫博斯

Robertson

• 瑞倫丹

Constantia

Overberg

Cape Peninsula

Elgin

Walker Bay
• 赫曼奴斯

• 布雷達斯多普

開普南部海岸
（Cape South Coast）
▶ 白梢楠
▶ 高倫巴
▶ 夏多內
▶ 卡本內蘇維濃

南大西洋

Cape Agulhas

0   25   50   75 km
0   25   50 mi
↑ N

* 地圖未顯示所有產區

值得一嘗的美酒

南非葡萄酒所展現的風格既像新世界又有舊世界之姿。開普西部的古老花崗岩土質可以釀出帶有驚人礦物味與香氣的酒款，當地充足的日照，則有助於酒款發展出濃郁、以果味為主的滋味。而南非的卡本內蘇維濃、白梢楠與希哈的品質與物超所值的價位，更是相當傑出。

卡本內蘇維濃

南非種植面積最廣的紅葡萄品種，釀成的酒款風格多元、品質等級也頗為眾多。頂級酒款的單寧架構與宏大而多元的香氣，足以媲美全球頂尖卡本內蘇維濃。即便是較低端的酒款，也多有超出其價位帶和水準的表現。

🍷 黑醋栗、黑莓、甜椒、黑巧克力、紫羅蘭

皮諾塔吉

南非獨一無二的品種，無論是栽種或釀造皆頗具挑戰性，因此名聲欠佳。所幸當地有少數幾家酒莊特別悉心照顧該品種，並以皮諾塔吉釀出飽滿、濃郁，且帶有煙燻氣味的酒款，而且非常超值。

🍷 藍莓、香料糖漬李、南非博士茶、糖醋醬、煙燻味

波爾多混調酒

只要有表現出色的卡本內，就可以找到同樣優異的波爾多風格混調酒。南非的波爾多混調酒高雅且鹹鮮，風格近似舊世界，你可能會以為酒款來自義大利或法國。

🍷 黑醋栗、可可粉、綠胡椒、菸草、雪茄盒

隆河與 GSM 混調

崎嶇、乾燥的斯瓦特蘭產區，種有許多老藤格那希、希哈與慕維得爾，釀成的紅酒多汁且肉感十足，多帶有甜美的黑色果味、橄欖和胡椒風味，並支撐以健壯的單寧。這是個極具潛力的產區。

🍷 藍莓、黑莓、黑巧克力、黑橄欖、甜菸草

希哈

南非的希哈品質出乎意料，近年來才剛躍上國際葡萄酒舞台。當地以花崗岩為主的土質能增添該品種的胡椒香氣，而斯瓦特蘭、法國角與 Jonkershoek 產區的希哈，則又以其明顯且具陳年潛力的單寧著稱。

🍷 櫻桃糖漿、薄荷腦、黑樹莓、黏土粉、甜菸草

夏多內

夏多內過去表現最好的地區，氣候多屬冷涼，然而南非當地有少數幾個微型氣候，尤其適合夏多內的生長。著重於該品種的主要有位於開普南部海岸的艾爾金，以及斯泰倫博斯內的 Banghoek 副產區。

FW 鳳梨、黃蘋果、全麥蘇打餅乾、派皮、烘烤扁桃仁

小知識

- 南非的「酒莊酒」(Estate Wines) 意指由酒莊自種自釀且自行裝瓶的酒款(全國目前共有 207 間)。
- 南非的生長季約於九月開始，絕大多數的葡萄園於二月進行採收。

爽脆型白梢楠

雖然想到白梢楠，多數人的首選都是法國與梧雷，但其實南非也釀造了一些全球最佳的白梢楠酒款，而且價格幾乎不用前者的一半。南非的干型白梢楠通常相當可口多酸且新鮮，可以說是白蘇維濃的替代選擇。

LW 萊姆、榲桲、蘋果花、百香果、芹菜

濃郁型白梢楠

風格較嚴肅的南非白梢楠通常會在橡木桶中培養較長的時間，並發展出甜美的糖漬蘋果調性，以及如蛋白霜脆餅一般的綿密口感。「白梢楠競賽」(Chenin Blanc Challenge) 每年會評選出最頂級的白梢楠酒款。

AW 百香果、烤蘋果、蜂巢、油桃、檸檬蛋白霜脆餅

白蘇維濃

只要是有優良白梢楠的產區，通常也都會有不錯的白蘇維濃。南非的白蘇維濃鹹鮮但風味直接，酒體中等。也有一些釀酒業者會將自家白蘇維濃置入橡木桶內培養，以期獲得更飽滿的酒體。

LW 白桃、鵝莓、蜜香瓜、獨活草、花崗岩

維歐尼耶

南非的維歐尼耶產量稀少，但種植面積均勻遍佈全國。你會發現，這裡的維歐尼耶常用來與其他白品種混調，以增添令人暈眩的濃郁花香，並為口感帶來份量中等的油質感。維歐尼耶很適合在南非的氣候中成長！

FW 檸檬、蘋果、香草、紫羅蘭、薰衣草

榭密雍混調酒

南非另一個獨特的酒款要屬以榭密雍為主的混調酒。這類酒款多於橡木桶中培養，釀成酒體飽滿、口感綿密並帶有鹹鮮滋味的白酒。最致力於釀造這類風格酒款的要屬法國角產區；當地氣候偏冷，適合釀造多香的葡萄酒。

FW 梅爾檸檬、羊毛脂、黃蘋果、酸甜醃黃瓜、榛果

開普傳統法氣泡酒

於 1992 年成立的協會，旨在促進並製作以傳統香檳法釀成的頂級氣泡酒，使用的品種包括夏多內、黑皮諾、皮諾莫尼耶，以及唯獨開普傳統法氣泡酒會添加的白梢楠，以為這類酒款增添更多甜美的柑橘調性。

SP 橙花、梅爾檸檬、黃蘋果、鮮奶油、扁桃仁

西班牙

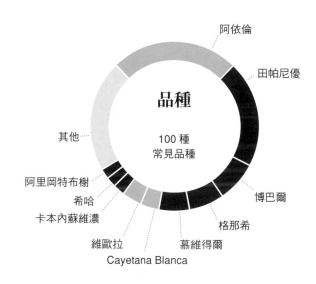

品種

100 種
常見品種

- 阿依倫
- 田帕尼優
- 博巴爾
- 格那希
- 慕維得爾
- Cayetana Blanca
- 維歐拉
- 卡本內蘇維濃
- 希哈
- 阿里岡特布榭
- 其他

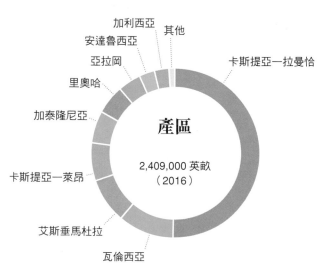

產區

2,409,000 英畝
（2016）

- 加利西亞
- 安達魯西亞
- 亞拉岡
- 里奧哈
- 加泰隆尼亞
- 卡斯提亞—萊昂
- 艾斯垂馬杜拉
- 瓦倫西亞
- 卡斯提亞—拉曼恰
- 其他

舊世界門戶

由於西班牙酒款可以概略區分為具有鮮明的果味或帶有蒙塵礦物味的風格，使得西班牙葡萄酒成為新、舊世界酒風的中間點。西班牙的葡萄園面積全球最多，然而由於葡萄樹間距較寬且用水吃緊，使得該國葡萄產量整體偏低。西班牙還是數種頂級葡萄品種的家鄉，包括田帕尼優、格那希（西班牙文 Garnacha）與慕維得爾（西班牙文 Monastrell）。除此之外，這裡還種有許多品種表現得比原生國更優，小維多便是其中一例。

葡萄酒產區

西班牙可依不同的氣候分為七大地區：

「綠色」西班牙：這裡是全西班牙最冷的地區，包括巴斯克地區（País Vasco）與加利西亞，最出名的包括新鮮且多礦物味的阿爾巴利諾白酒，高雅的門西亞紅酒，以及爽脆的粉紅酒。

加泰隆尼亞：加泰隆尼亞有兩個值得注意的特色酒款：卡瓦氣泡酒與西班牙的隆河 GSM 混調。建議這輩子至少要品嘗一次來自普里奧哈（Priorat）的紅酒。

西班牙中北部：厄波羅河（Ebro）與斗羅河谷地以田帕尼優酒款而聞名，但你也可以在這裡找到品質絕佳的格那希、維歐拉和維岱荷。

中央高原：雖然這裡的散裝酒眾所皆知，但當地也有一些令人驚奇的好酒，包括老藤格那希與小維多。這個地區目前著重於重新發掘古老的葡萄園與品種。

瓦倫西亞海岸：你絕對不可錯過當地充滿煙燻味的鮮明慕維得爾酒，建議可以從耶克拉、阿里岡特與胡米雅等產區著手。

西班牙南部：雪莉之鄉。

島嶼區：小而有趣的產區，可以找到多果味的干型紅酒 Listán Negro 與多香的蜜思嘉甜點酒。

大西洋

・波爾多

加利西亞（Galicia）
▮ 阿爾巴利諾
▶ 門西亞
▮ 格德約（Godello）

・拉科魯尼亞

・維哥

里奧哈（La Rioja）
▶ 田帕尼優
▶ 格那希
▮ 維歐拉

PAÍS VASCO
▮ Txakoli

桑坦德・　○畢爾包

NAVARRA
▶ 田帕尼優
▶ 格那希

・潘普羅納

阿羅・

亞拉岡（Aragon）
▶ 格那希
▶ 田帕尼優
▮ 馬卡貝歐（維歐拉）

蒙佩利爾・

卡斯提亞─萊昂
（Castilla y León）
▶ 田帕尼優
▮ 維岱荷　　瓦雅多利德
▶ 門西亞

萊昂・

艾士拉河

埃波羅河

杜羅河

○沙拉哥薩

○巴塞隆納

加泰隆尼亞（Catalonia）
▮ 卡瓦氣泡酒
▶ 格那希
▶ 田帕尼優
▶ 梅洛

Plà i Llevant
Binissalem　　帕爾馬

・波爾圖

馬德里　○

卡斯提亞─拉曼恰
（Castilla-La Mancha）
▮ 阿依倫
▶ 田帕尼優
▶ 博巴爾

特如河

EXTREMADURA
▶ 田帕尼優

瓜達幾維河

○瓦倫西亞

MAJORCA
▶ Manto Negro
▶ Callet

○里斯本

阿里岡特・

瓦倫西亞（Valencia）
▶ 慕維得爾
▶ 博巴爾

○莫夕亞

卡塔赫納・

哥多華・

○塞維爾

・格拉納達

地中海

○馬拉加

安達魯西亞（Andalucía）
▮ 雪莉
▮ 帕羅米諾─菲諾
▮ 佩德羅希梅內斯
▮ 亞歷山大蜜思嘉

○丹吉爾

CANARY ISLANDS
▶ Listán Negro
▮ Listán Blanco（帕羅米諾─菲諾）
▶ Listán Prieto（巴依絲）

○卡薩布蘭加

Yçoden-Daute-Isora
Valle de la Orotava
Tacoronte-Acentejo

La Palma

Lanzarote

Valle de Güímar

La Gomera　Albona

El Hierro　*TENERIFE Is.*　*Gran Canaria*

0　75　150　225 km
0　75　150 mi
N

值得一嘗的美酒

想到西班牙美酒，肯定離不開里奧哈與斗羅河岸，以及這兩個產區的主力品種田帕尼優。另外，西班牙也可以找到表現最獨特的格那希與慕維得爾；兩者同樣源自西班牙。往南走，則會來到雪莉酒的家鄉；這種干型開胃酒，全球找不到其他類似的風格。最後，當然也少不了提到卡瓦氣泡酒、阿爾巴利諾與維岱荷等足以代表西班牙白酒與氣泡酒的典型風格。

陳年級里奧哈

Rioja 唸做 Wree-yo-ha。這是以田帕尼優為主要品種的酒款，通常會透過陳年來緩和其風味，並藉此展現出更多複雜度。里奧哈分級制度中的陳年級（Reserva）需要經過至少一年的桶陳與兩年的瓶陳，特級陳年（Gran Reserva）則需要經過至少兩年桶陳與三年的瓶陳；這兩者代表了里奧哈最傑出的表現。

積塵櫻桃（Dusty Cherry）、蒔蘿、無花果乾、石墨、甜菸草

加泰隆尼亞 GSM 混調

這裡靠近巴塞隆納，包括普里奧哈、蒙桑（Montsant）、Terra Alta 以及其他副產區，皆以釀造隆河與 GSM 混調著稱。由於常添加卡本內與梅洛以釀出更飽滿的酒款，使得這裡的酒款多有耐人尋味的特性。

烘焙醋栗、摩卡、皮革、鼠尾草、片岩岩石

博巴爾

大量種植於卡斯提亞—拉曼恰的品種，過去常用來混調成基本款的散裝紅酒。所幸近來有少數釀酒業者以單一品種釀造，並展現出這個親民品種怡人的果味與香氣。

黑莓、石榴、甘草、大吉嶺茶、可可粉

斗羅河岸／托羅

這是兩個能夠抵抗斗羅河谷酷熱夏季的產區，並持續釀出濃郁、多單寧的田帕尼優紅酒（當地稱該品種為 Tinto Fino 或 Tinta del Toro）。這裡的酒款帶有甜美的黑色果味，並佐以燒焦的土壤風味。全球有一些最頂尖的田帕尼優酒款便是出自於此。

 覆盆莓、甘草、石墨、異國香料、烤肉

格那希

格那希真正的家鄉是西班牙，因此我們最好立刻捨棄 Grenache（法文拼法）一詞，改稱該品種為 Garnacha（西文拼法）！亞拉岡與那瓦拉兩產區所釀出的格那希都以水果調性為主，至於馬德里葡萄酒（Vinos de Madrid）產區的老藤格那希則能釀出更多單寧與高雅風格的酒款。

覆盆莓、糖漬葡萄柚皮、炙烤李子、乾燥香草

慕維得爾

這是另一個源自於西班牙、卻以法文名稱 Mourvèdre 行遍天下的品種。該品種釀成的酒極為濃郁，酒色深不透光，常見於瓦倫西亞南部、阿里岡特、耶克拉、胡米雅與布雅斯。千萬別錯過這個來自西班牙的怡人酒款！

 炙烤李子、皮革、樟腦、黑胡椒、花盆

小知識

 西班牙多以美國橡木桶（Oak: American）
培養，最常見的要屬里奧哈特級陳年酒（田
帕尼優）。

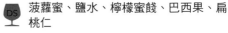 我們可能以為格那希和慕維得爾是法國品種，
但這兩者其實是貨真價實的西班牙品種。

門西亞

酒體較輕盈且具陳年潛力的紅酒品種，多種
植於較冷且多山的西班牙西北部產區。碧兒
索產區可以找到較多果味的門西亞，往西到
加利西亞的維岱荷拉斯，門西亞也會逐漸展
現出更多高雅和草本的香氣。

MR 乾燥香草、黑李、香料糖漬紅醋栗、咖
啡、石墨

格那希粉紅酒

相較於著名的普羅旺斯粉紅酒那淺淡的洋蔥
皮色，格那希粉紅酒多有引人注目的紅寶石
色，風格也比前者更濃郁且多有油質口感。
著重於釀造格那希的產區包括亞拉岡與那瓦
拉，兩者都擅長釀造超值可口的粉紅酒。

RS 櫻桃、糖漬葡萄柚、橙油、葡萄柚白膜、
柑橘

維岱荷

酒體細瘦且輕盈的白酒，多種植於盧埃達產
區，這裡多沙的土壤為酒款帶來多酸清爽的
柑橘香氣，以及明顯的礦物感和鹽水風味。
你會發現許多盧埃達酒是以白蘇維濃和維岱
荷混調而成，這是搭配墨西哥捲餅的絕佳佐
餐酒。

LW 萊姆、蜜香瓜、葡萄柚白膜、茴香芹、
白桃

阿爾巴利諾

西班牙的旗艦白品種之一，多種植於氣候較
冷涼的下海灣區（Rias Baixas，唸做 Rhee-
yus By-shus）。你會發現，愈靠近較多黏土
為主的內陸地區，酒款會漸從柑橘和鹽水的
調性轉為葡萄柚為主的風味。

LW 檸檬刨皮、蜜香瓜、葡萄柚、蜂蠟、鹽
水

卡瓦氣泡酒

西班牙的香檳，以傳統法釀造，並使用西班
牙原生品種，包括馬卡貝歐（維歐拉）、沙
雷洛與帕雷亞達。雖然卡瓦的價格遠比香檳
來得低，但兩者的品質與釀酒方式其實頗類
似。

SP 榲桲、萊姆、黃蘋果、洋甘菊、扁桃仁
鮮奶油

雪莉

雪莉酒有許多種風格，其中幾種風格的酒款
是培養於部分填桶的木桶中，使酒液表面發
展出一種稱為酒花（Flor）的酵母。酒花會
消耗酒中的干油，並將酒款轉換成酒體細
瘦、風格細緻並帶點鹹味的美味酒款；建議
品嘗曼薩尼亞和菲諾。

DS 菠蘿蜜、鹽水、檸檬蜜餞、巴西果、扁
桃仁

看懂酒標

如今，我們已經很常見到西班牙葡萄酒標上標示出使用的品種。當然也有一些例外，包括里奧哈與斗羅河岸等經典產區的葡萄酒；這類酒款多以陳年時間做為分級並標示，如佳釀級（Crianza）、陳年級（Reserva）與特級陳年級（Gran Reserva）。

年份

酒莊

酒莊自取酒名

地區名稱／分級制度

陳年分級制度

命名方式

西班牙葡萄酒的標示主要可以區分為以下四種：

- **依品種**：如「慕維得爾」或「阿爾巴利諾」。
- **依地區**：如「保證法定產區里奧哈」（Rioja D.O.C.a）或「保證法定產區普里奧哈」（Priorat D.O.Q.）。
- **依酒莊自取名稱**：如「Unico」或「Clio」。
- **依風格（屬雪莉酒最常見）**：如「菲諾」或「歐洛羅香」。

地區葡萄酒

里奧哈：以田帕尼優為主的紅酒和以維歐拉為主的白酒。

斗羅河岸與托羅：以田帕尼優為主的紅酒。

普里奧哈：以各種可能的品種混調而成的紅酒，包括格那希、卡利濃、希哈、卡本內蘇維濃、梅洛與其他。

陳年分級制度

知道陳年分級的詞彙有助於發掘自己偏好的酒款風格。整體而言，酒款陳年時間愈久，所發展出的風味會更多、香氣也會更複雜。但各個產區規範的最低培養時間各有不同。

Joven：年輕酒，不經過木桶培養，或僅在木桶中培養極短時間的酒，被規範至西班牙葡萄酒法定產區（DOP）；沒有列出陳年時間的酒款也屬於此類，如基本款里奧哈酒。

Crianza：佳釀級，紅酒需陳年共 24 個月，其中必須於木桶中培養至少 6 個月（唯里奧哈與斗羅河岸的法規要求一年桶陳）。白酒與粉紅酒需陳年共 18 個月，其中至少 6 個月於木桶中培養。

Reserva：陳年級，紅酒需陳年共 36 個月，其中必須於木桶中培養至少 12 個月。白酒與粉紅酒需陳年共 24 個月，其中至少 6 個月於木桶中培養。

Gran Reserva：特級陳年級，紅酒需陳年共 60 個月，其中必須於木桶中培養至少 18 個月（唯里奧哈與斗羅河岸的法規要求兩年桶陳）。白酒與粉紅酒需陳年共 48 個月，其中至少 6 個月於木桶中培養。

Roble：木桶酒，Roble 一詞有「橡木桶」之意，這個詞彙容易引起誤會，因為木桶酒通常指僅在橡木桶中經過短暫培養即釋出的年輕酒款。

Noble：高貴酒，（罕見）於木桶中培養 18 個月。

Añejo：年份酒，（罕見）於木桶中培養 24 個月。

Viejo：老酒，（罕見）經過 36 個月的培養時間，並須展現出氧化風格（三級風味）的酒款。

西班牙葡萄酒分級制度

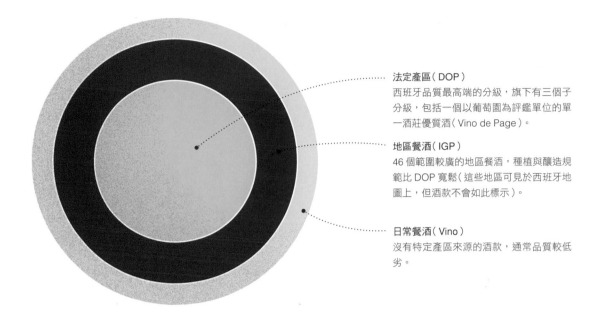

法定產區（DOP）
西班牙品質最高端的分級，旗下有三個子分級，包括一個以葡萄園為評鑑單位的單一酒莊優質酒（Vino de Page）。

地區餐酒（IGP）
46 個範圍較廣的地區餐酒，種植與釀造規範比 DOP 寬鬆（這些地區可見於西班牙地圖上，但酒款不會如此標示）。

日常餐酒（Vino）
沒有特定產區來源的酒款，通常品質較低劣。

單一酒莊優質酒（Vino de Pagos, VP）

- Arínzano（那瓦拉）
- Aylés（卡利耶納）
- Calzadilla（卡斯尼亞—拉曼恰）
- Campo de la Guardia（卡斯尼亞—拉曼恰）
- Casadel Blanco（卡斯尼亞—拉曼恰）
- Chozas Carrascall（烏帖爾—雷奎納〔Utiel-Requena〕）
- Dehesadel Carrizal（卡斯尼亞—拉曼恰）
- Dominio de Valdepusa（卡斯尼亞—拉曼恰）
- El Terrerazo（瓦倫西亞）
- Finca Élez（卡斯尼亞—拉曼恰）
- Florentino（卡斯尼亞—拉曼恰）
- Guijoso（卡斯尼亞—拉曼恰）
- Los Balagueses（瓦倫西亞）
- Otazu（那瓦拉）
- Prado de Irache（那瓦拉）

法定產區 — Denominación de Origen Protegida

西班牙品質最高端的分級，旗下有三個子分級。

單一酒莊優質酒（Vino de Pago, VP）：又稱為 DO Pago；這是單一葡萄園的酒款。目前全西班牙有 15 個 VP，主要座落於卡斯提亞—拉曼恰與那瓦拉。注意，一些業者使用「Pago」一詞標示於酒標上，但這不是來自於單一酒莊優質酒官方制度之下的酒款。

保證法定產區（Denominación de Origen Calificada, DOCa / DOQ）：品質規範較嚴格的分級標準，屬於 DOCa 的酒莊必須座落於所屬產區內，酒款也必須如此標示。目前全西班牙僅有里奧哈與普里奧哈兩個 DOCa。

法定產區（Denominación de Origen, DO）：釀自全國 79 個法定葡萄酒產區的優質酒款。

地區餐酒

品質尚佳的日常酒，來自範圍較大的地區，種植與釀造規範均比 DOP 來得低，釀成的酒款會標示為 Indicación Geográfica Protegida 或 IGP，有時也會標示為 Vino de la Tierra（VdiT）。目前全西班牙有 46 個 IGP，包括產量龐大的卡斯提亞—拉曼恰地區餐酒。

日常餐酒

（也稱為 Vino de Mesa，即餐酒之意）。這是西班牙最低階的餐酒，無須依循產區來源。許多酒款僅標示為 Tinto（紅酒之意）或 Blanco（白酒之意），可能釀成微甜型，以求增加更多可口的風味。

西班牙西北部

西班牙西北部的氣候遠比其他地區來得冷涼。下海灣與巴斯克地區要屬其中最冷，因此也特別擅長釀造多酸清爽的白酒與纖細高雅的紅酒。南邊的坎達布連山脈（Cantabrian Mountains）阻斷了來自大西洋冷涼的海風，使得山另一邊的斗羅河岸形成極端大陸型氣候，夏季炎熱、冬季寒冷，因此造就了全西班牙風格最鮮明的田帕尼優。

阿爾巴利諾

阿爾巴利諾堪稱下海灣（唸做 Rhee-yus By-shus）特產。這裡的葡萄園鄰近海岸，土壤多沙，釀成的酒款酒體細瘦，並帶有明顯的鹹味。往內陸走，土壤較多黏土，日照也更充足，因此這裡的阿爾巴利諾則通常風格較為濃郁，並帶有更多葡萄柚與水蜜桃的風味。

LW 檸檬刨皮、葡萄柚、蜜香瓜、油桃、鹽水

門西亞

近來才嶄露頭角的伊比利半島品種，因其純粹、直接的紅色果香而備受喜愛，更有石墨一般的礦物味，以及能給予酒款優良陳年潛力的單寧架構。門西亞是碧兒索、維岱荷拉斯與神聖河岸產區特有的品種，其中以碧兒索的門西亞為最濃郁，往西走，酒風則會益漸優雅。

 酸櫻桃、石榴、黑莓、甘草、碎石

斗羅河岸與托羅

由於斗羅河沿岸均屬於極端氣候，使得這裡釀成的田帕尼優多有大量的單寧、果味成熟且風味濃郁。最知名的產區要屬斗羅河岸與托羅，當地的田帕尼優多標示為「Tinto Fino」與「Tinta del Toro」。

FR 黑莓、無花果、蒔蘿、甜菸草、黏土粉

維岱荷

盧埃達產區特有的白酒品種，相當引人入勝，可以釀成經桶陳或未過桶的風格。未過桶的維岱荷多有該品種特有的萊姆與草香，通常以高肩瓶裝瓶。過桶維岱荷則多有檸檬蛋黃醬與扁桃仁的風味。

LW 萊姆、蜜香瓜、葡萄柚白膜、茴香芹、白桃

恰可利

在巴斯克地區（即 País Vasco），你會找到這個等同於葡萄牙青酒的西班牙酒。絕大多數的恰可利（唸做 Cha-koli）是以白宏達比（Hondarrabi Zuri）釀成，酒款酸度高、酒精濃度低且有些許氣泡感。當地的紅酒則以黑宏達比釀成——這是近似卡本內的罕見葡萄酒。

LW 萊姆、榅桲、麵團、香草、柑橘刨皮

格德約（Godello）

（唸做 Go-dey-yo）這個罕見的白品種，品質出乎意料之外地優異，多見於維岱荷拉斯、Ribiero 與碧兒索。好的格德約常被比喻成布根地白酒，帶有蘋果與水蜜桃風味，並佐以來自橡木桶陳年的細緻辛香料氣息，以及綿長、多酸的餘韻。

LW 黃蘋果、柑橘刨皮、檸檬蛋黃醬、肉豆蔻、鹽味

大西洋

加利西亞（Galicia）
▷ 阿爾巴利諾
▶ 門西亞
▷ 格德約

巴斯克地區（País Vasco）
▷ 白宏達比
▶ 黑宏達比
▷▪ 恰可利

Getariako Txakolina
Bizkaiako Txakolina
桑坦德
畢爾包 ◎

Arabako Txakolina
維托利亞

米紐河

拉科魯尼亞

Ribeira Sacra
萊昂
艾士拉河

波羅河

Val do Salnés
Bierzo
Tierra de León
Arlanza

RÍAS BAIXAS
Benavente
Cigales

維哥
Ribeiro
Valdeorras
Monterrei
TORO
▶ 田帕尼優
瓦雅多利德 ◎
RIEBERA DEL DUERO
▶ 田帕尼優

Condado do Tea
O Rosal
RUEDA
維岱荷
杜羅河

Tierra del Vino
de Zamora
波爾圖
Arribes

馬德里 ◎

卡斯提亞—萊昂（Castilla and León）
▶ 田帕尼優
▷ 維岱荷
▶ 格那希
▶ Prieto Picudo
▷ 帕羅米諾—菲諾

0   25   50   75   100 km
0   25   50   75 mi

N
◎

西班牙東北部

西班牙東北部可分為兩個主要地區：厄波羅河流域與塔拉哥納（Tarragona）至西班牙邊境的海岸山丘。厄波羅河谷地以風格雄健、多果味的紅酒和粉紅酒聞名，主要品種為田帕尼優、格那希與卡利濃。這裡的山丘地區釀有風格高雅的卡瓦氣泡酒，帶有礦石風味的卡本內蘇維濃、希哈與梅洛等混調紅酒。

陳年里奧哈

里奧哈產區以其具陳年潛力的田帕尼優響負盛名。來自 Rioja Alta 和 Rioja Alavesa 以石灰岩和黏土為主的土壤所釀出的酒窖為優雅；來自 Rioja Baja 以較多鐵質的黏土為主的土壤，則釀出酒體較濃郁、更肉感的酒款。

FR 櫻桃、烤番茄、剪下的蒔蘿、皮革、香草

普里奧哈混調

普里奧哈於 1990 年代起開始享譽國際，這要歸功於一小群在當地的釀酒業者；他們以格那希、卡利濃、希哈、梅洛和卡本內蘇維濃等品種，釀造出西班牙獨一無二的波爾多風格酒。除了普里奧哈，蒙桑、Costers del Segre 與 Terra Alta 產區也找得到「普里奧哈混調酒」。

 烘焙覆盆莓、可可、丁香、胡椒、碎石

格那希

雖然亞拉岡、那瓦拉、里奧哈與加泰隆尼亞絕大多數的葡萄園都種遍了格那希，你會發現擅長格那希單一品種酒的，要屬波爾哈田野與卡拉塔由產區。西班牙的格那希酒款單寧較輕巧，並多展現出難以錯認的粉紅葡萄柚調性。

MR 覆盆莓、朱槿、糖漬葡萄柚、黏土粉、乾燥香草

卡利濃

你會發現卡利濃（又稱為馬荌羅 Mazuelo、Samso 或 Cariñena）常與格那希混調，偶爾也會搭配希哈、梅洛與卡本內蘇維濃，以期讓釀成的酒款展現出更多深度。想品嘗優質的卡利濃，建議可以找 Emporda、蒙桑、普里奧哈、佩內得斯與卡利耶納產區。

MR 黑李、覆盆莓、橄欖、紅椒片、可可

里奧哈白酒

維歐拉是釀造卡瓦氣泡酒最主要的品種之一，卡瓦業者通常稱之為馬卡貝歐，但里奧哈則以其釀出濃郁、具陳年潛力的白酒。里奧哈白酒可依陳年時間分為以下等級：佳釀級（陳年一年）、陳年級（兩年）、特級陳年（四年）；每一款酒都需經過六個月的桶陳。

FW 烘烤鳳梨、萊姆蜜餞、苦薄荷糖、榛果、糖漬龍蒿

卡瓦氣泡酒

相較於以同樣方法釀造而成的，卡瓦的價格顯得更加物超所值。釀造卡瓦最重要的品種要屬馬卡貝歐，但諸如沙雷洛與帕雷亞達也是常見的白酒品種，德雷帕與格那希則常用來釀成粉紅卡瓦氣泡酒。

SP 黃蘋果、萊姆、榅桲、麵團、杏仁膏

里奧哈（Le Rioja）
- 田帕尼優
- 格那希
- 維歐拉
- 卡利濃
- 格拉西亞諾（Graciano）

那瓦拉（Navarra）
- 田帕尼優
- 格那希
- 梅洛
- 卡本內蘇維濃

亞拉崗（Aragon）
- 田帕尼優
- 格那希
- 維歐拉
- 卡本內蘇維濃
- 梅洛
- 希哈

• 畢爾包

• 維托利亞
Rioja Alavesa
• 潘普羅納
阿羅
洛格洛紐
Rioja Alta
Rioja Baja

佩皮尼昂

• 安道爾

Empordà

Somontano

Pla de Bages

杜埃雷河

Costers del Segre

Alella

• 馬塔洛

Conca de Barberà

Campo de Borja

○ 沙拉哥薩

厄波羅河

○ 巴塞隆納

Penedès

Cariñena

Calatayud

• 塔拉哥納
Tarragona
PRIORAT
Montsant

加泰隆尼亞（Catalunya）
- 卡瓦
- 馬卡貝歐（維歐拉）
- 沙雷洛
- 帕雷亞達
- 格那希
- 希哈

Terrra Alta

巴里亞利海

• 卡斯特洛

Valencia

Utile-Requena

○ 瓦倫西亞

瓦倫西亞（Valencia）
- 慕維得爾
- 博巴爾
- Merseguera
- 田帕尼優
- 格那希
- 卡本內蘇維濃

帕爾馬

• 阿巴舍提

Valencia

• *Alicante*

Yecla
Alicante
Jumilla

• 阿里岡特

Bullas

○ 莫夕亞

莫夕亞（Murcia）
- 慕維得爾
- 希哈

• 羅卡

• 卡塔赫納

| 0 | 25 | 50 | 75 | 100 km |

| 0 | 25 | 50 | 75 mi |

N

西班牙南部

西班牙有相當多物超所值的酒款產自西班牙中部，特別是卡斯提亞—拉曼恰與瓦倫西亞的部分地區——包括卡斯提亞地區餐酒（Castilla VT）。這裡可以找到品質絕佳的紅酒，而且價位通常相當超值。往南，會發現當地種植的主力品種為帕羅米諾—菲諾和佩德羅希梅內斯，主要用來釀造風格多元的雪莉酒，從干型到甜型皆有。

慕維得爾

慕維得爾（西文 Monastrell）據信源自於莫夕亞，在這裡的表現多為酒體濃郁且多煙燻氣味的酒款。品質較高的酒款，在濃郁的藍莓味之上，還會有細微的紫羅蘭與黑胡椒香氣。建議找阿里岡特、胡米雅、耶克拉與布雅斯產區的酒款。

FR 黑莓、黑胡椒、紫羅蘭、黑胡椒、煙燻味

博巴爾

非常物超所值的紅酒，在西班牙以外的地區名聲不大。博巴爾的酒通常會有柔軟的李子與巧克力風味，偶爾會佐以強健、多肉感的調性。想品嘗高品質的博巴爾，建議可以找瓦倫西亞的烏帖爾—雷奎納（包括 Pago Finca Terrerazo）與 Manchuela 產區。

MR 黑櫻桃、藍莓、乾燥綠色香草、紫羅蘭、可可

格那希

雖然這裡面積較小，但絕對不能不提到馬德里葡萄酒與 Méntrida 的格那希。這裡有許多老藤葡萄種植於以花崗岩為主的土壤，且地勢較高，能夠釀出個性複雜、帶有大量單寧且具陳年潛力的格那希。

MR 黑櫻桃、黑胡椒、石墨、肉桂、甜點用的鼠尾草

卡本內混調

整個拉曼恰與瓦倫西亞都見得到法國品種，包括卡本內蘇維濃、希哈與小維多。這些法國品種通常與本土的格那希或慕維得爾混調，以釀出極為濃郁、帶有巧刻意風味的酒款。建議可以找胡米雅和瓦倫西亞的酒款。

FR 黑莓、黑櫻桃、黑巧克力、石墨、黏土粉

雪莉

不管你原先是怎麼想的，絕大多數的雪莉酒都不甜，而是帶有鹹味與堅果風味的酒款。這種加烈酒多以種植於赫雷斯產區的帕羅米諾—菲諾葡萄釀成；該產區最主要的土壤稱為阿爾巴利薩（Albariza），是含有大量白堊土質的白色土壤。釀成甜酒時（如 Cream Sherry），通常是與佩德羅希梅內斯混調而成。

DS 菠蘿蜜、檸檬蜜餞、巴西果、羊毛脂、鹽水

蒙提雅—莫利雷茲 PX 甜酒

蒙提雅—莫利雷茲（Montilla-Moriles）是位於安達魯西亞省內的產區，擅長佩德羅希梅內斯（PX）的種植。PX 是全球甜度最高的甜點酒之一！這類酒款經過氧化熟成，酒色呈深棕色，甜膩程度與質地足以媲美楓糖漿。

DS 葡萄乾、無花果、胡桃、焦糖、巧克力榛果醬

馬德里葡萄酒
(Vinos de Madrid)
- 慕維得爾
- 格那希
- 希哈

卡斯提亞—拉曼恰
(Castilla-La Mancha)
- 阿依倫
- 博巴爾
- 慕維得爾
- 田帕尼優

艾斯垂馬杜拉
(Extremadura)
- 田帕尼優
- 卡本內蘇維濃
- 希哈

瓜達拉哈拉
Mondéjar
Uclés
卡斯特洛

馬德里
Méndrida
托雷多
Ribera del Júcar

瓦倫西亞

La Mancha
Manchuela

美里達
Ribera del Guadiana

Valdepeñas
阿巴舍提
Almansa

阿里岡特

利納勒斯
莫夕亞

哥多華
哈安
羅卡
卡塔赫納

Condado de Huelva

塞維爾
Montilla-
Moriles
格拉納達

Manzanilla
Málaga and
Sierras de Málaga
阿美里亞

巴拉梅達聖地
赫雷斯
馬拉加

卡地斯
馬貝雅

Sherry
Málaga and
Sierras de Málaga

安達魯西亞 (Andalucía)
- 帕羅米諾—菲諾
- 佩德羅希梅內斯
- 亞歷山大蜜思嘉
- 雪莉

亞伯蘭海

阿赫西拉斯
直布羅陀
休達

丹吉爾

美利雅

0 25 50 75 100 km
0   25   50   75 mi

N

美國

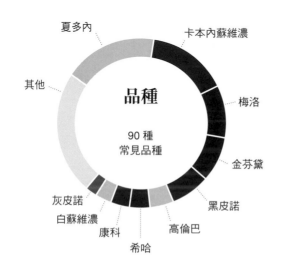

品種

90 種
常見品種

卡本內蘇維濃
梅洛
金芬黛
黑皮諾
高倫巴
希哈
康科
白蘇維濃
灰皮諾
其他
夏多內

產區

600,000 英畝
（2016）

加州
其他
奧勒岡州
紐約州
華盛頓州

果香滿溢的珍寶

很難明確地形容美國葡萄酒的的風格，因為美國境內的地勢極為多變，從東岸到西岸全然不同。話雖如此，美國有 80% 的葡萄酒都是來自加州，因為這裡多有風格鮮明、果味明顯的葡萄酒，且多以法國品種為主，如卡本內蘇維濃、梅洛、夏多內與黑皮諾。

除了加州，華盛頓州、奧勒岡州與紐約州也釀有全美 17% 的葡萄酒，其他 46 個州的酒款少之又少，主要有亞利桑那、新墨西哥、維吉尼亞、德克薩斯、科羅拉多、愛達華與密西根州。

葡萄酒產區

加州的氣候近似地中海型氣候，非常適合釀造酒體飽滿的紅酒。不過，靠近太平洋處也有一些較冷涼的地區，因受到霧氣影響，而成為極適合種植偏好冷涼氣候的品種，包括一些白酒品種與黑皮諾。

華盛頓州的葡萄酒種植地區主要位於該州東部、氣候乾熱多日照的地區。這裡釀出的紅酒多果味，且帶有既甜又酸的酸度。

奧勒岡的威廉梅特谷地（Willamette Valley）是釀造黑皮諾、灰皮諾和夏多內的理想地區。

紐約州最主要的品種是康科（但絕大多數是用來釀酒，而非葡萄酒），但這裡的麗絲玲、高雅的梅洛混調酒和粉紅酒正迅速崛起，備受矚目。

西北部（Northwest）
▶ 波爾多混調
▷ 夏多內
▶ 黑皮諾
▷ 灰皮諾
▷ 麗絲玲

東北部（Northeast）
▶ 康科
▷ 麗絲玲
🍷 冰酒
▶ 梅洛

加州（California）
▷ 夏多內
▶ 卡本內蘇維濃
▶ 黑皮諾
▶ 梅洛
▶ 希哈

中西部（Midwest）
▶ 諾頓（Norton）
▷ Chambourcin
▷ 白維岱爾

西南部（Southwest）
▶ 卡本內蘇維濃
▶ 梅洛
▷ 夏多內

東南部（Southeast）
▶ 麝香葡萄／Scuppernong

哈得森灣

溫哥華
西雅圖
波特蘭

蒙特婁
渥太華
多倫多
底特律
芝加哥
紐約
華盛頓特區

舊金山
聖荷西
洛杉磯
聖地牙哥
恩瑟納達

丹佛

鳳凰城

達拉斯

奧斯丁

夏洛特
傑克遜維爾
邁阿密

蒙特瑞
沙提約
墨西哥灣

太平洋

墨西哥市
阿卡普科

0 200 400 600 800 km
0 200 400 600 mi

N

Fraser Valley

Similkameen Valley
Okanagan Valley (Canada)

溫哥華

BRITISH COLUMBIA
麗絲玲
氣泡酒

西雅圖

華盛頓（Washington）
波爾多混調
夏多內
白蘇維濃
希哈
麗絲玲

Willamette Valley

波特蘭

Columbia Valley

瓦拉瓦拉

奧勒岡（Oregon）
黑皮諾
灰皮諾
夏多內
麗絲玲

波夕

IDAHO
波爾多混調
麗絲玲

Snake River Valley

加州
（California）
夏多內
卡本特蘇維濃
黑皮諾
梅洛
希哈
金芬黛

North Coast

Napa Valley

Sonoma

舊金山

Sierra Foothills

Madera

Central Coast

Paso Robles

格蘭姜欣   Grand Valley   DENVER

West Elks

COLORADO
卡本內弗朗

Malibu Coast

洛杉磯

Temecula

ARIZONA
卡本內蘇維濃

NEW MEXICO
卡本內蘇維濃
氣泡酒

聖地牙哥

Verde Valley

鳳凰城

Middle Rio
Grande Valley

ENSENADA

Valle de Guadalupe
(Mexico)

Sonoita

華雷斯城

Texas High Plains

TEXAS
卡本內蘇維濃
夏多內

Escondido

太平洋

Texas Hill Country

奧斯

聖安東尼奧

契瓦瓦

Valle de Parras
(Mexico)

沙提約

ONTARIO, CANADA
卡本內弗朗
冰酒
麗絲玲
夏多內
黑巴寇

蒙特婁

Prince Edward County

Lake Michigan Shore

Lake Wisconsin

Niagara Peninsula

多倫多

Niagara Escarpment
Finger Lakes

North Fork

The Hamptons

Lake Erie North Shore

Hudson Valley

底特律

紐約

NEW YORK
康科
麗絲玲
波爾多混調

Lake Erie

芝加哥

匹茲堡

費城

NEW JERSEY
波爾多混調

巴爾的摩

MIDWEST
諾頓
Chambourcin
白維岱爾
Chardonel

哥倫布

Ohio River Valley

Middleburg

Outer Coastal Plain

Augusta

Shenandoah Valley

Monticello

VIRGINIA
波爾多混調
夏多內
維歐尼耶

Upper Mississippi River Valley

Yadkin Valley

夏洛特

Ozark Mountain

SOUTHEAST
麝香葡萄／Scuppernong

傑克遜維爾

休士頓

墨西哥灣

大西洋

N

| 0 | 150 | 300 | 450 | 600 km |
| 0 | 150 | 300 | | 450 mi |

值得一嘗的美酒

加州最值得一提的要屬風格鮮明的卡本內蘇維濃、過桶夏多內與黑皮諾。這裡的希哈、小希哈與金芬黛也非常值得期待，全都展現了加州具有奔放果味的酒款風格。以下列出的酒款還包括奧勒岡、華盛頓與紐約州的頂尖酒款。

加州卡本內蘇維濃

加州最有名的卡本內葡萄是來自於北海岸地區，包括索諾瑪谷地和納帕谷地。表現最好的酒款多有濃郁的黑色果味，以及蘊含其中的多層次風味，包括雪松、礦物感與帶有菸葉風味的單寧質地。

FR 黑莓、黑櫻桃、雪松、烘焙香料、綠胡椒

加州金芬黛

1994 年，科學家發現金芬黛其實和義大利的普里蜜提弗與克羅埃西亞的 Tribidrag 有同樣的基因，屬於同一個品種。金芬黛有奔放的糖漬果味與菸葉風味，但嘗起來出乎意料地不甜，並帶有以礦物風味為主的單寧質地和飆高的酒精濃度。索諾瑪與洛代產區都端出了極佳的金芬黛可供比較。

FR 黑莓、李子醬、五香粉、甜菸葉、花崗岩

加州小希哈

加州的法國品種酒堪稱全球頂尖，其中以氣候較溫暖的小希哈表現尤佳，包括內地谷地（Inland Valley），多有濃郁、鹹鮮的黑色果味，並支撐以緊實、如可可般的單寧。

FR 蜜李糖、藍莓、黑巧克力、黑胡椒、草本植物

加州夏多內

加州最好的夏多內多種植於海岸地區，以及地勢起伏的海岸谷地之內；這些地區能獲得來自太平洋的涼風吹拂與晨霧，釀成的酒款多有濃郁的酒體，和鳳梨與其他熱帶水果的風味，並佐以燻烤的木桶味。

FW 黃蘋果、鳳梨、法式焦糖布蕾、香草、焦糖

加州黑皮諾

北海岸與中部海岸產區中氣候較冷的沿岸地區，釀出全球風格最鮮明、以果味為主要調性的黑皮諾。不過，目前絕大多數的釀酒業者都轉而追求較高雅、幾近布根地風格的酒款。不管風格為何，都不要錯過加州的黑皮諾。

MR 黑莓、藍莓乾、丁香、玫瑰、可樂

加州希哈與 GSM 混調

加州很多產區都找得到品質絕佳的希哈，但最致力於隆河品種酒的副產區，當屬加州的中央海岸。最好的酒款多有濃郁的黑色果香、胡椒風味與礦物風味。聖塔芭芭拉與帕索羅布斯是尋找絕佳酒款的產區。

FR 黑莓、藍莓派、搗碎的胡椒、摩卡、月桂葉

小知識

依法規定，單一品種酒需以至少 75% 的該品種釀成，才能標示為該品種酒。奧勒岡的黑皮諾與灰皮諾則依法需要至少達 90%。

標示為酒莊酒（Estate wine）的酒款依法必須是釀自該酒莊自有的葡萄園果實。

華盛頓希哈 & GSM 混調

雖然希哈與格那希等隆河品種不是華盛頓最受歡迎的品種，卻在此展現了絕佳的潛力。這款通常極為濃郁、帶有酸甜的紅色果味、濃郁的肉質風味，與帶有辣感的酒精濃度。

FR 黑醋栗、白蘭地酒漬櫻桃、培根油脂、黑巧克力、石墨

華盛頓波爾多混調

雖然華盛頓非常著重於卡本內蘇維濃的釀造，這裡最具陳年潛力的酒款多是添加了梅洛與其他波爾多品種的混調酒。這些酒款展現了純粹的黑櫻桃果味與怡人的花香、薄荷，與類似紫羅蘭的調性。

FR 覆盆莓、甘草、石墨、異國香料、烤肉

奧勒岡黑皮諾

奧勒岡有超過 50% 的葡萄園種植黑皮諾，該品種在威廉梅特谷地表現尤佳，釀成的酒款多有豐富的紅色莓果風味，酒體較輕、酸度偏高，且展現出橡木桶陳年所帶來的辛香料滋味。

LR 石榴、紅李、多香果、香草、紅茶

奧勒岡灰皮諾

灰皮諾是奧勒岡最重要的白葡萄品種之一，在威廉梅特谷地南部表現尤佳。你會發現這裡的灰皮諾常展現出風味集中的水蜜桃與西洋梨風味，並有油質的中段口感，與多酸、近似柑橘風味的餘韻。

LW 油桃、成熟西洋梨、柑橘花、檸檬油、扁桃仁鮮奶油

紐約州麗絲玲

紐約州端出許多極具潛力的麗絲玲以及滿載礦物香氣的白酒，但這裡寒冷的冬天使得葡萄的栽種難上加難，除了少數一些靠近水體（如河川、湖泊與海洋）的葡萄園；你可以在這些地區找到該州表現最好的酒款。

LW 成熟水蜜桃、黃蘋果、萊姆、萊姆皮、碎岩

氣泡酒

美國釀造氣泡酒的業者不多，但這些業者釀造的氣泡酒多半具有優異的品質。你可以在加州北海岸與奧勒岡州找到一些，新墨西哥與華盛頓州也有一些出乎意料之外物超所值的氣泡酒。

SP 檸檬、白櫻桃、橙花、鮮奶油、生扁桃仁

加州

加州葡萄酒約於 240 年前於聖地牙哥傳道院（Mission de Alcalá）萌芽。1849 年的淘金熱過後，索諾瑪與納帕谷地開始出現許多葡萄酒莊，加州的釀酒產業自此展開。加州如今釀有約全美 80% 的葡萄酒，最受歡迎的七個品種分別為：卡本內蘇維濃、夏多內、梅洛、金芬黛、黑皮諾、灰皮諾與白蘇維濃。

北海岸

北海岸也許不是產量最多的地區，卻是名聲最響亮的。納帕谷地內地產區與清水湖（Clear Lake）產區釀有品質絕佳、酒體飽滿的紅酒，其中當然也包括卡本內蘇維濃。索諾瑪與門多西諾海岸產區則相當擅長釀造冷氣候品種，如夏多內、黑皮諾以及氣泡酒。

中央海岸

中央海岸是全加州釀造最多超值酒款的地區。由海岸區往內延伸的霧氣使毗連著海岸的產區成為種植夏多內與黑皮諾的理想之處。愈往內陸，氣候愈熱；如帕索羅布斯，這裡就可以找到品質絕佳的希哈和隆河與 GSM 混調。

謝拉山麓

這個多丘的產區原為淘金者所居住，之後才被自外地所移居而來的農民所占，成為種植各個葡萄品種的熔爐。這裡的酒通常個性鮮明，帶有爆炸性的水果風味。當地著重於金芬黛的釀造，但如巴貝拉與希哈等品種，也逐漸展現出潛力。

內陸谷地

加州占地廣大的中央谷地，生產了許多可供美國人食用的糧食。這裡也有一些全球規模最龐大的釀酒企業，Gallo 便是其中之一。整體而言，這裡釀造的酒款品質不高，但依舊有一些例外，包括洛代產區的老藤葡萄酒在內。

南部海岸

南部海岸地區鮮少葡萄園，因為這裡的地價昂貴。即便如此，你還是可以在洛杉磯東部地區找到一些罕見的金芬黛老藤葡萄園，Temecula 城的葡萄酒旅遊產業也正逐漸興起。夏多內與卡本內是最受歡迎的品種，但由於氣候炎熱，釀成的酒款多半酸度偏低。

紅木區

占地極小的葡萄酒產區，僅有數十英畝的葡萄園，以及極少數尚存的酒莊。紅木區（Redwoods）氣候較冷，因此種有數英畝的芬香白葡萄品種，包括麗絲玲與格烏茲塔明那。

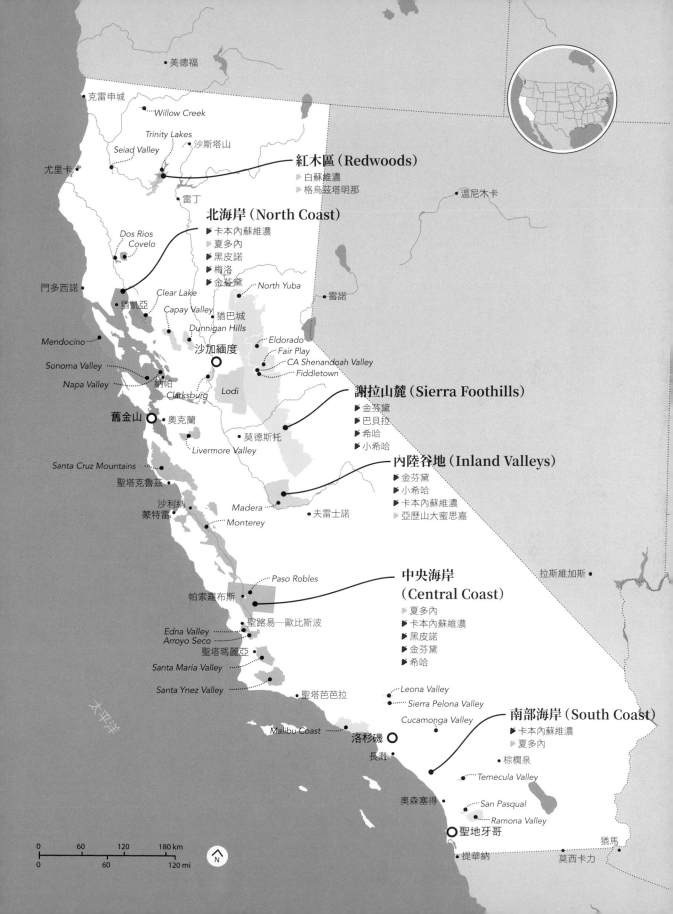

美德福

克雷申城

Willow Creek

Trinity Lakes

沙斯塔山

Seiad Valley

尤里卡

雷丁

溫尼木卡

紅木區（Redwoods）
▶ 白蘇維濃
▶ 格烏茲塔明那

Dos Rios
Covelo

北海岸（North Coast）
▶ 卡本內蘇維濃
▶ 夏多內
▶ 黑皮諾
▶ 梅洛
▶ 金芬黛

門多西諾

猶凱亞

Clear Lake

Capay Valley

猶巴城

North Yuba

雷諾

Mendocino

Dunnigan Hills

Sonoma Valley

沙加緬度

Eldorado

Fair Play

CA Shenandoah Valley

Fiddletown

Napa Valley

納帕

Clarksburg

Lodi

謝拉山麓（Sierra Foothills）
▶ 金芬黛
▶ 巴貝拉
▶ 希哈
▶ 小希哈

舊金山

奧克蘭

莫德斯托

內陸谷地（Inland Valleys）
▶ 金芬黛
▶ 小希哈
▶ 卡本內蘇維濃
▶ 亞歷山大蜜思嘉

Livermore Valley

Santa Cruz Mountains

聖塔克魯茲

沙利納

蒙特雷

Madera

夫雷士諾

拉斯維加斯

Monterey

Paso Robles

中央海岸
（Central Coast）
▶ 夏多內
▶ 卡本內蘇維濃
▶ 黑皮諾
▶ 金芬黛
▶ 希哈

帕索羅布斯

聖路易—歐比斯波

Edna Valley

Arroyo Seco

聖塔瑪麗亞

Santa Maria Valley

Santa Ynez Valley

聖塔芭芭拉

Leona Valley

Sierra Pelona Valley

Cucamonga Valley

南部海岸（South Coast）
▶ 卡本內蘇維濃
▶ 夏多內

大平洋

Malibu Coast

洛杉磯

長灘

棕櫚泉

Temecula Valley

奧森塞得

San Pasqual

Ramona Valley

聖地牙哥

猶馬

提華納

莫西卡力

0 60 120 180 km

0 60 120 mi

N

加州北海岸

1976 年，一名英國葡萄酒進口商舉辦了一場盲飲，邀請數位法國酒評家參與，一同品試波爾多頂級酒款與納帕谷地的酒款。經過盲飲後，發現兩款納帕谷地竟然獲得最高分，這便是「巴黎審判」（Judgement of Paris）；這場品飲自此寫入加州歷史。自從巴黎審判後，索諾瑪與納帕谷地便成為釀造法國品種的旗艦加州產區。

卡本內蘇維濃

這是北海岸最重要的品種，當種植於火山黏土的土壤時，其釀成的酒款多展現出濃郁的果味與礦物風味。納帕谷地、清水湖與索諾瑪絕大多數的產區（特別是靠近 Mayacamas 的地區）釀出的一些高品質卡本內，堪稱全球之最。

 黑醋栗、黑櫻桃、石墨、雪茄盒、薄荷

梅洛

梅洛的風格與卡本內蘇維濃相去不遠，但有更鮮明的櫻桃風味與更柔和、細緻的單寧質地。這品種在北海岸區表現尤佳（而且價格通常比卡本內更超值！），其中又以來自海岸地區和門多西諾的酒款為更優雅且帶有草本調性。

 櫻桃、香草、雪松、鉛筆芯、烘烤豆蔻

黑皮諾

早上起晨霧的地區——包括卡內羅斯（Carneros）、俄羅斯河谷（Russian River Valley）、索諾瑪海岸與門多西諾等，都是極適合如黑皮諾和夏多內這類冷涼氣候品種生長的地區。這裡的黑皮諾多有甜美的紅果香氣和內斂的紅茶與多香果餘韻調性。

 櫻桃、李子、香草、蘑菇、多香果

金芬黛

加州北海岸幾處炙熱的地區，尤其能釀出酒體極為濃郁且帶有礦物味調性的金芬黛。建議可以特別留意索諾瑪的 Rockpile 法定產區與納帕的豪威山法定產區的酒款，這裡釀出的金芬黛尤其受人追捧。

黑樹莓、可可、覆盆莓醬、碎岩、甜菸葉

夏多內

夏多內是北海岸種植面積第二廣的品種，該品種尤其偏愛冷涼的生長環境，於索諾瑪、門多西諾與納帕南部等地表現尤佳。該品種也是北海岸氣泡釀造業者尤其喜愛使用的品種之一，其氣泡酒多有蘋果與扁桃仁鮮奶油風味。

 烘焙西洋梨、鳳梨、奶油、榛果、焦糖

白蘇維濃

北海岸種植較少的品種，釀成的高品質酒款多有豐富的白桃和橙花果味以及粉紅葡萄柚的風味，完全不同於其他白蘇維濃產區所端出的酒款。建議可以留意索諾瑪和門多西諾產區的酒款，這裡較冷涼的氣候有助於白蘇維濃保留其天生酸度。

 白桃、粉紅葡萄柚、橙花、蜜香瓜、梅爾檸檬

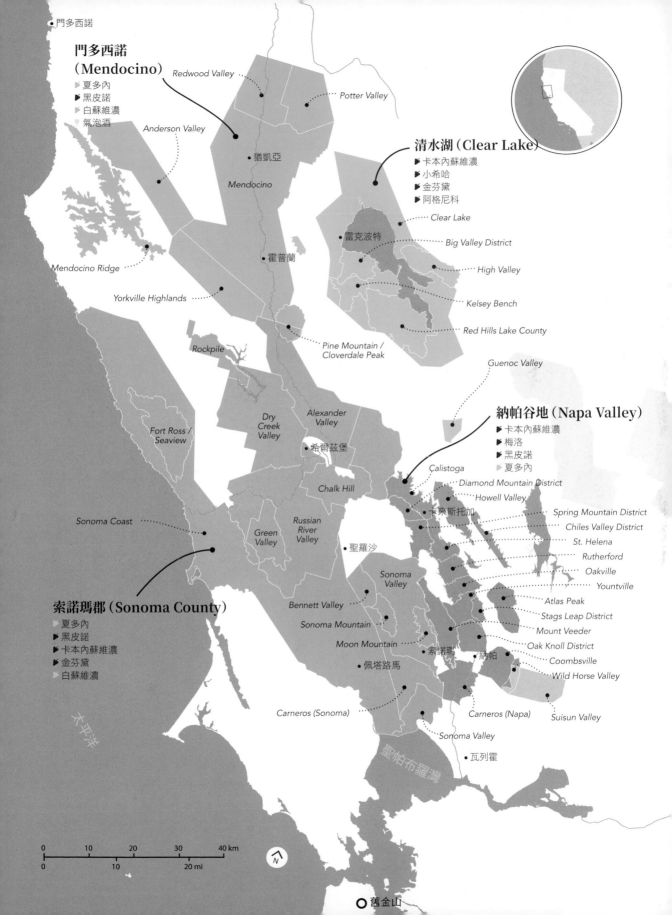

門多西諾

**門多西諾
（Mendocino）**
▶ 夏多內
▶ 黑皮諾
▶ 白蘇維濃
氣泡酒

Redwood Valley

Potter Valley

Anderson Valley

●猶凱亞

Mendocino

●霍普蘭

Mendocino Ridge

Yorkville Highlands

Rockpile

清水湖（Clear Lake）
▶ 卡本內蘇維濃
▶ 小希哈
▶ 金芬黛
▶ 阿格尼科

雷克波特

Clear Lake

Big Valley District

High Valley

Kelsey Bench

Red Hills Lake County

Pine Mountain /
Cloverdale Peak

Guenoc Valley

納帕谷地（Napa Valley）
▶ 卡本內蘇維濃
▶ 梅洛
▶ 黑皮諾
夏多內

Fort Ross /
Seaview

Dry
Creek
Valley

Alexander
Valley

希爾茲堡●

Chalk Hill

Calistoga

Diamond Mountain District

Howell Valley

卡來斯托加●

Spring Mountain District

Chiles Valley District

St. Helena

Rutherford

Oakville

Yountville

Atlas Peak

Stags Leap District

Mount Veeder

Oak Knoll District

Coombsville

Wild Horse Valley

Sonoma Coast

Green
Valley

Russian
River
Valley

聖羅沙●

Sonoma
Valley

索諾瑪郡（Sonoma County）
夏多內
▶ 黑皮諾
▶ 卡本內蘇維濃
▶ 金芬黛
白蘇維濃

Bennett Valley

Sonoma Mountain

Moon Mountain

索諾瑪

納帕●

佩塔路馬●

Carneros (Sonoma)

Carneros (Napa)

Suisun Valley

Sonoma Valley

瓦列霍●

大平洋

聖帕布羅灣

0   10   20   30   40 km
0   10   20 mi

◎舊金山

加州中央海岸

中央海岸包括蒙特雷、帕索羅布斯與聖塔芭芭拉產區，其中面對海洋的谷地葡萄園通常早上沉浸於大量的晨霧中，相當適合種植冷氣候品種。離開海岸往內陸走，氣候會愈來愈熱，這裡則適合如希哈等熱愛陽光的品種。中央谷地有許多業者種植並釀造低價位的款，但其中也不乏少數規模較小的業者釀造出品質優異的酒款。

夏多內

夏多內是中央谷地占地最廣的品種，但絕大多數品質僅屬一般。不過，這裡就有一些品質優異的夏多內可找來品嘗，特別是來自聖塔芭芭拉與位於蒙特雷中較冷、靠海的產區。中央谷地的夏多內通常被釀成濃郁、過桶的風格。

FW 芒果、檸檬蛋黃醬、白花、烘烤扁桃仁、法式焦糖布蕾

卡本內蘇維濃

這是中央谷地種植面積第二廣的品種，在內陸地區表現尤佳，不止是因海洋飄來的晨霧到了內陸地區已然消散，更因為這裡有大量的陽光足以緩化卡本內蘇維濃的單寧。當地有一個產區尤其已釀造出飽滿濃郁且具有窖藏潛力的卡本內蘇維濃：帕索羅布斯。

FR 黑覆盆莓、黑櫻桃、摩卡、香草、綠胡椒

希哈

這是加州下一個具有潛能的品種，並展現出優異的品質與潛力，特別是在以石灰岩為主的黏土土壤，包括帕索羅布斯、聖塔芭芭拉與蒙特雷東部地區。釀成的酒多有豐富的肉味和胡椒調性，佐以波森莓與橄欖風味。

FR 波森莓、黑橄欖、黑胡椒牛排、培根油脂、煙燻味

黑皮諾

中央谷地非常適合種植黑皮諾，尤其是以下幾個副產區：Santa Cruz Mountains、Santa Lucia Highlands、Sta Rita Hills、Mount Harlan 與聖塔瑪麗亞谷地。這裡的黑皮諾風格鮮明、多汁，帶有明顯的紅色果味，並佐以辛香料和香草調性。

MR 紅櫻桃、覆盆莓、多香果、大吉嶺茶、香草

金芬黛

中央谷地最優的金芬黛來自帕索羅布斯，因為這裡夠熱，足以讓該品種成熟。相較於北海岸的金芬黛，這裡的酒款相當多汁，且風格通常較輕盈（單寧較少）。

MR 覆盆莓、水蜜桃蜜餞、肉桂、甜菝葉、香草

隆河與 GSM 混調

早在 1990 年代時，便有一家稱為 Tablas Creek 的酒莊將隆河品種引進帕索羅布斯。格那希、希哈與慕維得爾的混調酒，使美國民眾開始瘋狂地迷上隆河風格的酒款。Tablas Creek 酒莊如今轉型成為苗圃，葡萄幼苗供給整個加州。

FR 覆盆莓、李子、皮革、可可粉、鼠尾草花

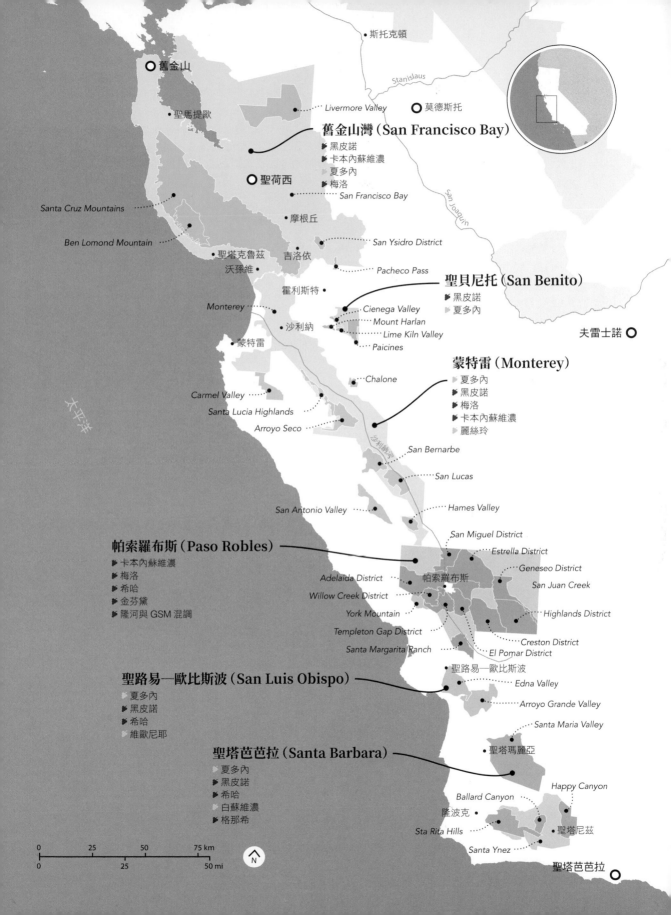

斯托克頓

舊金山

聖馬提歐

Livermore Valley   莫德斯托

舊金山灣（San Francisco Bay）
▶ 黑皮諾
▶ 卡本內蘇維濃
▶ 夏多內
▶ 梅洛

聖荷西

摩根丘

San Francisco Bay

Santa Cruz Mountains

San Ysidro District

Ben Lomond Mountain

聖塔克魯茲
沃孫維

Pacheco Pass

霍利斯特

聖貝尼托（San Benito）
▶ 黑皮諾
▶ 夏多內

Monterey

Cienega Valley
Mount Harlan
Lime Kiln Valley
Paicines

沙利納

蒙特雷

夫雷士諾

蒙特雷（Monterey）
▶ 夏多內
▶ 黑皮諾
▶ 梅洛
▶ 卡本內蘇維濃
▶ 麗絲玲

Chalone

Carmel Valley

Santa Lucia Highlands

Arroyo Seco

San Bernarbe

San Lucas

San Antonio Valley

Hames Valley

San Miguel District

帕索羅布斯（Paso Robles）
▶ 卡本內蘇維濃
▶ 梅洛
▶ 希哈
▶ 金芬黛
▶ 隆河與 GSM 混調

Estrella District

Adelaida District

帕索羅布斯

Geneseo District

San Juan Creek

Willow Creek District

York Mountain

Highlands District

Templeton Gap District

Creston District

Santa Margarita Ranch

El Pomar District

聖路易—歐比斯波

聖路易—歐比斯波（San Luis Obispo）
▷ 夏多內
▶ 黑皮諾
▶ 希哈
▷ 維歐尼耶

Edna Valley

Arroyo Grande Valley

Santa Maria Valley

聖塔瑪麗亞

聖塔芭芭拉（Santa Barbara）
▷ 夏多內
▶ 黑皮諾
▶ 希哈
▷ 白蘇維濃
▶ 格那希

Happy Canyon

Ballard Canyon

隆波克

Sta Rita Hills

聖塔尼茲

Santa Ynez

聖塔芭芭拉

太平洋

0   25   50   75 km
0   25   50 mi

N

奧勒岡州

奧勒岡州絕大多數的葡萄園都位於威廉梅特谷地以北，這裡早在 1960 年代便首度種植起布根地品種（皮諾與夏多內）。奧勒岡的葡萄酒產業成長緩慢，多以嚴格把關品質的小型酒莊為主；奧勒岡的單一品種酒依法需要以至少 90% 該品種釀成，才能將該品種名稱放上酒標。整體而言，這裡的酒通常有酸度明顯的果味與細緻、高雅的風味。

黑皮諾

黑皮諾是奧勒岡最重要的葡萄酒，風格卻與鄰居加州的酒款截然不同。奧勒岡的黑皮諾通常酒體較輕，帶有極明顯的紅果風味與酸度，也有多香果和土壤、森林土地的調性。丹地丘（Dundee Hills）附近的副產區是該州黑皮諾的釀酒重地。

 LR 　櫻桃、石榴、盆栽土壤、香草、多香果

灰皮諾

雖然灰皮諾是奧勒岡種植面積第二廣的品種，卻常被忽視。奧勒岡的灰皮諾常有出乎意料地濃郁特質，並展現出些許煙燻氣味，佐以白桃和梅爾檸檬風味。這裡的灰皮諾風格較近似德國或紐西蘭的酒款。

LW 　白桃、梅爾檸檬、金銀花、萊姆白膜、丁香

夏多內

雖然夏多內稱不上是罕見品種，但奧勒岡的夏多內卻因其近似布根地的風格，而成功地站上國際葡萄酒舞台。由於奧勒岡氣候較冷，釀出的夏多內酒體較輕盈，果味風格凜瘦，並帶有礦物調性和較高的酸度。

FW 　黃蘋果、梅爾檸檬、檸檬蜜餞、奶油吐司、酸奶油

麗絲玲

奧勒岡境內的的麗絲玲並不多，著實可惜，因為當釀得好時，這些酒款無論是風味或風格都很像是德國法茲產區的麗絲玲。目前有部分業者也開始以麗絲玲實驗釀出較干型的風格，普遍相當成功。

 AW 　杏桃乾、青蘋果、萊姆刨皮、蜂巢、石油

卡本內蘇維濃

奧勒岡東部與南部，和北部的威廉梅特谷地截然不同，前兩者明顯溫暖許多，氣候更乾燥，日照也較多，因此較適合卡本內蘇維濃、卡本內弗朗與希哈這類品種，釀成的酒也日漸受到歡迎。

 　黑醋栗、黑櫻桃、綠胡椒、香草、菸葉

田帕尼優

雖然奧勒岡的田帕尼優相當稀少，但這品種在奧勒岡南部已開始展現出潛力。當地的氣候出乎意料地近似 Rioja Alta，釀成的酒款多有高雅的個性，帶有櫻桃、皮革與蒔蘿的風味。

 　黑櫻桃、黑莓、皮革、蒔蘿、甜菸葉、石墨

西雅圖

奧林匹亞

亞基瑪

里奇蘭

阿斯托利亞

瓦拉瓦拉

The Rocks District

Walla Walla

Chehalem
Mountains

溫哥華

朋德爾頓

Ribbon Ridge

波特蘭

提拉木克

拉格蘭

丹地

Columbia Gorge

哥倫比亞河谷（Colombia Valley）

Dundee Hills

卡本內蘇維濃

Yamhill-Carlton

灰皮諾

賽冷

McMinnville

希哈

科瓦利斯

奧巴尼

Eola-Amity Hills

詹代

安大略

威廉梅特谷地（Willamette Valley）

尤金

黑皮諾

灰皮諾

夏多內

麗絲玲

Elkton

庫斯灣

Red Hills Douglas County

SNAKE RIVER VALLEY

Umqua Valley

南奧勒岡（Southern Oregon）

卡本內蘇維濃

羅斯堡

黑皮諾

梅洛

灰皮諾

卡本內蘇維濃

希哈

田帕尼優

Rogue Valley

格蘭次帕斯

美德福

亞士蘭

Applegate Valley

克雷申城

尤里卡

0   60   120 km

0   60 mi

N

華盛頓州

很多人以為華盛頓州是個降雨不斷的地方，但事實上，喀斯開山脈（Cascade Mountains）擋住由西向東行的雲層，使得位於山脈以東的地區極為多陽且乾燥（部分地區的乾燥程度甚至不輸戈壁沙漠！）。華盛頓絕大多數的葡萄園座落於哥倫比亞谷地法定產區（Columbia Valley AVA），釀出的紅酒個性鮮明，也日漸因絕佳品質和親民價格而享譽國際。

卡本內蘇維濃

這是華盛頓種植面積最廣的品種，在氣候較熱的地區表現尤佳。Horse Heaven Hills、Red Mountain 與 Walla Walla 都端出品質極佳的範例。這類酒款以豐富的覆盆莓、黑櫻桃和雪松風味而著稱，並展現出如優格一般的鮮奶油風味。

🟦FR 黑櫻桃、覆盆莓、雪松盒、鮮奶油、薄荷

梅洛

讓華盛頓州於 1990 年代站上世界葡萄酒地圖的功臣，其實是梅洛。事實證明，該品種非常適合華盛頓日夜溫差極大的生長環境（即白天炙熱、夜晚冷涼），釀出的酒款滋味豐富，酒體飽滿，帶有純粹的櫻桃果香，餘韻更展現出細緻薄荷調性。

🟥MR 黑櫻桃、香料糖漬李、烘焙香料、紫羅蘭、薄荷

波爾多混調酒

雖然華盛頓的單一品種酒向來熱銷，該州有一些表現最出色的紅酒卻是混調酒。由卡本內、梅洛、小維多、馬爾貝克甚至是希哈等混調而成的紅酒，已展現出更飽滿的酒體、深度與複雜度。

🟦FR 黑櫻桃、李子、摩卡、烘焙香料、紫羅蘭

希哈

他們說「希哈喜愛景色」，而這個品種確實已迅速成為華盛頓許多具有坡地景致的產區重視的品種。你會發現這品種在 Yakima、Horse Heaven Hills 與 Walla Walla 表現尤佳。品質最優良的希哈多有煙燻、濃郁的調性，並兼具優良的酸度。

🟦FR 李子、黑橄欖、培根油脂、可可粉、白胡椒

麗絲玲

麗絲玲是最早讓華盛頓州揚名天下的品種之一。這品種在冷氣候表現優良，包括 Naches Heights、Ancient Lakes 與 Yakima 谷地。目前已有愈來愈多釀酒業者積極釀出類似阿爾薩斯麗絲玲這類干型的酒款。

🟩AW 梅爾檸檬、青香瓜、加拉蘋果、蜂巢、萊姆

白蘇維濃

只要有優良卡本內與梅洛的產區，通常都找得到品質同樣絕佳的白蘇維濃，以及偶爾混調榭密雍與白蘇維濃並將之以橡木桶培養的業者，釀成的酒則多為濃郁、綿密的白酒，並帶有鹹鮮的檸檬薄荷與龍蒿調性。

🟩FW 白桃、青香瓜、檸檬香膏、龍蒿、青草

Okanagan Valley (BC) ······· ●基洛納

Similkameen Valley (BC) ······· ●朋提克頓

●溫哥華

Salish Sea（賽利希海）

夫拉澤河

Fraser Valley (BC) ······· ●亞波次福

哥倫比亞河谷（Columbia Valley）

🍷 波爾多混調
🍃 夏多內
🍃 麗絲玲
🍃 希哈
🍃 白蘇維濃
🍃 卡本內弗朗

胡安·德·富卡海峽
（Straight of Juan de Fuca）

●維多利亞

Puget Sound

🍃 Madeleine Angevine
🍃 慕勒土高
🍃 香瓜

●艾弗雷特

Lake Chelan ······

●斯波坎

●威納契

●布雷莫頓　◉西雅圖

Ancient Lakes ·······

Wahluke Slope ·······

●塔科馬

●奧林匹亞

亞基瑪河

●中卓利亞

Naches Heights ·······

●亞基瑪

蛇河

Yakima Valley ·······

Rattlesnake Hills ·······

●里奇蘭
●肯內維克

Snipes Mountain ·······

Walla Walla
●瓦拉瓦拉

Red Mountain ·······

Horse Heaven Hills ·······

Columbia Gorge ·······

●溫哥華

◉波特蘭

太平洋

威廉特特河

●賽冷

胡代河

0　　50　　100　　150 km
0　　　50　　　　100 mi

⬆ N

參考資料

本章節囊括一些有用的參考資料，包括葡萄酒
專有詞彙，額外的葡萄酒相關資訊，可供深入
了解的書單、資料來源、索引以及譯名對照表。

名詞解釋

標示說明：

🪓 技術術語
🍷 品飲術語
🍶 釀造術語
🏴 葡萄品種／產區術語

🍷 **ABV 酒精濃度**

alcohol by volume 的縮寫，在酒標上以百分比表示（如：13.5% ABV）。

🪓 **Acetaldehyde 乙醛**

人體為了代謝乙醇而產生的毒性有機化合物，也是酒精之所以有毒的原因。

🍶 **Acidification 加酸**

以添加酒石酸或檸檬酸的方式提高葡萄酒酸度的釀造工序，這在溫暖和炎熱的葡萄酒產區相當普遍。加酸在冷涼氣候產國較少見，但在美國、澳洲與阿根廷等國氣候較熱的地區相當普遍。

🪓 **Amino Acids 氨基酸**

組成蛋白質的有機化合物。紅酒約含有 300～1,300 mg/L，其中脯氨酸（proline）含量高達 85%。

🏴 **Appellation 法定產區**

經法令規範的特定地理區域，可供辨識釀造該酒款的葡萄酒產區。

🪓 **Aroma Compounds 香氣化合物**

分子重量非常小的化合物，因此可隨空氣進入上鼻道。香氣化合物是葡萄本身和發酵的衍生物，會隨著酒精揮發出來。

🍷 **Astringent 澀味／乾澀**

因單寧與唾液蛋白結合，迫使前者與舌頭／口腔分離時造成的乾澀口感，並在口中形成一種類似粗糙砂紙的感覺。

🏴 **AVA 美國法定產區**

American Viticultural Area 的縮寫，這是經法令規範的美國特定葡萄酒地理區域。

🏴 **Biodynamics 生物動力**

追究根本，生物動力是管理動力的系統。生物動力是奧地利哲學家 Rudolf Steiner 於 1920 年代的推廣而開始漸受歡迎，這是一個顧及整體並近似順勢療法的農耕方式，使用天然堆肥或天然調劑施予土地，並依照天體運行的時辰施行農作，包括採收在內。目前有兩個發放生物動力葡萄酒認證的機構：Demeter International 與 Biodyvin。獲得認證的生物動力葡萄酒至多添加 100 ppm（parts per million，百萬分率）的亞硫酸鹽，但生物動力葡萄酒與一般葡萄酒最大的區隔不在於風味，而是其嚴格的農耕規範。

🍶 **Brix 甜度（單位為 °Bx）**

溶解於葡萄酒的蔗糖相對濃度，用來測定葡萄酒的潛在酒精濃度（Potential alcohol level）。ABV 約為 Brix 糖度的 55~64%。舉例來說，一款 27°Bx 的葡萄汁經釀造後，應會成為酒精濃度 14.9~17.3% 的干型酒。

🍶 **Carbonic Maceration 二氧化碳浸皮法**

將未破皮的果實置於密閉的酒槽中，並在其上注入二氧化碳的釀造法。在這樣無氧的環境中所釀造出的葡萄酒，單寧低、酒色淺，並帶有豐富的果香和鮮明的酵母香氣。此種做法常見於薄酒來產區的初階葡萄酒。

🍶 **Chaptalization 加糖**

在氣候冷涼的地區常見的釀酒工序，當葡萄本身的糖度不足以轉換成法定規範的最低酒精濃度，則可以透過加糖的方式調高酒精濃度。美國葡萄酒產業不允許加糖，但在如法國與德國等冷涼氣候產區屬常見。

🍶 **Clarification / Fining 澄清**

發酵完成後，將蛋白質與死去的酵母細胞去除的工序。澄清酒液時，可加入如酪蛋白（萃取自牛奶）的蛋白質，或以黏土為基底所製成的非動物性澄清劑，如皂土（Bentonite）或高嶺土（Kaolin clay）。這些澄清劑會吸附酒中細小顆粒，使葡萄酒更為澄澈。

🏴 **Clone 無性繁殖系**

釀酒葡萄和其他農作物相同，可以取其有經濟效益的特點加以複製。舉例來說，全球目前有超過一千個已登記在案的皮諾栽培品種。

🪓 **Diacetyl 雙乙醯**

葡萄酒中嘗起來像奶油的有機化合物。雙乙醯來自橡木桶培養與乳酸發酵的過程。

🪓 **Esters 酯**

酯是葡萄酒的香氣化合物之一，由酒精和酒中的酸相互作用而來。

🍷 **Fortified Wine 加烈酒**

透過添加烈酒以防止變質的葡萄酒，通常添加中性無色的葡萄酒白蘭地。舉例來說，波特酒便有 30% 是烈酒的成分，而添加於其中的烈酒也使其酒精濃度調高至 20%。

🪓 **Glycerol 甘油**

一種無色、無臭、黏稠，並帶有甜味的液體，是發酵的副產品。紅酒的甘油約介於每公升 4~10 克（g/L）左右，貴腐酒每公升則可高達 20 克以上。一般認為甘油可為葡萄酒帶來正面、豐富、油脂似的潤滑口感，不過研究顯示如酒精濃度與殘糖等其他特性其實對口感的影響更大。

🪓 **Grape Must 葡萄漿**

新鮮壓榨的葡萄果汁，其中還包含葡萄果實的籽、梗以及果皮。

🍶 **Lees 酵母渣**

發酵後死去的酵母細胞殘留於酒液中所累積而成的沉積物。

🍶 **Malolactic Fermentation, MLF 乳酸發酵**

嚴格來說，MLF 並非發酵過程，而是藉由一種稱為 Oenococcus oeni 的細菌將蘋果酸轉化為乳酸的過程。MLF 會使葡萄酒嘗來較為柔順且口感綿密。幾乎所有的紅酒與一些白酒如夏多內都會經過 MLF。這過程也會為酒款生成雙乙醯，使酒聞起來帶有奶油香氣。

🍷 **Minerality 礦石風味**

用以形容葡萄酒具有如岩石或有機（土壤）等風味或香氣的非科學詞彙。一般認為礦物味並非源自葡萄酒所含的礦物質。最近的研究指出，葡萄酒中絕大多數近似於礦物的香氣，是來自發酵所產生的硫化合物。

🍷 **Natural Wine 自然酒**

泛指以永續性、有機和／或生物動力農法釀成的葡萄酒。這類酒款是以最少的人工干預釀成，或不含添加劑的酒款，包括二氧化硫（亞硫酸鹽）。由於自然酒通常不經過澄清或過濾，酒色往往呈現混濁，並含有酵母沉積物。一般而言，自然酒通常較為脆弱、敏感，窖藏時需要額外小心。

🍷 Noble Rot 貴腐菌
一種灰黴菌的感染，在氣候相當潮濕的地區很常出現。若在紅葡萄品種與紅酒中出現常是一種瑕疵，但在釀造成甜酒的白品種中，則會因為賦予蜂蜜、薑、橘子果醬與洋甘菊等風味而備受青睞。

🛢 Oak: American 美國橡木桶
美國白橡木（白櫟木）生長於美國東部，起初是用於波本威士忌（Bourbon）產業。美國橡木桶會為葡萄酒帶來椰子、香草、雪松與蒔蘿的調性。由於美國橡木桶紋理較粗，也能賦予酒款較醇厚的風味。

🛢 Oak: European 歐洲橡木桶
歐洲白橡木（夏櫟）主要來自法國和匈牙利。紋理依生長地有中等到非常細緻的分別。歐洲橡木以能賦予香草、荳蔻、多香果與雪松等風味而為人所熟知。

🍷 Off-Dry 微甜
指葡萄酒略帶甜味。

🍷 Orange Wine 橘酒
用以形容特定風格的白酒。這類白酒的葡萄漿是與果皮及果籽一同發酵，和紅酒相同，導致果籽中的木質素將葡萄酒染成深橘色澤。傳統釀造這類風格的酒款包括義大利的弗里尤利─維內奇利亞，與斯洛維尼亞的 Brda 產區。

🌱 Organics 有機
有機葡萄酒須以有機種植的葡萄釀成，且只能使用極少量經允許的添加物。經歐盟規範的有機葡萄酒可使用二氧化硫，美國則不允許。

🍷 Oxidation / Oxidized 氧化
當葡萄酒暴露在氧氣之下，便會促發一連串化學反應，改變酒中化合物。其中人所能感知到最明顯的變化之一，便是乙醛含量的提高。這在白酒中聞起來如碰傷氧化的蘋果，在紅酒中則類似人工合成覆盆莓香精與去光水。氧化的反義詞是還原。

🌡 pH 酸鹼值
一種以 1～14 表示物質酸鹼濃度的數值，酸為 1，鹼為 14，中性為 7。葡萄酒的 pH 值平均落在 2.5～4.5，一支 pH 值為 3 的葡萄酒，比 pH 4 的酒酸上 10 倍。

🌡 Phenols 酚
葡萄酒中數百種化合物所組成的群體，主宰酒的風味、顏色和口感。單寧便是一種名為多酚（polyphenol）的酚類。

🐛 Phylloxera 葡萄根瘤蚜蟲
一種極微小的蚜蟲，專門啃食歐洲種葡萄（Vitis vinifera）的根部。葡萄根瘤蚜蟲於十九世紀橫掃歐洲，摧毀了歐洲絕大多數的葡萄園，僅剩極少數以砂質為主要土壤的葡萄園（因蚜蟲無法生存於砂質土壤）。解決葡萄根瘤蚜蟲的唯一方法便是將歐洲種葡萄嫁接在美洲種葡萄的根部，如 Vitis aestivalis、Vitis riparia、Vitis rupestris 與 Vitis berlandieri。截至目前，尚未研發出消滅葡萄根瘤蚜蟲的方法。

🛢 Reduction 還原
當葡萄酒在發酵期間未能接觸到足夠的空氣，酵母便會以葡萄中的氨基酸取代對氮的需求。此過程產生的硫化物（Sulfur Compounds），聞起來像臭掉的雞蛋、大蒜、點燃的火柴與腐敗的甘藍菜等，但有時也會出現其他較不令人反感的味道，如百香果或潮濕的打火石等。還原作用並非因為葡萄酒中添加亞硫酸鹽而造成。

🍷 Residual Sugar, RS 殘糖
源自葡萄本身，且在發酵停止後殘留在酒中的天然糖份。有些酒因為糖份完全發酵，而變成完全不甜，有些則會因為釀造者選擇在糖份完全轉化為酒精之前終止發酵，而被釀成甜酒。酒中殘糖的範圍從 0～400 g/L 都有，後者是非常濃甜的酒款。

🍷 Sommelier 侍酒師
（唸做 Sa-muhl-ya）葡萄酒膳務員的法文。「侍酒大師」（Master Sommelier）則專門用來指稱通過侍酒大師協會（Court of Masters Sommeliers）所舉行的四次檢定試驗並通過的專業人員；這是經侍酒大師協會註冊的專有名詞。

🌡 Sulfites 亞硫酸鹽
亞硫酸鹽、二氧化硫或 SO₂ 是一種防腐劑，可能是人為添加於葡萄酒中，或在發酵前便存在於葡萄之上。葡萄酒中的亞硫酸鹽含量從 10～350 ppm 不等，後者為美國法定上限。只要含有超過 10ppm 的亞硫酸鹽，便須標示於酒標上。

🌡 Sulfur Compounds 硫化物
硫化物會影響葡萄酒香氣與風味。量少時，可能帶來如礦物或熱帶水果等正面的香氣，量多時則會展現如煮熟雞蛋、大蒜或腐敗的甘藍菜等氣味。

🍷 Terroir 風土
（唸做 Tear-who）源自法文，用來描述特定區域的氣候、土壤、土地坐向（地勢），和傳統的釀酒工序是如何影響葡萄酒的風味。

🍷 Typicity / Typicality 典型
指某種葡萄酒是某個區域或地區的典型風格。

🌡 Vanillin 香草醛
萃取自香草豆的主要物質；橡木桶中也存在一模一樣的物質。

🛢 Vinification 釀造
葡萄汁進行發酵轉化成為葡萄酒的過程。

🍷 Vinous 葡萄酒風味
用以形容葡萄酒帶有新鮮發酵風味的品飲詞彙。

🌡 Volatile Acidity, VA 揮發酸
醋酸是葡萄酒中令酒轉化為醋的揮發酸。少量會為酒款增添複雜度，但量太多則會使葡萄酒變質酸敗。

學習資源

年份表

氣候的變化確實會影響釀酒葡萄每一年的產量與品質。在氣候非常寒冷與非常炙熱的產區,特別容易發生年份變異的情形,而葡萄可能到了採收期還沒能完全成熟。年份變異會影響的不止是價位親民的葡萄酒,也會對可窖藏的酒款帶來影響。

以下是幾個我們最喜歡參考的年份資訊:

- bbr.com/vintages
- robertparker.com/resources/vintage-chart
- jancisrobinson.com/learn/vintages
- winespectator.com/vintagecharts

葡萄酒評鑑

不管是門多薩馬爾貝克或是斗羅河岸的田帕尼優,如果你知道自己想找的葡萄酒為何,葡萄酒評鑑無疑是非常有用的工具。最具實用價值的葡萄酒評鑑,通常包括品飲筆記與陳年潛力。

葡萄酒評鑑網站:

- Wine Enthusiast Magazine(免費)
- Decanter(免費)
- Wine Spectator(付費)
- Wine Advocate(付費)
- James Suckling(付費)
- Vinous(付費)

消費者評鑑網站:

- Cellar Tracker(接受捐款)
- Vivino(免費)

延伸閱讀

初學者╱中階

其他同樣適合初階與進階葡萄酒飲者的書籍,值得一看(以下表列由內容最簡單到最艱深):

- The Essential Scratch & Sniff Guideto Becoming a Wine Expert
- How to Drink Like a Billionaire
- Kevin Zraly's Windows on the World
- The Wine Bible
- Taste Like a Wine Critic
- I Taste Red

地區葡萄酒指南

系統性的導覽包括酒莊列表、酒款列表與評鑑列表;這些有助於規劃產區旅遊,或尋找值得一訪的酒莊。

- Gambero Rosso 的 Italian Wine
- Platter 的 South African Wine Guide
- Falstaff Ultimate Wine Guide Austria
- Halliday Wine Companion(澳洲)
- Asian Wine Review

參考書籍

葡萄酒專業人士的參考書籍:

- Wine Grapes
- Native Wine Grapes of Italy / Italian Wine Unplugged
- Wine Atlas of Germany
- The Oxford Companion to Wine

技術類╱釀酒書籍

釀酒人士的技術類教科書:

- Principles and Practices of Winemaking
- Understanding Wine Chemistry
- Grape Grower's Handbook

葡萄酒認證機構

如果你有興趣從事葡萄酒相關產業或成為葡萄酒教育者,建議可以加入以下機構課程,以為自己的葡萄酒知識獲得背書和認可。

- 侍酒大師協會(CMS):適合侍酒師、教育者和酒店管理業者。
- 葡萄酒暨烈酒教育基金會(Wine and Spirits Education Trust, WSET):適合侍酒師、教育者和酒店管理業者。
- Society of Wine Educators(SWE):適合教育者、消費者和葡萄酒經銷業者。
- 國際侍酒師協會(International Sommeller Guild, ISG):適合侍酒師和酒店管理專門業者。
- Wine Scholar Guild(WSG):研習法國、義大利與西班牙葡萄酒的深度課程。

線上資源

想知道更多關於特定的葡萄酒、葡萄品種、產區或主題的內容嗎?以下這些網站能夠提供最佳答案:

- winefolly.com(免費)
- wine-searcher.com(免費)
- guildsomm.com(免費與付費)
- jancisrobinson.com(免費與付費)

特別感謝

如果沒有以下提供免費資訊的研究機構與其數據，我們就無法完成這本著作。感謝以下來自全球各個大學和研究中心，以及個人的幫助：

- 阿得雷得大學（Adelaide University，澳洲）
- 加州大學戴維斯分校（University of California Davis）
- 蓋森海姆大學（Geisenheim University，德國）
- 義大利 Fondazione Edmund Mach 研究中心
- 葡萄酒機構（The Wine Institute）
- 國際葡萄與葡萄酒組織（International Organisation of Vine and Wine）
- 東南大學（中國南京）

除此之外，如果沒有來自許多葡萄酒專業人士的幫助與貢獻，我們不可能有辦法完成這本書；他們各別為許多內容分類、組織、計畫、提問、研究、評鑑、討論、撰寫、闡述，並簡化許多葡萄酒的子主題。

最後，特別感謝以下幾位：

Sandy Hammack	Brandon Carneiro
Margaret Puckette	Ian Cauble
Bob and Sheri	Frédéric Panaïotis
Robert Ivie	Matteo Lunelli
Kym Anderson	Jancis Robinson
Geoff Kruth	Karen MacNeil
Matt Stamp	Sofia Perpera
Jason Wise	Ryan Opaz
Brian McClintic	Ana Fabiano
Dustin Wilson	Morgan Harris
Kevin Zraly	Bryan Otis
Rick Martinez	Athena Bochanis
Evan Goldstein	Courtney Quattrini
Rajat Parr	Ben Andrews
Lisa Perrotti-Brown	Micah Huerta
Dlynn Proctor	

參考資料

Anderson, Kym. *Which Winegrape Varieties are Grown Where? A Global Empirical Picture.* Adelaide: University Press. 2013.

Robinson, Jancis, Julia Harding, and Jose F. Vouillamoz. *Wine Grapes: A Complete Guide to 1,368 Vine Varieties, Including Their Origins and Flavors.* New York: Ecco/HarperCollins, 2012. Print.

D'Agata, Ian. *Native Wine Grapes of Italy.* Berkeley: U of California, 2014. Print.

Waterhouse, Andrew Leo, Gavin Lavi Sacks, and David W. Jeffery. *Understanding Wine Chemistry.* Chichester, West Sussex: John Wiley & Sons, 2016. Print.

Fabiano, Ana. *The Wine Region of Rioja.* New York, NY: Sterling Epicure, 2012. Print.

"South Africa Wine Industry Statistics." Wines of South Africa. SAWIS, n.d. Web. 8 Feb. 2018. <wosa.co.za/The-Industry/Statistics/SA-Wine-Industry-Statistics/>.

Dokumentation Österreich Wein 2016 (Gesamtdokument). Vienna: Österreich Wein, 18 Sept. 2017. PDF.

Hennicke, Luis. "Chile Wine Annual Chile Wine Production 2015." Global Agricultural Information Network, 2015, Chile Wine Annual Chile Wine Production 2015.

"Deutscher Wein Statistik (2016/2017)." The German Wine Institute, 2017.

"ÓRGA NOS DE GESTIÓN DE LAS DENOMINACIONES DE ORIGEN PROTEGIDAS VITIVINÍCOLAS." Ministerio De Agricultura y Pesca, Alimentación y Medio Ambiente.

Arapitsas, Panagiotis, Giuseppe Speri, Andrea Angeli, Daniele Perenzoni, and Fulvio Mattivi. "The Influence of Storage on the chemical Age of Red Wines." Metabolomics 10.5 (2014): 816-32. Web.

Ahn, Y., Ahnert, S. E., Bagrow, J. P., Barabási, A., "Flavor network and the principles of food pairing" *Scientific Reports.* 15 Dec. 2011. 20 Oct. 2014. <nature.com/srep/2011/111215/srep00196/full/srep00196.html>.

Klepper, Maurits de. "Food Pairing Theory: A European Fad." *Gastronomica: The Journal of Critical Food Studies.* Vol. 11, No. 4 Winter 2011: 55-58

Hartley, Andy. "The Effect of Ultraviolet Light on Wine Quality." Banbury: WRAP, 2008. PDF.

Villamor, Remedios R., James F. Harbertson, and Carolyn F. Ross. "Influence of Tannin Concentration, Storage Temperature, and Time on Chemical and Sensory Properties of Cabernet Sauvignon and Merlot Wines." *American Journal of Enology and Viticulture* 60.4 (2009): 442-49. Print.

Lipchock, S V., Mennella, J.A., Spielman, A.I., Reed, D.R. "Human Bitter Perception Correlates with Bitter Receptor Messenger RNA Expression in Taste Cells 1,2,3." *American Journal of Clinical Nutrition.* Oct. 2013: 1136–1143.

Shepherd, Gordon M. "Smell Images and the Flavour System in the Human Brain." Nature 444.7117 (2006): 316-21. Web. 13 Sept. 2017.

Pandell, Alexander J. "How Temperature Affects the Aging of Wine" *The Alchemist's Wine Perspective.* 2011. 1 Nov. 2014. <wineperspective.com/STORAGE%20TEMPERATURE%20&%20AGING.htm>

"pH Values of Food Products." *Food Eng.* 34(3): 98-99

"Table 1: World Wine Production by Country: 2013-2015 and % Change 2013/2015" *The Wine Institute.* 2015. 9 February 2018. <wineinstitute.org/files/World_Wine_Production_by_Country_2015.pdf>.

索引

備註：以粗體顯示的頁碼表示特定葡萄品種／葡萄酒在本書中首次提及。若單獨顯示粗體頁碼，可參考該葡萄品種／葡萄酒的主要詞條。括號中的頁碼表示參照資料是分散的。

307

譯名對照表 （依中文筆劃順序排列）

品種

小希哈	Petite Sirah	伯納達	Bonarda	馬珊	Marsanne
小維多	Petit Verdot	希哈	Syrah	馬爾貝克	Malbec
山吉歐維榭	Sangiovese	希爾瓦那	Silvaner	馬德拉	Madeira
內比歐露	Nebbiolo	杜麗佳	Touriga Nacional	高倫巴	Colombard
內格羅阿瑪羅	Negroamaro	沙瓦提亞諾	Savatiano	康科	Concord
內羅達沃拉	Nero d'Avola	亞歷山大蜜思嘉	Muscat Alexandria	梅洛	Merlot
巴加	Baga	奇亞瓦	Schiava	莫斯可非萊諾	Moschofilero
巴貝拉	Barbera	法國氣泡酒	Crémant	雪莉	Sherry
仙梭	Cinsault	法蘭吉娜	Falanghina	博巴爾	Bobal
加美	Gamay	法蘭西亞寇達	Franciacorta	普賽克	Prosecco
卡本內弗朗	Cabernet Franc	波特	Port	菲亞諾	Fiano
卡本內蘇維濃	Cabernet Sauvignon	波爾多混調	Bordeaux blend	費爾南皮耶斯	Fernão Pires
卡瓦	Cava	金芬黛	Zinfandel	隆河與 GSM 混調	Rhône/GSM Blend
卡利濃	Carignan	門西亞	Mencía	黑皮諾	Pinot Noir
卡門內爾	Carménère	阿里亞尼科	Aglianico	黑喜諾	Xinomavro
卡斯特勞	Castelão	阿里岡特布榭	Alicante Bouschet	塔那	Tannat
布拉切托	Brachetto	阿依倫	Airen	塞巴圖爾蜜思嘉	Moscatel de Setúbal
弗里烏拉諾	Friulano	阿琳多	Arinto	聖酒	Vin Santo
弗明	Furmint	阿瑟提可	Assyrtiko	葛爾戈內戈	Garganega
弗萊帕托	Frappato	阿爾巴利諾	Albariño	榭密雍	Sémillon
瓦波利切拉	Valpolicella	阿優伊提可	Agiorgitiko	瑪薩拉	Marsala
田帕尼優	Tempranillo	青酒	Vinho Verde	綠維特林納	Grüner Veltliner
白皮諾	Pinot Blanc	柯蒂斯	Cortese	維岱荷	Verdejo
白格那希	Grenache Blanc	胡珊	Roussanne	維門替諾	Vermentino
白梢楠	Chenin Blanc	香瓜	Melon	維爾帝奇歐	Verdicchio
白蜜思嘉	Muscat Blanc	香檳	Champagne	維歐尼耶	Viognier
白蘇維濃	Sauvignon Blanc	夏多內	Chardonnay	維歐拉	Viura
皮卡波	Piquepoul	格那希	Grenache	蒙鐵布奇亞諾	Montepulciano
皮諾塔吉	Pinotage	格烏茲塔明那	Gewürztraminer	慕維得爾	Monastrell
冰酒	Ice wine	格雷切托	Grechetto	薩甘丁諾	Sagrantino
多切托	Dolcetto	索甸	Sauternais	藍布魯斯科	Lambrusco
多隆帝斯	Torrontés	茨威格	Zweigelt	藍弗朗克	Blaufränkisch
托斯卡納－特比亞諾	Trebbiano Toscano	馬司卡雷切－奈萊洛	Nerello Mascalese	麗絲玲	Riesling
灰皮諾	Pinot Gris				

風味

BBQ 烤肉	Barbecue Meats	木桶陳年	Oak Aging	甘草	Licorice
OK 繃	Band-aid	水果蛋糕	Fruit Cake	生扁桃仁	Raw Almond
一般陳年	General Aging	水果潘趣酒	Fruit Punch	白花香	White Flowers
丁香	Clove	水蜜桃	Peach	白胡椒	White Pepper
九層塔	Thai Basil	水蜜桃蜜餞	Peach Preserves	白桃	White Peach
二級香氣	Secondary Aromas	火山岩石	Volcanic Rock	白桑葚	White Mulberry
八角	Star Anise	火龍果	Dragon Fruit	白堊	Chalk
三級香氣	Tertiary Aromas	火龍果乾	Dried Dragon Fruit	白堊粉塵	Chalk Dust
土壤 / 其他	Earth / Other	牛奶巧克力	Milk Chocolate	白櫻桃	White Cherry
大茴香	Anise	牛至	Oregano	皮革	Leather
大黃	Rhubarb	加州黑無花果	Mission Fig	石油	Petroleum
五香粉	5-Spice Powder	可可	Cocoa	石榴	Pomegranate
五香燻牛肉	Pastrami	可可粉	Cocoa Powder	石墨	Graphite
太妃糖	Toffee	可樂	Cola	吐司	Toast
尤加利葉	Eucalyptus	奶油	Butter	多香果	Allspice
巴西莓	Açaí Berry	奶油太妃糖	Butterscotch	成熟西洋梨	Ripe Pear
巴沙米克醋	Balsamic	巧克力	Chocolate	朱槿	Hibiscus
月桂葉	Bay Leaf	巧克力鮮奶油	Chocolate Cream	汗濕的馬鞍	Sweaty Saddle
木炭	Charcoal	布里歐麵包	Brioche	百合	Lily

碎岩	Crushed Rocks	蔓越莓	Cranberry	檸檬白膜	Lemon Pith
碰傷的蘋果	Bruised Apple	蔓越莓乾	Dried Cranberry	檸檬皮	Lemon Peel
義式脆餅	Biscotti	豌豆苗	Pea Shoot	檸檬刨皮	Lemon Zest
義式濃縮咖啡	Espresso	醃製肉品	Cured Meat	檸檬蛋黃醬	Lemon Curd
葡萄果醬	Grape Jam	醋栗糖	Currant Candy	舊皮革	Old Leather
葡萄柚	Grapefruit	凝乳	Curd	薰衣草	Lavender
葡萄乾	Raisin	樹果 / 瓜類	Tree Fruit / Melon	薰香	Incense
蜂巢	Honeycomb	橄欖	Olive	藍莓	Blueberry
蜂蜜	Honey	橘子	Tangerine	藍莓乾	Dried Blueberry
蜂蠟	Beeswax	橘皮果醬	Marmalade	覆盆莓	Raspberry
鉛筆芯	Pencil Lead	橙花	Orange Blossom	覆盆莓果醬	Raspberry Jam
鼠尾草	Sage	燉煮草莓	Stewed Strawberry	覆盆莓葉	Raspberry Leaf
榛果	Hazelnut	燒木燃煙	Wood Smoke	覆盆莓醬	Raspberry Sauce
榲桲	Quince	獨活草	Lovage	鵝莓	Gooseberry
瑪黛茶	Yerba Maté	糕點	Pastry	瀝青	Tar
綠色香草	Green Herbs	糖漬葡萄柚	Candied Grapefruit	礦物	Minerals
綠胡椒	Green Peppercorn	糖漬醋栗	Candied Currant	蘆筍	Asparagus
蒔蘿	Dill	糖漬櫻桃	Candied Cherry	蘋果	Apple
蜜李糖	Sugarplum	糖蜜	Molasses	蘋果花	Apple Blossom
蜜香瓜	Honeydew Melon	貓尿	Cat Pee	蘑菇	Mushroom
酸櫻桃	Sour Cherry	龍蒿	Tarragon	鹹奶油	Salted Butter
餅乾	Biscuit	檀香木	Sandalwood	麵包酵母	Bread Yeast
鳳梨	Pineapple	濕板岩	Wet Slate	櫻桃	Cherry
鳶尾花	Iris	濕礫石	Wet Gravel	櫻桃可樂	Cherry Cola
墨西哥辣椒	Jalapeño	薄荷	Mint	櫻桃乾	Dried Cherry
墨角蘭	Marjoram	薄荷腦	Menthol	櫻桃糖漿	Cherry Syrup
摩卡咖啡	Mocha	薑	Ginger	鹽水	Saline
樟腦	Camphor	薑餅	Gingersnap		
樟樹	Camphor	鮮奶油	Cream		
熟可可粒	Cocoa Nib	黏土屑	Clay Dust		
熱帶水果	Tropical Fruit	檸檬	Lemon		

地名

阿根廷

土庫曼	Tucumán
內格羅河	Negro
內烏肯	Neuquén
內烏肯河	Neuquén
卡塔馬卡	Catamarca
布蘭卡港	Bahia Blanca
杜爾色河	Dulce
沙拉多河	Salado
沙爾塔	Salta
門多薩	Mendoza
科羅拉多河	Colorado
略哈	La Rioja
聖地牙哥	Santiago
聖胡安	San Juan
德薩瓜得羅河	Desaguadero
羅沙略	Rosario

澳洲

天鵝河	Swan
布里斯本	Brisbane
布拉克伍德河	Blackwood
伯斯	Perth
坎培拉	Canberra
沃加瓦加	Wagga Wagga
拉克蘭河	Lachlan
阿得雷德	Adelaide
朗塞斯頓	Launceston
班達柏	Bundaberg
荷巴特	Hobart
雪梨	Sydney
麥夸利河	Macquarie
麥夸利港	Port Macquarie
陽光海岸	Sunshine Coast
黃金海岸	Gold Coast
奧倫吉	Orange
新堡	Newcastle
達令河	Darling
墨瑞河	Murray
墨爾本	Melbourne

奧地利

格拉茲	Graz
愛森斯塔特（鐵城）	Eisenstadt
維也納	Vienna
維也納新城	Wiener Neustadt

智利

比尼亞德爾馬	Viña del Mar
比奧比奧河	Bio-Bio
瓦耶納	Vallenar
瓦爾迪維亞	Valdivia
伊塔塔河	Itata
安地斯	Los Andes
安哥爾	Angol
安赫雷斯	Los Angeles
利納勒斯	Linares
奇廉	Chillán
門多薩	Mendoza
科皮亞波	Copiapó
科金博	Coquimbo
科羅內爾	Coronel
特木科	Temuco
康塞普森	Concepción
塔爾卡	Talca
奧瓦耶	Ovalle
奧索諾	Osorno
聖弗南多	San Fernando
聖地牙哥	Antiago
聖安東尼奧	San Antonio
聖胡安	San Juan
雷帕爾河	Rapel
蒙特港	Puerto Montt
賽雷納	La Serena
蘭卡瓜	Rancagua
顧力司	Curicó

法國

土魯斯	Toulouse
小莫蘭河	Petit Morin
干邑	Cognac
夫隆提良	Frontignan

巴黎	Paris	普羅旺斯艾克斯	Aix-en-Provence	卡特里尼	Katerini
加倫河	Garonne	普羅旺斯沙隆	Salon-de-Provence	皮爾哥斯	Pirgos
加爾河	Gard	華永	Royan	米提利尼	Mitilini
卡卡松	Carcassonne	賀安	Roanne	艾莫波利	Ermoupoli
卡威永	Cavaillon	隆河	Rhône	西提亞	Sitia
史特拉斯堡	Strasbourg	隆貢	Langon	克桑西	Xanthi
尼姆	Nîmes	塔哈赫	Tarare	希歐斯	Chios
尼斯	Nice	塔恩河	Tarn	沃洛斯	Volos
布耳瓦	Blois	塞納河	Seine	帕特雷	Patra
布特納克	Boutenac	塞納河畔巴爾	Bar-sur-Seine	拉立沙	Larissa
瓦朗斯	Valence	奧布河	Aube	拉米亞	Lamia
皮內	Pinet	奧弗涅庫爾農	Cournon d'auvergne	波利伊羅斯	Polygyros
皮埃爾拉特	Pierrelatte	奧宏吉	Orange	阿利阿克蒙河	Haliacmon
丟宏斯河	Durance	奧略昂	Orléans	阿格林永	Agrinio
伊勒河	Isle	瑟蘭河	Serein	哈尼亞	Chania
伊瑟赫河	Isère	聖西紐	Saint-Chinian	哈基斯	Chalcis
吉隆特河	Gironde	聖埃堤恩	Saint-Etienne	科孚島	Corfu
多爾多涅河	Dourdogne	樹赫河	Cher	科莫蒂尼	Komatini
安布瓦士	Amboise	漢斯	Reims	科斯島	Kos
安傑	Angers	維埃恩	Vienne	約阿尼納	Ioanina
西宏河	Ciron	維埃恩河	Vienne	特里波利	Tripoli
西棧	Sézanne	維特里一勒弗朗索瓦	Vitry-le-François	馬里乍河	Maritsa
伯恩	Beaune	蒙佩利爾	Montpellier	斯巴提	Sparti
佛傑爾	Faugères	蒙特利馬	Montélimar	斯特魯馬河	Struma
利布恩	Libourne	德霍母河	Drôme	雅典	Athens
呂內爾	Lunel	摩塞爾河	Mosel	塞雷	Serres
杜爾	Tours	濱海奧洛訥	Olonne sur Mer	塞薩洛尼基	Thessaloniki
貝吉厄赫	Béziers	羅瓦河	Loir	赫拉克良	Heraklion
貝勒加德	Bellegarde	羅亞爾河	Loire	羅多斯	Rodos
貝爾盧	Berlou	羅科布蘭	Roquebrun		
辰塔	Centas	麗維矗	La Livinière	**匈牙利**	
那邦	Narbonne	麗維薩特	Rivesaltes	巴拉頓湖	Balaton
里昂	Lyon			木雷什河	Mures
亞維儂	Avignon	**德國**		布達佩斯	Budapest
佩皮尼昂	Perpignan	不來梅	Bremen	瓦次	Vác
佩吉納	Pézenas	卡爾斯魯厄	Karlsruhe	多瑙河	Danube
拉泰斯特德比克	La Teste-de-Buch	司圖加特	Stuttgart	米斯科爾次	Miskolc
旺多姆	Vendôme	弗萊堡	Freiburg	考波什堡	Kaposvár
杰恩	Gien	多瑙河	Danube	艾格	Eger
波爾多	Bordeaux	易北河	Elbe	松波特海伊	Szombathely
南特	Nantes	法蘭克福	Frankfurt	焦爾	Győr
科利烏爾	Collioure	波昂	Bonn	塞克什白堡	Székesfehérvár
韋勒河	Vesle	波茨坦	Potsdam	塞克薩德	Szekszárd
香檳沙隆	Chálons-en-Chapagne	威斯巴登	Wiesbaden	塞革德	Szeged
埃佩爾奈	Épernay	柏林	Berlin	蒂薩河	Tisza
格勒諾勃	Grenoble	科隆	Cologne	維斯普雷姆	Veszprém
烏什河	Ouche	海德堡	Heidelberg	德布勒森	Debrecen
特華	Troyes	茵河	Inn		
索恩河	Saône	曼海姆	Mannheim	**義大利**	
索恩河畔自由城	Villefranche-sur-Saône	梅因河	Main	夕昂	Sion
索恩河畔沙隆	Chalon-sur-Saône	梅因茲	Mainz	巴里	Bari
馬孟德	Marmande	符茲堡	Wurzburg	巴勒塔	Barletta
馬恩河	Marne	萊比錫	Leipzig	巴勒摩	Palermo
馬貢	Mâcon	萊茵河	Rhine	比薩	Pisa
馬賽	Marseille	漢諾威	Hannover	加爾達湖	Garda
密佑	Millau	德勒斯登	Dresden	卡利亞里	Cagliari
曼斯	Le Mans	慕尼黑	Munich	卡坦札羅	Catanzaro
梭密爾	Saumur	摩塞爾河	Mosel	卡塔尼亞	Catania
第戎	Dijon			布林底希	Brindisi
莫桑河	Meuzin	**希臘**		伊沙科河	Isarco
提厄希堡	Château Thierry	大門德雷斯河	Büyük Menderes	安科納	Ancona
揚河	Yonne	卡瓦拉	Kavala	米蘭	Milan
		卡拉馬塔	Kalamata	佛羅倫斯	Florence

克羅托內	Crotone	晃加雷	Whangarei	艾士拉河	Esla
利弗諾	Livorno	馬奴考	Manukau	利納勒斯	Linares
坎波巴索	Campobasso	馬斯特頓	Masterton	沙拉哥薩	Zaragoza
杜林	Turin	基督城	Christchurch	帕爾馬	Palma
沙勒諾	Salerna	奧克蘭	Auckland	拉科魯尼亞	La Coruna
貝內芬托	Benevento	奧馬魯	Oamaru	直布羅陀	Gibraltar
亞諾河	Arno	漢米頓	Hamilton	阿巴舍提	Albacete
佩斯卡拉	Pescara	羅托魯亞	Rotorua	阿里岡特	Alicante
佩魯加	Perugia			阿美里亞	Almeria
奇維塔韋基亞	Civitaecchia	**葡萄牙**		阿赫西拉斯	Algeciras
帕馬	Parma	孔布拉	Coimbra	阿羅	Haro
拉古沙	Ragusa	巴達和斯	Badajoz	哈安	Jaén
拉芬納	Ravenna	斗羅河	Douro	洛格洛紐	Logrono
拉奎拉	L'Aquila	卡瓦多河	Cávado	美里達	Merida
明喬河	Mincio	布拉干沙	Braganca	哥多華	Cordoba
波河	Po	布拉加	Braga	格拉納達	Granada
波隆納	Bologna	布朗科堡	Castelo Branco	桑坦德	Santander
波爾察諾	Bolzano	瓜地亞納河	Guadiana	特如河	Tejo
的港	Trieste	瓜達	Guarda	馬貝雅	Marbella
阿第杰河	Adige	米紐河	Minho	馬拉加	Malaga
阿斯提	Asti	艾弗拉	Evora	馬塔洛	Mataro
阿雷佐	Arezzo	沙多河	Sado	馬德里	Madrid
非拉拉	Ferrara	里斯本	Lisbon	畢爾包	Bilbao
威尼斯	Venice	亞未洛	Aveiro	莫夕亞	Murcia
柏加摩	Bergamo	波提茂	Portimao	萊昂	Leon
柏林索納	Bellinzona	波爾圖	Porto	塔拉哥納	Tarragona
科摩	Como	芳夏爾	Funchal	塞格雷河	Segre
科摩湖	Como	特如河	Tejo	塞維爾	Seville
美西納	Messina	索雷亞河	Sorraia	維托利亞	Vitoria
拿坡里	Naples	梧日河	Vouge	維哥	Vigo
烏第內	Udine	塔美加河	Tâmega	赫雷斯	Jerez
特倫提諾	Trento	雷里亞	Leiria	潘普羅納	Pamblona
特雷維索	Treviso	蒙德古河	Mandego	羅卡	Lorca
馬焦雷湖	Magaiore	澤濟里河	Zêzere		
敘拉古	Siracusa			**美國**	
莫德納	Modena	**南非**		丹地	Dundee
提契諾河	Ticino	凡倫斯多普	Vanrhynsdrop	丹佛	Denver
費拉拉	Ferara	布雷達斯多普	Bredasdorp	匹茲堡	Pittsburgh
塔蘭托	Taranto	伍斯特	Worcester	夫拉則河	Fraser
奧比亞	Olbia	沙達涅	Saldanha	大雷士諾	Fresno
奧斯塔	Aosta	帕爾	Paarl	尤里卡	Eureka
聖馬利諾	San Marino	斯泰倫博斯	Stellenbosch	尤金	Eugene
雷久卡拉布里亞	Reggio di Calabria	開普敦	Cape Town	巴爾的摩	Baltimore
雷科	Lecco	瑞倫丹	Swellendam	比特河	Pit
瑪薩拉	Marsala	赫曼奴斯	Hermanus	卡來斯托加	Calistoga
福賈	Foggia			布雷莫頓	Bremerton
維波瓦倫提亞	Vibo Valentia	**西班牙**		瓦列霍	Vallejo
維若納	Verona	厄波羅河	Ebro	瓦拉瓦拉	Walla Walla
熱那亞	Genoa	太加斯河	Tagus/Tajo	申卓利亞	Centralia
盧加諾	Lugano	巴拉梅達聖地	Sanlúcar De Bar-	休士頓	Houston
盧卡	Lucca		rameda	吉洛依	Gilroy
錫耶納	Siena	巴塞隆納	Barcelona	安大略	Ontario
薩沙里	Sassari	斗羅河	Duero	艾弗雷特	Everett
羅馬	Rome	卡地斯	Cadiz	西雅圖	Seattle
		卡斯特洛	Castello	克拉馬斯河	Klamath
紐西蘭		卡塔赫納	Cartagena	克雷申城	Crescent City
丹尼丁	Dunedin	瓜地亞納河	Guadiana	希爾茲堡	Healdsburg
內皮爾	Napier	瓜達拉哈拉	Guadalajara	沃孫維	Watsonville
尼爾遜	Nelson	瓜達幾維河	Guadalquivir	沙加緬度	Sacramento
布倫安	Blenheim	瓦倫西亞	Valencia	沙加緬度河	Sacramento
吉斯本	Gisborne	瓦雅多利德	Valladolid	沙利納	Salinas
威靈頓	Wellington	安道爾	Andorra	沙利納河	Salinas
皇后城	Queenstown	托雷多	Toledo		
		米紐河	Minho		

作者簡介

瑪德琳 ‧ 帕克特 Madeline Puckette

身兼侍酒師與視覺設計師，以簡單明瞭又獨具魅力的圖像設計與能和讀者產生共鳴的親切文字，擄獲無數葡萄酒入門新手及專家成為熱情追隨者。他的作品更被眾多協會與組織用於專業葡萄酒教學，其中包括侍酒大師協會（Court of Master Sommelier）與侍酒師協會（Guild of Sommeliers）。

瑪德琳為國際侍酒大師公會（Court of Master Sommeliers）的認證侍酒師（Certified Sommelier）、國際葡萄酒暨烈酒競賽（IWSC）2019年度葡萄酒傳播者（Wine Communicator Of The Year Trophy）、《Wine Enthusiast Magazine》雜誌2015年度的40位40歲以下最有成就的青年、Quora問答社群網站2012年的最佳葡萄酒作家之一。

賈斯汀 ‧ 哈馬克 Justin Hammack

Wine Folly 的共同創辦人，為該品牌概念發展、互動工具設計與市場經營等方面的主要負責人，並維護 Wine Folly 強調無痛學習的創新目標。另外，Wine Folly 的圖像與影片也由賈斯汀處理。

譯者簡介

潘芸芝

信奉文字書寫、美食美酒與古典樂。研究所主攻英美文學，畢業兩年不到，便一頭栽進葡萄酒的花花世界。曾於國內外專業葡萄酒雜誌擔任多年文字記者、編輯與翻譯，目前攻讀 WSET Diploma 認證，並為專職口筆譯。賜教 email：pycemily@gmail.com